模具基础

主　编　刘　华　李先成
参　编　李年发　薛爱科　彭小伟
　　　　孙智琴　周尚全　传明容
主　审　赵　勇

重庆大学出版社

内容提要

本书分6个项目,共38个任务,包括概论、冲压工艺及模具、塑料成型工艺及模具设计、其他模具、模具制造技术综述、模具装配与生产等。主要介绍了模具的产生发展、基本概念、分类、制造、材料、装配、维修等基本常识,以及冲压模、塑料模等常用模具的特点、主要加工制造方法、相关技术要求等。其中,模具的产生发展、在工业经济中的地位、发展趋势,以及成型磨削、自动化加工等属于一般同类书中没有且比较新的内容。

本书适于中等职业学校模具专业学生或同类培训学员学习使用。

图书在版编目(CIP)数据

模具基础/刘华,李先成主编. —重庆:重庆大学出版社,
2014.6(2022.1 重印)
中等职业教育数控技术应用专业系列规划教材
ISBN 978-7-5624-8074-7

Ⅰ.①模… Ⅱ.①刘…②李… Ⅲ.①模具—中等专业学校—
教材 Ⅳ.①TG76

中国版本图书馆 CIP 数据核字(2014)第052423号

模具基础

主 编 刘 华 李先成
策划编辑:杨粮菊
责任编辑:李定群 高鸿宽 版式设计:杨粮菊
责任校对:秦巴达 责任印制:张 策
*
重庆大学出版社出版发行
出版人:饶帮华
社址:重庆市沙坪坝区大学城西路21号
邮编:401331
电话:(023) 88617190 88617185(中小学)
传真:(023) 88617186 88617166
网址:http://www.cqup.com.cn
邮箱:fxk@cqup.com.cn (营销中心)
全国新华书店经销
POD:重庆新生代彩印技术有限公司
*
开本:787mm×1092mm 1/16 印张:12.75 字数:318千
2014年6月第1版 2022年1月第3次印刷
ISBN 978-7-5624-8074-7 定价:38.00元

本书如有印刷、装订等质量问题,本社负责调换
版权所有,请勿擅自翻印和用本书
制作各类出版物及配套用书,违者必究

前言

“模具基础”是中职模具专业的基础课程、入门课程，肩负着对中职生的专业教育、入门教育、模具常识教育、模具专业基础知识教育等任务，是中职模具专业第一学期的重要、关键课程。基于以上认识，在编写本教材的过程中，在注重模具专业知识的同时，也注重了模具产生、发展、应用等常识；在注重知识专业性的同时，也注重了知识的普及和易读易学；在注重全面性的同时，也注重了典型性和概要性。主要做法就是增加广度，降低难度，博采众长，吸收先进，强化典型，注重通用，以达到激发兴趣，拓展视野，使学习者对模具行业的发展、地位、特点、基础知识有一个比较清晰完整认识的目的。

本书是中等职业学校模具类专业用教材，也可作为其他相关专业选修教材，同类培训教材。全书包括概论、冲压工艺及模具、塑料成型工艺及模具设计、其他模具、模具制造技术综述、模具装配与生产6个部分。

本书由刘华、李先成统稿，赵勇担任主审。刘华编写了项目1、项目6，李年发编写了项目2，薛爱科编写了项目3，彭小伟、传明容编写了项目4，孙智琴、周尚全编写了项目5。

编　者

2013年11月

目录

项目 1 概 论

模具是现代工业生产的重要基础,是生产产品的重要工具,模具的产生发展有其独特的历史。本项目主要讲了模具、模具行业的产生、现状和发展趋势等基本常识,以及模具的基本概念、分类、材料、制造特点及行业状况等基础知识,目的是让大家对模具及模具行业有一个初步的了解和认识,从而对学习模具知识技能和从事模具制造工作产生兴趣,为今后步入模具行业打下基础。

任务 1.1 模具的产生

模具本身并不是能直接用于生活的产品,而是生产产品的工具,其起源、产生、发展受社会发展的制约和影响。

1.1.1 模具的起源

模具被誉为"工业之母",在现代化生产中占有非常重要的地位,那模具是怎么产生的?是什么时候产生的呢?

(1)社会生产力的发展为模具的产生提供了社会基础

使用模具就是为了复制同样形状的物品,提高生产的效率和质量。马克思主义的创始人之一,德国哲学家、思想家、革命家恩格斯曾经说过:"社会一旦有技术上的需要,则这种需要就会比十所大学更能把科学推向前进。"当社会发展到一定阶段,人们有大量使用同样物品的需要,具备了相应的技术和工具之后,模具自然而然就产生了。

(2)铜的发现和使用为模具的产生提供了物质基础

有学者认为,真正模具的产生应该是在青铜器时代,距今 5 000 ~ 7 000 年,是一个以铜为原料制造各种生产、生活工具和兵器的时代,如铜镜、铜锅、铜剑等。那时已经具备了模具产生的基本条件,如冶金技术、批量生产、加工作坊等。不过那时的模具生产还是处于起步阶段,远没有成熟。

［阅读链接］

青铜器

青铜主要是铜和锡的合金，含有少量的铅、锌等元素。青铜器的制作程序主要是：采矿—冶炼—合金配制—制范—浇铸—后期处理。

其中，制范就是制作“模子”，也就是制作模具。古代制范的主要方法有沙范、泥范、石范、陶范、铜范、铁范、熔模。其中，泥范、铁范、熔模被称为先秦“三绝”。这些制模方式影响深远，流传广泛，20 世纪八九十年代在我国的民间还能看到有些制模方法，如利用废旧材料（锡、铝）浇铸家用瓢、盆等。

图 1.1　青铜器制品——三星堆立人像

图 1.2　青铜制品——商代司母戊大方鼎

考古发现，早在 2 000 多年前，我国已经开始用冲压模具制造青铜器，这证明了我国冲压成型和冲压模具具有悠久的历史。

［阅读链接］

土法浇铸铝锅手工艺

一口炉子、一堆河沙、几种模具，基本上就组成了一个土法制作铝锅等铝制品的摊点。只要有废铝，在 1 h 左右的时间内就会制作出你想要的铝锅、铝壶、铝盆等铝制品，这种制作铝制品的方法曾在国内很流行，但随着社会的发展，从事这行的人越来越少，需求也越来越少。

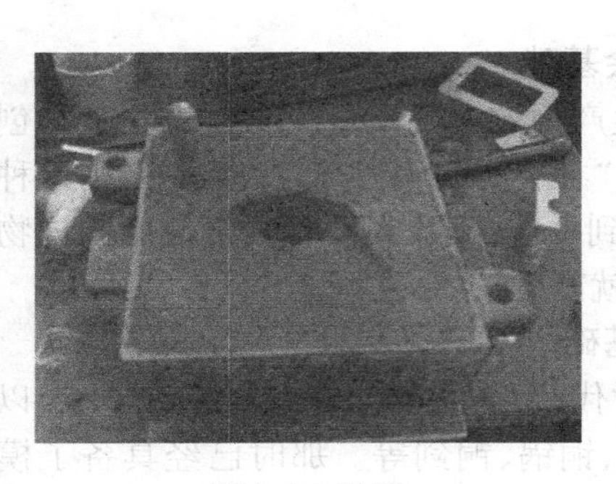

图 1.3　沙模

图 1.4　成型的铝制品

1.1.2 模具及模具产业的发展

(1)工业发展推动了模具产业化

模具产业的发展、成熟是在近代工业革命之后。工业发展需要使用大量的模具以提高生产效率、降低产品成本、提高产品质量,同时,工业发展为模具产业的发展提供了新的技术、材料和管理手段,使模具生产变得更简单易行。于是,模具制造由零星生产变成批量生产,由作坊式生产变成工厂式生产,由民间生产变成国家社会工业生产的重要组成部分,模具生产逐渐成为了工业社会的一大产业。

[阅读链接]

1953年,我国长春第一汽车制造厂在新中国首次建立了冲模车间,并于1958年开始制造汽车覆盖件模具。

在西方国家,葡萄牙是模具工业发展较早的国家之一。1943年,格兰特市一家小型玻璃制品厂股东阿尼巴尔筹集资金开始专注于注塑模具的研发和制造,1945年成功制造出第一只注塑模具。1955年葡萄牙首次实现模具出口,1980年模具产品已销往50多个国家。

(2)现代化生产推动模具产业迈上新台阶

现代化生产的到来为模具产业向更高水平发展提供了重要条件。现代化生产的主要特征是信息化、全球化和个性化,这些为模具工业的发展提供了重要的技术手段、科学的生产方式和巨大的社会需求。

1)信息技术为模具工业的生产变革提供了良好的技术基础

如今信息技术从根本上改变了传统方式方法,已成为人们工作、学习、生活的重要工具,同样,信息技术为模具生产带来了革命性变革。

例如,CAD/CAM为复杂模具的开发奠定了良好技术条件。CAD是计算机制图软件,利用它可在电脑上轻松地完成各种复杂模具的设计、更改,并且能直观地看到设计效果(将设计图纸转换成实物模拟立体效果图),效率高,直观,预见性好,这在过去手工绘图设计的年代是不可想象的。

2)新型材料的开发为模具生产提供了良好的物质条件,提出了更高的要求

①新型材料的开发为模具生产提供了良好的物质条件。

材料直接影响到模具的制作难易、使用次数和经济成本,因此模具材料选择是整个模具生产过程中一个非常重要的环节。模具选材需要满足3个原则:耐磨性、强韧性和经济适用性。

如今制作模具的材料主要还是以钢材为主,但是随着科技的进步,各种性能的合金钢生产出来了,于是可以根据不同的要求选择不同的钢材。如在常温下使用的模具选择冷作模具钢,在高温下使用的模具选择热作模具钢,用作注塑加工的选择塑料模具钢。这样制作出来的模具使用性能更好,针对性更强,也更受用户的欢迎。

②新型材料的开发对模具生产提出了新的更高的要求。

模具的一个重要特点是用来加工产品,而不能直接用于生活之中。不同材料的产品需要不同性能的模具,因此产品材料的不断推陈出新对模具生产提出了新的更高的要求。

如今新型材料被大量开发出来,在许多领域替代了金属零件,而且性能毫不逊色。例如,新型塑料的开发,由于其耐磨性能好、强度高、韧性好,且成本低,又易加工,因此便使得塑料模具蓬勃发展起来,成为模具工业的重要组成部分。随着更多新材料的出现,还出现了陶瓷模具、玻璃模具等新型模具。塑料模具制造出来的典型产品——相机,如图1.5所示。

3)社会快速发展为模具行业提供了良好的发展机遇

随着社会的现代化程度越来越高,人们生活质量也提高了,个性化需求更多了,于是对各类产品提出了更高的要求,因此对模具的要求相应也就更高了。

如今的产品在使用性能、价格成本、人体工程学、视觉美学等方面的要求更多,满足这些要求的产品很难用传统加工工艺完成,而模具成型技术就能很好解决。但与此同时,要满足这些要求,模具加工就必须不断地创新,不断提高设计水平,更新生产工艺,使用新的技术,加快更新换代的频率。因此,现代化的社会为模具产业发展提供了良好的机遇,也提出了更高的要求。模具制造出来的典型产品——鼠标,如图1.6所示。

图1.5 塑料模具制造出来的典型产品——相机

图1.6 模具制造出来的典型产品——鼠标

4)经济全球化促进了模具产业的交流与合作

经济全球化扩大了企业家的视野,缩短了各国、各区域行业的差距,带来了行业的整合和分工的细化。对模具工业而言,竞争更加激烈,学习交流的机会更多,合作的机会也更多。在具体的生产中,分工合作成为常态。过去一只模具由一个厂独立完成,而现在一只模具是由多个厂共同完成,有的铸造,有的车削,有的加工组件,而模具厂往往只是开始的设计和最后的装配调试。模具加工流程如图1.7所示。

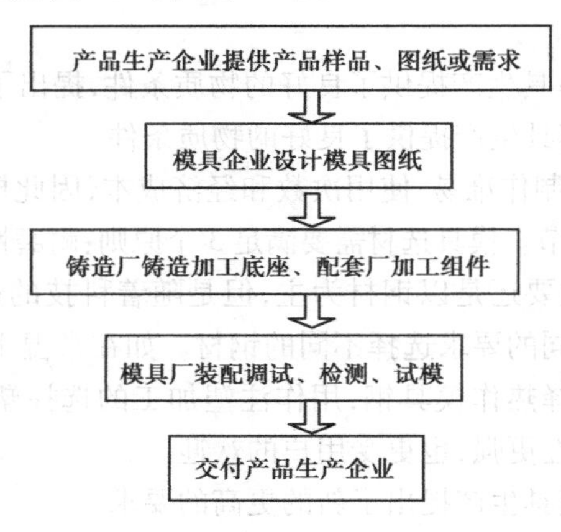

图1.7 模具加工流程

1.1.3 我国模具工业现状

从整体上看，我国模具生产水平大大低于国际水平，生产周期却高于国际水平。生产水平低主要表现在模具的精度、型腔表面粗糙度、寿命及结构等方面，我国模具行业在未来需要解决的重点是模具信息化、数字化技术，以及精密、超精、高速、高效制造技术等方面的突破。

(1)模具行业初具规模

我国虽然很早就开始制造模具和使用模具，但长期未形成产业，直到 20 世纪 80 年代后期，模具工业才驶入发展的快车道。如今，我国模具总量已达到相当规模，模具生产水平也有很大提高。

我国约有一定规模的模具生产厂家 2 万多家，从业人员 50 多万人。近 10 年来，我国模具工业一直以年均 15% 以上的速度递增。

(2)行业需求逐步扩展

随着国民经济总量和工业产品技术的不断发展，各行各业对模具的需求量越来越大。我国模具需求主要集中在汽车、摩托车行业，约占 50%。其次是家用电器行业，现在逐步扩展到电子、通信、建筑等更为广泛的行业。

(3)模具企业规模偏小

目前，我国模具企业多属中小型企业，相当部分甚至是微型、家庭作坊式，上规模的模具企业并不多。中小企业、民营企业占据了模具企业的半壁江山。

(4)与国际模具先进制造水平相比，差距明显

目前，我国模具企业主要存在的问题有：人才严重缺乏，技术人员、高级模具钳工及企业管理人才数量少，水平低；相当一部分模具企业还沿用作坊式管理，真正实现现代化管理的企业较少；工艺装备水平低，且配套性不好，利用率低；模具专业化水平低，专业分工不细，商品化程度低。与国外模具先进制造水平相比，差距十分明显，每年需要从国外进口大量模具。

[阅读链接]

我国每个模具职工平均年创造产值约合 1 万美元，国外模具工业发达国家大多是15 万~20 万美元，有的高达 25 万~30 万美元。

我国模具生产厂中多数是自产自配的工模具车间(分厂)，自产自配比例高达 60% 左右，而国外模具超过 70% 属商品模具。

(5)全国各地模具工业发展不平衡

我国模具工业总体是东南沿海地区发展快于中西部地区，南方发展快于北方，模具生产最集中的地区是珠三角和长三角地区，约占全国模具制造业产值和销售额的 2/3，年增长在 20% 左右。华南模具企业主要集中在广东，总数在 6 000 家以上。华东模具企业主要集中在浙江、江苏、上海，总数在 7 000 家以上，其中浙江的宁波市、台州市最为有名，宁波的“宁海”、台州的“黄岩”被誉为“模具之乡”。随着我国工业经济的快速发展，全国各地的模具产业也在快速发展之中。

(6)模具行业结构调整加快,发展前景良好

目前,我国经济仍处于高速发展阶段,国际上经济全球化发展趋势日趋明显,这为我国模具工业高速发展提供了良好的条件和机遇。一方面,国内模具市场将继续高速发展;另一方面,国际模具制造业逐渐向我国转移以及跨国集团到我国进行模具采购趋向也十分明显。因此,国际、国内的模具市场总体发展趋势良好,中国模具也将会高速发展,我国不但会成为模具大国,而且一定会逐步向模具制造强国迈进。可以预见,在未来几年,中国模具工业水平不仅在量和质的方面会有很大提高,而且行业结构、产品水平、开发创新能力、企业的体制与机制以及技术进步的方面也会取得较大发展。

任务1.2 模具的基本概念

模具在工业生产中具有十分重要的地位,但同时也具有一定的特殊性,很多人只知道模具的大概意思,并不知道模具是什么,做什么,甚至很多人连模具厂都没有见过。了解模具的基本概念,掌握模具的基本常识,是进入模具行业的第一步。

1.2.1 模具

俗话说"没有规矩不成方圆",世界上许许多多东西都是从它们各具特色的"规矩"——模具中诞生出来的,通常把这些东西称为"产品"。简单地说,模具就是一个模子,产品就是用这个模子制造出来的。现代化生产中模具的作用不可替代,只要有批量生产就离不开模具。

模具是以特定的结构形式,通过一定的方式使材料成型为具有一定形状和尺寸要求的工业产品或零部件的一种生产工具。

通俗地说,模具就是把材料制成具有特定形状、尺寸的工具,日常生活中用到的做饺子的夹子,放冰箱里做冰块的盒子都算。也有将模具称为"型"和"模"的说法。所谓"型",就是原型的意思;"模"就是模式、模子的意思。古时也称为"范",有典范、范式之意。

1.2.2 制件

在工业生产中,运用模具这个工具,通过压力把金属或非金属材料制成所需形状的零件或制品。用模具成型制造出来的零件,通常称为"制件"。

模具在工业生产中使用极为广泛,采用模具生产零部件,具有生产效率高、材料节省、生产成本低、质量有保证等一系列优点,是当代工业生产的重要手段和工艺发展方向。

1.2.3 压铸模、冲压模、注射模、吹气模

(1)压铸模

压铸模就是将生产产品的材料(一般是金属液)放入模具中通过压铸形成制件的模具,如图1.8所示。

(2)冲压模

冲压模就是将生产产品的材料放入模具中通过冲击压铸使材料分离或变形形成制件的模具,如图1.9所示。

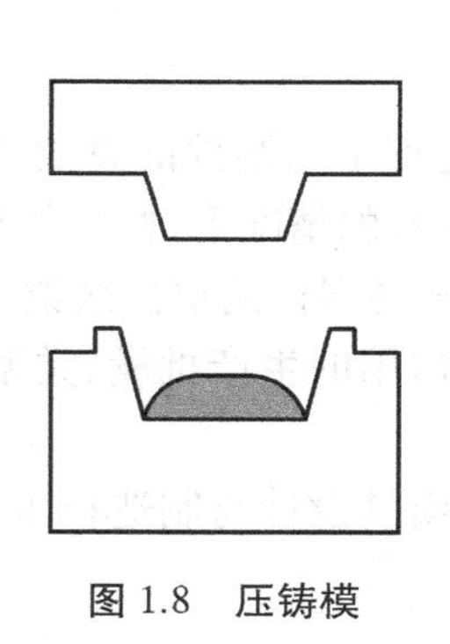
图 1.8　压铸模

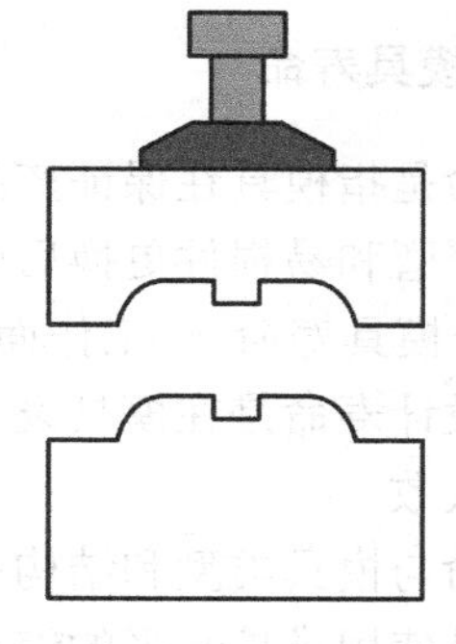
图 1.9　冲压模

(3)注射模

注射模就是将生产产品的材料熔化后注射入模具中,冷却凝固后形成制件的模具,如图 1.10 所示。

(4)吹气模

吹气模就是对注入模具中的生产产品的材料吹气,使之形成固定形状制件的模具,如图 1.11 所示。

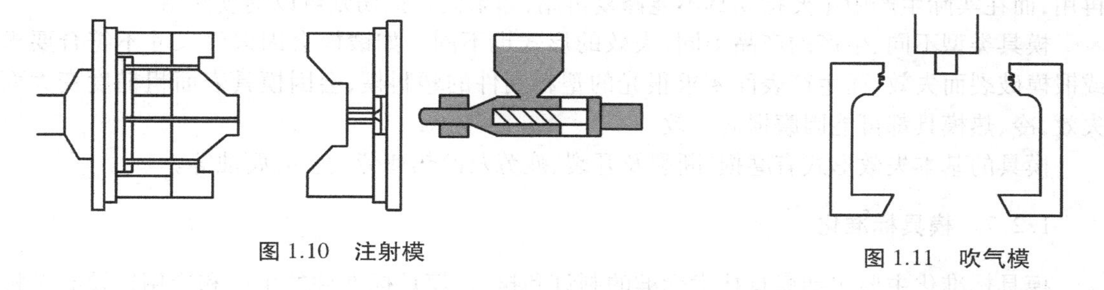
图 1.10　注射模

图 1.11　吹气模

1.2.4　动模(上模)和定模(下模)

模具通常是由两个或两个以上的部分组成。其中,在生产产品时固定不动,处于静止状态的就是定模,也称母模或凹模;处于运动状态的就是动模,也称公模或凸模。动模和定模之间填充生产产品的材料,通过一定方式的挤压成型,形成所需的制件,如图 1.12 所示。

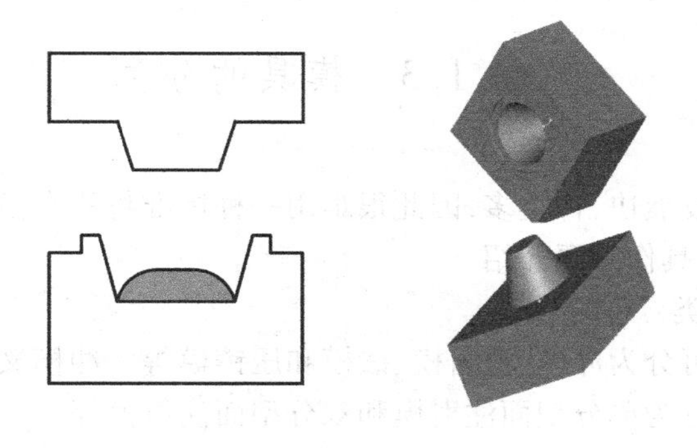
图 1.12　动模和定模

1.2.5 模具寿命

模具寿命是指模具在保证产品零件品质的前提下,所能加工的制件的总数量。它包括工作面的多次修磨和易损件更换后的寿命,就是指在不发生事故的情况下,模具的自然寿命,即

模具寿命 = 工作面的一次寿命 × 修磨次数 × 易损件的更换次数

模具的设计寿命是在模具设计阶段就明确的该模具所适用的生产批量、类型或者模具生产制件的总次数。

模具寿命与模具类型和结构有关,它是模具材料技术、模具设计与制造技术、模具热处理技术以及模具使用维护水平的综合反映。

1.2.6 模具失效、模具损伤

模具失效是指模具受到损坏不能通过修复而继续生产合格制件。

模具损伤是指模具在使用过程中,出现尺寸变化或微裂纹,但模具还能继续生产合格制件。

模具失效与模具损伤是完全不同的概念,广义上讲,模具的失效是指一套模具完全不能再用,而在实际生产中主要指模具不能修复再用,如果模具损伤则可以继续使用。

模具类型不同、生产的产品不同,失效的形式也不同。如锻模会因锻件尺寸不符合要求或锻模破裂而失效,而生产表面要求很光的塑料制件的塑料模,会因模具表面粗糙度变大而失效,冷、热模具都可能因磨损而失效。

模具的基本失效形式有磨损、断裂及开裂、疲劳及冷热疲劳、变形、腐蚀等。

1.2.7 模具标准化

模具标准化主要包括模具技术标准的制订和执行、模具标准件的生产和应用以及有关标准的宣传、贯彻和推广等工作。我国模具标准化体系包括4大类标准:模具基础标准、模具工艺质量标准、模具零部件标准以及与模具生产相关的技术标准。

在标准化的基础上,按照标准文件中规定的标准生产出的产品或零部件,即为标准件。由于标准一致,因此可实现商品化,供企业或用户选购使用。

任务1.3 模具的分类

模具使用范围广,发展快,种类多,因此很难用一种标准将所有模具分清楚。这里只是根据常规分类法将常见模具作简要介绍。

(1)按结构形式分类

按结构形式,模具可分为冲模、塑料模、锻模和压铸模等。冲模又分为单工序模、复合模、级进模等;塑料模具可分为单分型面注射模和双分型面注射模等。

(2)按使用对象分类

按模具的使用对象,可分为电工模、汽车模、机壳模及玩具模等。

(3)按工艺性质分类

按工艺性质,冲模分为冲孔模、落料模、拉深模、弯曲模;塑料模分为压缩模、压注模、注射模、挤出模、吹塑模等。

(4)按制件材料分类

根据生产出制件的材料不同,模具可分为以下种类:

①金属模。金属模有铸造模、锻造模、冲压模、压铸模等。冲压模包括冲裁模、单工序模、复合模、级进模、汽车覆盖件冲模、硬质合金冲模等。金属模模具应用举例见表1.1。

表1.1 金属模模具应用举例

模具种类	应用实例
铸造模	水龙头、机器模板
锻造模	曲轴、连杆
冲压模	汽车车身覆盖件
压铸模	各种合金,汽缸体 、手机壳
拉伸模	钢管

②塑胶模。根据生产工艺和生产产品的不同,分为注射成型模、吹气模、压缩成型模、转移成型模、挤压成型模、热成型模及旋转成型模等。塑胶模模具应用举例见表1.2。

表1.2 塑胶模模具应用举例

模具种类	应用实例
注射成型模	电视机外壳、键盘按钮(应用最普遍)
吹气模	饮料瓶
压缩成型模	电木开关、瓷碗碟
转移成型模	集成电路制品
挤压成型模	胶水管、塑胶袋
热成型模	透明成型包装外壳
旋转成型模	软胶洋娃娃玩具

③橡胶制品成型模。

④玻璃制品成型模。

⑤陶瓷模具。

(5)采用综合归纳法分类

综合归纳法将模具分为10大类,各大类按其使用对象、材料、功能和模具制造方法以及工艺性质等,再分成若干小类,见表1.3。

表 1.3　模具分类

模具类别		模具小类
金属板材成型模具	冲压模	包括冲裁模、单工序模、复合模、级进模、汽车覆盖件冲模、硬质合金冲模等
金属体积成型模具	粉末冶金成型模具	成型模、手动模、机动模、整形模、无台阶实体件自动整形模等
	压铸模	可按压室温度分为冷压室压铸机用压铸模、热压室压铸机用压铸模
	锻模	压力机用锻模、平锻机用锻模、辊锻机用锻模、高速锤机用锻模、压边模、切边模、冲孔模、精锻模、多向锻模等
	铸造金属型模	易熔型芯用金属型模、低压铸造用金属型模、金属浇注用金属型模等
非金属材料制品成型模具	塑料成型模具	包括注射模、压缩模、挤塑模、吹塑模、发泡模等
	玻璃制品成型模具	注压成型模、吹-吹法成型瓶罐模、压-吹法成型瓶罐模、玻璃器皿模具等
	橡胶制品成型模具	压胶模、挤胶模、注射模、橡胶轮胎模(整体和活络模)、O 形密封圈橡胶模等
	陶瓷模具	压缩模、注射模等
通用模具与经济模具		组合冲模、薄板冲模、叠层冲模、快换冲模、环氧树脂模、低熔点合金模等

任务 1.4　模具制造

模具制造就是加工制造模具的生产过程,包括设计、加工、装配、调试、检测及试模等,模具制造与其他工业产品的制造相比有其自身独特的要求和规范。

1.4.1　模具制造的基本要求

设计制造模具时应满足以下技术要求:

(1) 制造精度高

模具的设计和制造必须具有较高的精度,模具的精度主要由制件精度要求和模具结构决定。为了保证制件的精度和质量,模具工作部分的精度通常要比制件精度高 2 ~ 4 级。模具结构主要对上、下模之间的配合有较高的要求。组成模具的零部件都必须有足够的制造精度,否则模具将不可能生产出合格的制件,甚至无法正常使用成为废品。

(2) 使用寿命长

模具是比较昂贵的工艺装备,目前模具制造费用占产品成本的 10% ~ 30%,其使用寿命将直接影响生产成本。因此,除了小批量生产和新产品试制等特殊情况外,一般都要求模具有较长的使用寿命,在大批量生产的情况下,模具的使用寿命更加重要。

(3)制造周期短

模具制造周期的长短主要决定于制造技术和生产管理水平的高低。为了满足生产需要，提高产品竞争能力，必须在保证质量的前提下尽量缩短模具制造周期。

(4)成本低

模具成本与模具结构的复杂程度、模具材料、制造精度及加工方法等有关，必须根据制件要求合理设计和制订加工工艺过程，努力降低模具制造成本。

片面追求模具精度和使用寿命必然会导致制造成本增加。当然，只顾降低成本和缩短制造周期而忽视模具精度和使用寿命的做法也不可取。在设计与制造模具时，应根据实际情况进行全面考虑，在保证制件品质的前提下，选择与制件生产量相适应的模具结构和制造方法，使模具成本降到最低限度。

如果想提高模具制造的综合指标，就应该认真研究现代模具制造理论，积极采用先进制造技术，以满足现代工业发展的需要。

1.4.2 模具的制造特点

模具生产制造技术集中了机械加工的精华，既是机电结合加工，也离不开模具钳工的操作，其特点如下：

(1)模具生产的工艺特点

一套模具制出后，通过它可以生产出数十万件零件或制品。但是模具自身只能是单件生产，模具企业的产品一般都是独一无二的，几乎不存在重复生产，这是模具企业与其他企业的一个显著区别。

(2)模具制造的特点

由于模具是单件生产，精度要求高于产品精度要求，因此，在制造中有很多独特之处。

①模具制造对工人的技术等级要求比较高。

②模具生产周期比生产一般产品要长，成本较高。

③制造模具的过程中，同一工序的加工内容较多，因而生产效率较低。

④模具在加工中，某些工作部分的位置和尺寸，应经过试验才能确定。

⑤装配后，模具必须试模和调整。

⑥模具生产是典型的单件生产，因此，生产工艺、管理方式、模具制造工艺等都有独特的适应性与规律。

⑦形状复杂、制造品质要求高。

⑧材料硬度高。

⑨模具加工向机械化、精密化和自动化方向发展。

产品零件对模具精度的要求越来越高，高精度、高寿命、高效率的模具也越来越多。目前，精密成型磨床、CNC高精度平面磨床、精密数控电火花线切割机床、高精度连续轨迹坐标磨床以及三坐标测量仪的使用越来越普遍，使模具加工向高技术密集型发展。

1.4.3 模具的生产流程

(1)确定方案

首先是客户与模具厂家之间进行的关于产品设计和模具开发等方面的技术探讨，让模具厂家清楚地领会产品设计者的设计意图及精度要求，同时也让产品设计者更好地明白模具的生产能力、产品的工艺性能，从而做出更合理的设计。在此基础上，双方确定模具方案。

(2)确定报价

根据模具方案确定模具报价，包括模具的价格、模具的寿命、周转流程、机器要求吨数以及模具的交货期。

(3)签订订单

客户与模具厂家在同意模具方案和报价之后签订正式生产订单，包括客户订单、订金的发出以及供应商订单的接受。

(4)制订模具生产计划

模具厂家根据客户要求制订详细生产计划，并报知客户，包括模具每个阶段的验货日期和交货具体日期。

(5)模具设计

设计人员根据模具方案设计模具加工图纸。可能使用的设计软件有 Pro/Engineer，UG，Solidworks，AutoCAD，CATIA 等。

(6)生产准备

生产准备包括采购材料、制订加工方案。

(7)部件加工

部件加工所涉及的工序大致有车、铣、热处理、磨、数控铣、电火花(EDM)、线切割(WEDM)、坐标磨(JIGGRINGING)、激光刻字、抛光等。

(8)装配调试

将分配给其他配套厂家生产的零部件和自己生产的零部件组合装配在一起，形成一套完整的模具，并进行抛光、打磨、调试。

(9)试模验收

用装配完成的模具试制产品，对出现的问题进行整改，对样品进行评估审核，然后客户验收。

(10)交货

如果试模样品达到客户要求，验收合格后，就可以包装交货。

1.4.4 模具零件的常规加工方法

模具零件的加工方法很多，常规的主要有以下 6 种：

(1)机械加工

机械加工是模具加工的基本手段，主要包括车、铣、磨、刨、插等。其中，车、铣、磨是模具零件机械加工中最常用的方法。

(2)电火花加工

电火花加工是指在一定介质中，通过工具电极和工件电极之间脉冲放电时的电腐蚀作用而去除材料的一种工艺方法。可以加工各种高熔点、高硬度、高强度、高纯度及高韧性的材料。

(3)超声波加工

超声波加工是利用工具端面作超声频振动，并通过悬浮液中的磨料加工工件的方法。

(4)激光加工

激光加工是利用激光对材料进行切削的加工方法,不需要加工工具,不存在工具损耗问题,很适于自动化连续加工。激光的功率密度很高,几乎能加工所有材料,其加工速度快、效率高、热影响区小,适于加工深而小的微孔、窄缝,尺寸可小到微米级。激光加工可透过光学透明材料对工件进行加工,特别适合有特殊要求环境下的加工。

(5)电解加工

电解加工是在电解槽中,直流电通过电极和电解质,在两者接触的界面上发生电化学反应,以制造所需产品的过程。

电解加工与被加工材料的硬度、强度、韧性等无关,可加工任何金属材料。常用于加工高温合金、钛合金、硬质合金等难切削加工的材料。

(6)电铸成型

电铸成型是利用电化学过程中的阴极沉积现象来进行成型加工,也就是在原模上通过电化学方法沉积金属,然后分离以制造或复制金属制品。

任务1.5 模具材料

材料直接关系到模具的加工难易、成本、使用寿命等,因此,材料的选择和开发是模具制造中非常重要的环节。

1.5.1 常用模具材料

模具零件种类繁多,功能各异,故选用的材料品种也很多。随着新材料的不断问世,模具材料也不断更新。根据工作条件的不同,模具材料可分为:金属在常温(冷态)下成型的材料,称为冷作模具钢;在加热状态下成型的材料,称为热作模具钢。目前,模具所用材料有各种碳素工具钢、合金工具钢、高速钢、铸铁、硬质合金等。

(1)碳素工具钢

碳素工具钢为高碳钢,含碳量为0.7%~1.4%,主要牌号有T7,T7A,T8,T8A,T10,T12,T12A等。这类钢切削性能良好,淬火后有较高的硬度和良好的耐磨性,但其淬透性差,淬火时须急冷,变形开裂倾向大,回火稳定性差,热硬性低。适用于制造尺寸小,形状简单的冷作模具。

(2)合金工具钢

合金工具钢是在碳钢的基础上加入一种或几种合金元素冶炼而成的钢。常用合金工具钢有低合金工具钢与高合金工具钢。

(3)高速钢

目前常用的有钨系高速钢(WC)W18Cr4V和钼系高速钢(MoC)W6Mo5 Cr4V2。高速钢具有良好的淬透性,在空气中即可淬硬,在600 ℃左右仍保持高硬度、高强度和良好的韧性、耐磨性。高速钢适用于制造冷挤压模、热挤压模。

(4)铸铁

铸铁的主要特点是铸造性能好,容易成型,铸造工艺与设备简单。铸铁具有优良的减振性、耐磨性和切削加工性。灰铸铁可用在制造冲模的上、下模座，还可代替模具钢制造模具主要工作部分的受力零件。

(5)硬质合金

硬质合金是以金属碳化物作硬质相，以铁族金属作为黏结相，用粉末冶金方法生产的一种多相组合材料。

常用硬质合金有钨钴(YG)、钨钴钛(YT)和万能硬质合金(YW)3类。钨钴类强度较高，韧性好；钨钴钛类则具有较好的热硬性和抗氧化性。制造模具主要采用钨钴类硬质合金。随着含钴量的增加，硬质合金承受冲击载荷的能力逐渐提高，但硬度和耐磨性下降。因此，应根据模具的工作条件合理选用。硬质合金可用于制造高速冲模、冷热挤压模等。

(6)无磁模具钢

无磁模具钢是在强磁场中不被磁化，与磁性材料没有吸引力。它主要用于制造压制成型磁性材料和磁性塑料的模具，由于没有磁力，因此便于脱模。无磁模具钢具有较高的硬度和耐磨性。

(7)新型模具钢

新型模具钢具有较高的韧性、冲击韧度和断裂韧度，其高温强度、热稳定性及热疲劳性都较好，可提高模具的寿命。

1.5.2 模具材料的选用

(1)模具材料的一般性能要求

模具材料的性能包括力学性能、高温性能、表面性能、工艺性能及经济性能等。各种模具的工作条件不同，对材料性能的要求也各有差异。

①对冷作模具要求具有较高的硬度和强度，以及良好的耐磨性，还要具有高抗压强度和良好的韧性及耐疲劳性。

②对热作模具除要求具有一般常温性能外，还要具有良好的耐蚀性、回火稳定性、抗高温氧化性和耐热疲劳性，同时还要求具有较小的热膨胀系数和较好的导热性，模腔表面要有足够的硬度，而且既要有韧性，又要耐磨损。

③压铸模的工作条件恶劣，因此要求具有较好的耐磨、耐热、抗压缩、抗氧化性能等。

(2)模具材料选用原则

1)应满足模具的使用性能要求

要有足够的强度、硬度、塑性、韧性等，以满足模具工作条件、失效形式、寿命要求、可靠性等。

2)应具有良好的加工性能

所选材料根据不同的制造工艺过程应具有良好的加工性能。

3)应考虑市场供应情况

应考虑市场资源和现实供应情况，尽量在国内解决，少进口，并且品种规格应相对集中。

4)应经济合理

在满足性能和使用条件下尽量选用价格低的材料。

1.5.3 模具热处理

热处理在模具制造中有着重要作用，无论模具的结构、类型、制作材料和采用的成型方法如何，都需要用热处理使其获得较高的硬度、较好的耐磨性及其他力学性能。一般来说，模具的使用寿命及其制件质量在很大程度上取决于热处理。

(1)普通热处理

普通热处理包括退火、正火、淬火及回火等工艺过程。

(2)表面热处理

表面热处理主要是化学表面处理法，包括渗碳、渗氮、渗硼、多元共渗及离子注入等。

(3)新式热处理

为提高热处理质量，做到硬度合理、均匀、无氧化、无脱碳、消除微裂纹，避免模具的偶然失效，进一步挖掘材料的潜力，从而提高模具的正常使用寿命，可采用一些新的热处理工艺，如组织预处理、真空热处理、冰冷处理、高温淬火+高温回火、低温淬火、表面强化等。

1.5.4 模具材料的检测

在模具零件进行粗加工之前，应对模具毛坯质量进行检测，检验毛坯的宏观缺陷、内部缺陷及退火硬度。对一些重要模具，还应对材料的材质进行检验，以防止不合格材料进入下道工序。模具工件经热处理后还应进行硬度检查、变形检查、外观检查、金相检查及力学性能检查等，确保热处理的质量。

任务1.6 模具发展趋势

模具是“工业之母”，是高新技术产业，是新技术、新工艺、新材料的代表，其发展趋势受社会工业发展步伐的制约，同时也引领着社会工业的发展。目前，模具制造行业正由传统模具制造向现代模具制造过渡。

1.6.1 模具设计、制造向信息化、网络化、自动化方向发展

(1)模具软件功能集成化

模具软件功能的集成化，要求软件的功能模块比较齐全，同时各功能模块采用数据模型相同，能实现信息的综合管理与共享，从而支持模具设计、制造、装配、检验、测试及生产管理的全过程，达到实现最佳效益的目的。

[阅读链接]

集成化程度较高的软件还包括Pro/ENGINEER，UG和CATIA等。国内有上海交通大学金属塑性成型有限元分析系统和冲裁模CAD/CAM系统，北京北航海尔软件有限公司的CAXA系列软件，吉林金网格模具工程研究中心的冲压模CAD/CAE/CAM系统，等等。

(2)模具设计、分析及制造的三维化

传统的二维模具结构设计已越来越不适应现代化生产和集成化技术要求。模具设计、分析、制造的三维化、无纸化要求新一代模具软件以立体的、直观的感觉来设计模具，所采用的三维数字化模型能方便地用于产品结构的分析、模具可制造性评价和数控加工、成型过程模

拟及信息的管理与共享。

面向制造、基于知识的智能化功能是衡量模具软件先进性和实用性的重要标志之一。

[阅读链接]

Pro/ENGINEER,UG 和 CATIA 等软件具备参数化、基于特征、全相关等特点,从而使模具并行工程成为可能。另外,一些专业注塑模设计软件,可进行交互式3D 型腔、型芯设计、模架配置及典型结构设计。

(3)模具软件应用的网络化趋势

随着模具在企业竞争、合作、生产和管理等方面的全球化、国际化,以及计算机软硬件技术、网络技术的迅速发展,在模具行业应用虚拟设计、敏捷制造技术既十分必要,也完全能实现。

[阅读链接]

美国在其《21 世纪制造企业战略》中指出,实现汽车工业敏捷生产/虚拟工程方案,使汽车开发周期从40 个月缩短到 4 个月。

1.6.2 模具检测、加工设备向精密、高效和多功能方向发展

(1)模具检测设备向精密、高效发展

精密、复杂、大型模具的发展,对检测设备的要求越来越高,现在精密模具的精度已达 2~3 μm,因此对检测设备提出了很高的要求。目前国内厂家使用较多的高精度三坐标测量机主要来自意大利、美国、日本等国,国内的检测设备也在向高精度、高效率发展。

另一方面,精密、高效的检测设备也极大地促进模具质量的提升。

[阅读链接]

东风汽车模具厂不仅拥有意大利产 3 250 mm×3 250 mm 三坐标测量机,还拥有数码摄影光学扫描仪,率先在国内采用数码摄影、光学扫描作为空间三维信息的获得手段,从而实现了从测量实物→建立数学模型→输出工程图纸→模具制造全过程,成功实现了逆向工程技术的开发和应用。

(2)模具加工设备向数控化、高速化发展

传统模具制造的手工加工、普通机床加工、低级数控加工手段正逐步被淘汰,高级 CNC、数控电火花加工机床、高速铣削机床等高新技术集成机床逐渐成为模具加工的主要设备。

模具制造中最常用的设备是铣床,铣削加工是型腔模具制造的重要手段,如今以加工中心为代表的高速铣削加工已成为模具行业的通用设备,它不仅具有工件温升低、切削力小、加工平稳、加工质量好的优点,还具有能较大提高加工效率(为普通铣削加工的 5~10 倍)及可加工硬材料等诸多优点,因而在模具行业中日益受到重视。

[阅读链接]

日本沙迪克公司采用直线电机伺服驱动的AQ325L,AQ550LLS-WEDM具有驱动反应快、传动及定位精度高、热变形小等优点。瑞士夏米尔公司的NCEDM具有P-E3自适应控制、PCE能量控制及自动编程专家系统。另外,有些EDM还采用了混粉加工工艺、微精加工脉冲电源及模糊控制(FC)等技术。

瑞士克朗公司UCP710型五轴联动加工中心,其机床定位精度可达8 μm,自制的具有矢量闭环控制电主轴,最大转速为42 000 r/min。意大利RAMBAUDI公司的高速铣床,其加工范围达2 500 mm×5 000 mm×1 800 mm,转速达20 500 r/min,切削进给速度达20 m/min。HSM一般主要用于大、中型模具业务,如汽车覆盖件模具、压铸模、大型塑料等曲面加工,其曲面加工精度可达0.01 mm。

1.6.3 组织管理形式创新,向信息化、精细化方向发展

随着信息技术的普及,模具行业的组织管理形式发生了重大转变,新的组织管理形式,如并行工程、分工合作、精益生产、敏捷制造等不断出现,不但提高了企业生产效率,减少了生产成本,而且加快了生产速度,从而提高了市场竞争力。

同时,随着先进制造技术的不断发展和模具行业整体水平的提高,在模具行业出现了一些新的设计、生产、管理理念与模式。如适应模具单件生产特点的柔性制造技术,创造最佳管理和效益的团队精神、精益生产,提高快速应变能力的并行工程、虚拟制造及全球敏捷制造、网络制造等新的生产哲理,广泛采用标准件、通用件的分工协作生产模式,适应可持续发展和环保要求的绿色设计与制造等。传统模具制造与现代模具制造的特点对比见表1.4。

表1.4 传统模具制造与现代模具制造的特点对比

类 别	传统模具制造特点	现代模具制造特点
质量控制	主要依靠人力因素,再现能力差,整体不易控制	主要依赖物化因素,再现能力强,整体可控性强
加工流程	串行方式进行,容易造成设计和制造脱节,重复劳动多,加工周期长	并行方式进行,共享数学模型和数据库,并行通信,相互协调,重复劳动少,加工周期短
质量检测	通过试模进行检测,返修多,成本高	计算机仿真和模拟来完善模具结构,返修少,成本低

1.6.4 新技术新工艺出现

目前用于模具制造的新技术、新工艺有数控仿形加工技术、表面抛光技术、快速模具制造技术及特种加工技术等。下面重点介绍快速经济制模技术。

缩短产品开发周期是赢得市场竞争的有效手段之一。与传统模具业务技术相比,快速经济制模技术具有制模周期短、成本较低的特点,精度和寿命又能满足生产需求,是综合经济效益比较显著的模具制造技术,具体主要有以下一些技术:

①快速原型制造技术(RPM)。包括激光立体光刻技术(SLA)、叠层轮廓制造技术(LOM)、激光粉末选区烧结成型技术(SLS)、熔融沉积成型技术(FDM)和三维印刷成型技术(3D-P)等。

②表面成型制模技术。是指利用喷涂、电铸和化学腐蚀等新的工艺方法形成型腔表面及精细花纹的一种工艺技术。

③浇铸成型制模技术。主要有铋锡合金制模技术、锌基合金制模技术、树脂复合成型模具技术及硅橡胶制模技术等。

④冷挤压及超塑成型制模技术。

⑤无模多点成型技术。

⑥KEVRON 钢带冲裁落料制模技术。

⑦模具毛坯快速制造技术。

模具毛坯快速制造技术主要有干砂实型铸造、负压实型铸造、树脂砂实型铸造及失蜡精铸等技术。

⑧其他方面技术。

如采用氮气弹簧压边、卸料、快速换模技术、冲压单元组合技术、刃口堆焊技术及实型铸造冲模刃口镶块技术等。

在成型工艺方面,主要有冲压模具功能复合化、超塑性成型、塑性精密成型技术、塑料模气体辅助注射技术及热流道技术、高压注射成型技术等。

1.6.5 模具材料更新换代加快

由于科学技术的发展,新材料不断出现,现在制作模具的材料更是多种多样,新材料的运用不但提高了模具的精度和使用寿命,而且也改变了加工制造的难度。对模具材料的研究和设计,是模具生产行业中比较重要的部分,也是现代化模具技术的主要发展方向。模具工业要上水平,材料应用是关键。因选材和用材不当,致使模具过早失效,占失效模具的45%以上。

目前出现的新材料主要有新钢种、新合金材料、塑料类材料等。

思考与练习

1. 什么是模具?
2. 模具有哪些作用?
3. 模具制造有哪些特点?
4. 模具材料一般有哪些性能要求?
5. 简述模具材料选用原则。

项目 2
冲压工艺及模具

冲压模具是模具制造中最常见的模具之一，在制造业中有着广泛地运用，它包括单工序模、复合模和连续模3大类。本项目主要介绍冲压模具的基本概念、结构特点、制造工艺与设备、典型计算等基础知识，掌握这些基础知识对今后学习和了解其他模具具有重要作用。

任务 2.1　冲压工艺和冲压模具概述

2.1.1　什么是冲压

冲压是靠压力机和模具对板材、带材、管材和型材等施加外力，使之产生塑性变形或分离，从而获得所需形状和尺寸的工件（冲压件）的成形加工方法。

冲压通常是在常温下对材料进行冷变形加工，且主要采用板材来加工所需零件，故也称冷冲压或板料冲压。

2.1.2　什么是冲压模具

冲压所使用的模具称为冲压模具，简称冲模。冲模是将材料（金属或非金属）批量加工成所需冲件的专用工具。

冲模是将材料批量加工成所需制件的专业工具。冲模在冲压中至关重要，没有符合要求的冲模，批量冲压生产就难以进行；没有先进的冲模，先进的冲压工艺就无法实现。冲压工艺、冲压模具及冲压件如图2.1—图2.3所示。

冲压工艺与模具、冲压设备以及冲压材料构成了冲压加工的三要素（见图2.4）。

图2.1　冲压工艺

图2.2　冲压模具

图2.3　冲压件

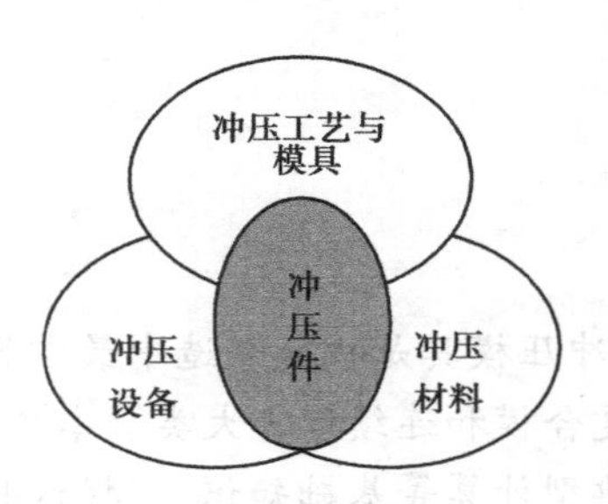

图2.4　冲压加工的三要素

2.1.3　冲压工艺的优点

(1)冲压工艺的优点

①冲压加工的生产效率高,操作简单,便于实现机械化与自动化。

②冲压时由于模具保证了冲压件的尺寸与形状精度,因此一般不会破坏冲压材料的表面质量。同样,由于模具的寿命较长,因此冲压件的质量稳定,互换性好。

③冲压加工能完成尺寸范围较大、形状较复杂的零件,由于冲压时材料的冷变形硬化效应,冲压件的强度和刚性较高。

④冲压一般没有切屑生成,材料的耗损较少。

(2)冲压工艺的缺点

冲压加工使用的模具一般具有专用性,有时一个复杂零件需要多套模具才能加工成形,且模具制造的精度高,技术要求高,是技术密集型产品,因此成本高。

任务2.2　冲压设备简介

冲压设备是为压力加工提供动力和运动的设备。常用的冲压设备有曲柄压力机(见图2.5)、液压机(见图2.6)和摩擦压力机等。本节主要介绍曲柄压力机。

图2.5　曲柄压力机

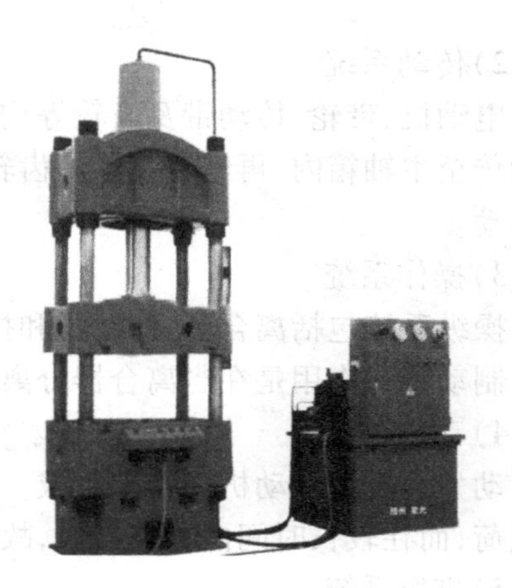

图2.6　液压机

2.2.1　曲柄压力机

(1)曲柄压力机的特点

曲柄压力机属于机械传动压力机,是重要的压力加工设备。曲柄压力机具有精度高、刚性好、生产效率高、工艺性能好、操作简单、易于实现机械化和自动化生产等优点,因此,它是使用最为广泛的冲压设备。

(2)曲柄压力机的结构和工作原理

1)工作机构

曲柄压力机结构如图2.7所示。它由曲轴、连杆、滑块组成。曲轴的作用是将电动机的旋转运动转化成滑块的往复运动。上模部分通过模柄与滑块相连,并在滑块带动下作上下运动,完成冲裁加工运动。带轮兼起飞轮作用,使压力机在整个工作周期里负荷均匀,能量得以充分利用。

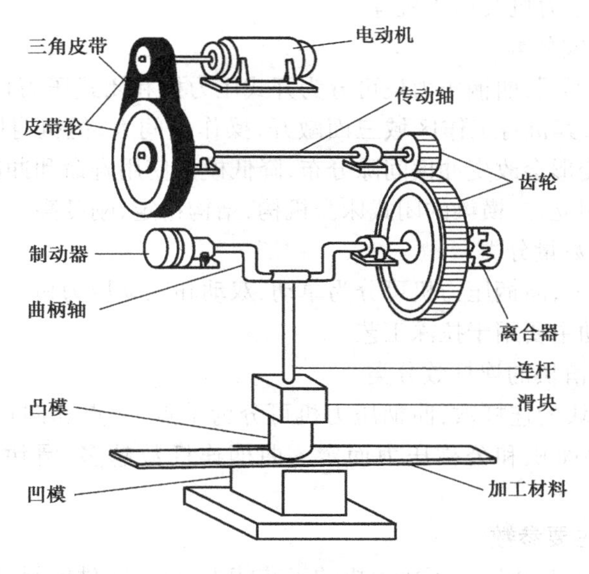

图2.7　曲柄压力机的结构图

2)传动系统

电动机、带轮、传动带及齿轮等构成压力机的传动系统。电动机提供的动力经传动带及带轮传至主轴箱内,再经一系列的齿轮机构,最终将动力传递至曲轴,曲轴带动滑块作上下往复运动。

3)操作系统

操纵系统包括离合器、制动器和控制装置等。离合器是用来启动和停止压力机动作的机构。制动器的作用是在当离合器分离时,使滑块停止在所需的位置上。

4)动力系统

动力系统由电动机和带轮组成。压力机在一个工作周期中只在较短时间内承受较大工作载荷,而在较长时间内为空运转,故采用飞轮储备能量,可减小电动机功率。

5)支撑系统

压力机的支承系统即床身,是压力机的骨架,主要用来支承压力机的冲压力及有关零件的质量,并将所有的零件有机地连接在一起,以保证各零件运动的准确性,满足一定的精度、刚度和强度要求。工作时,模具就安装于固定在床身上的工作台上。

6)辅助系统

压力机有多种辅助装置,如顶件(打料)装置、润滑系统、保护系统、计数装置及气垫等。

(3)曲柄压力机的类型

为适应不同零件的工艺要求,实际生产过程中,会采用不同类型的曲柄压力机,这些压力机都有独特的结构形式和工作特点。通常可根据曲柄压力机的工艺用途或结构特点进行分类。

1)按工艺用途分类

按工艺用途,曲柄压力机可分为通用压力机和专用压力机两大类。通用压力机适用于多种工艺用途,如冲裁、弯曲、成形及浅拉深等;而专用压力机用途较单一,如拉深压力机、板料折弯机、剪板机、高速压力机及精压机等。

2)按机身结构形式分类

按机身结构形式不同,曲柄压力机可分为开式压力机和闭式压力机。开式压力机的机身形状类似英文字母C,其机身工作区域三面敞开,操作空间大,但机身刚度不高,在较大冲压力的作用下,床身的变形会改变冲模间隙分布,降低模具使用寿命和冲压件表面质量。

闭式压力机,采用立柱、横梁的闭式床身机构,结构稳定,刚度高。

3)按运动滑块的数量分类

按运动滑块的数量,曲柄压力机可分为单动、双动和三动压力机。目前,使用最多的是单动压力机,双动和三动主要用于拉深工艺。

4)按联接曲柄和滑块的连杆数分类

按联接曲柄和滑块的连杆数,曲柄压力机可分为单点、双点和四点压力机。曲柄连杆数的设置主要根据滑块面积和公称压力而定。曲柄连杆数越多,滑块承受偏心负荷的能力越强。

(4)曲柄压力机主要参数

曲柄压力机的技术参数反映了压力机的工艺能力、加工零件的尺寸范围以及有关生产率等指标,主要有以下几个:

1）公称压力 p_g 及公称压力行程 S_g

曲柄压力机的公称压力（或称额定压力）是指滑块离下死点前某一特定距离（此特定距离称为公称压力行程或额定压力行程）或曲柄旋转到离下死点前某一特定角度（此特定角度称为公称压力角或额定压力角）时，滑块所允许承受的最大作用力。

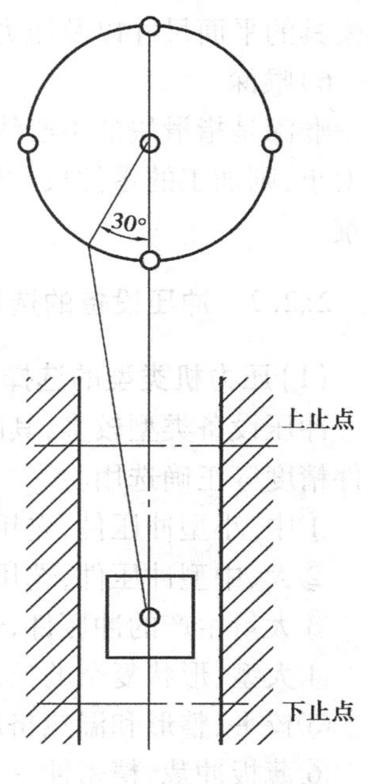

图2.8　上、下止点示意图

2）滑块行程 S

滑块行程是指滑块从上死点到下死点所经过的距离。它的大小将反映压力机的工作范围，如图2.8所示。

3）滑块行程次数 n

滑块行程次数是指滑块每分钟从上死点到下死点，然后再回到上死点所往复的次数。行程次数越高，生产率越高，但次数超过一定数值以后，必须配备机械化自动化送料装置，否则不可能实现高生产率。

4）最大装模高度 H 及装模高度调节量 ΔH

装模高度是指滑块在下死点时，滑块下表面到工作台板上表面的距离。当装模高度调节装置将滑块调整到最上位置时，装模高度达最大值，称为最大装模高度。装模高度调节装置所能调节的距离，称为装模高度调节量。

如图2.9所示为模具闭合高度与压力机闭合高度的关系。针对曲柄压力机，模具闭合高度与压力机闭合高度应与以下公式相符合，即

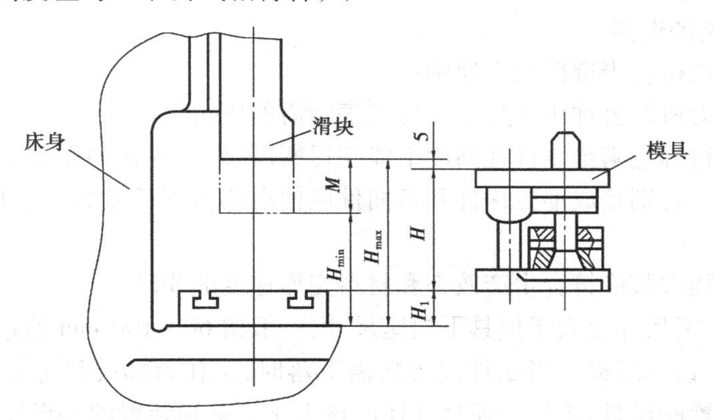

图2.9　模具闭合高度与压力机闭合高度的关系

$$H_{max} - 5\ \text{mm} \geq H + H_1 \geq H_{min} + 10\ \text{mm}$$

式中　H——模具闭合高度，mm；

H_{min}——压力机的最小闭合高度，mm；

H_{max}——压力机的最大闭合高度，mm；

H_1——压力机垫块的厚度，mm；

M——连杆调节量，也就是指压力机闭合高度可调节的高度，mm。

5）工作台板及滑块底面尺寸

工作台板及滑块底面尺寸是指压力机工作空间的平面尺寸。它的大小直接影响所安装

的模具的平面尺寸以及压力机平面轮廓的大小。

6)喉深

喉深是指滑块的中心线至机身的距离,是开式压力机和单柱压力机的特有参数。尺寸选得太小,则加工的零件尺寸受到限制。尺寸选得过大,则给机身的设计,特别是刚度设计带来困难。

2.2.2 冲压设备的选用

(1)压力机类型的选择

冲压设备类型较多,其刚度、精度、用途各不相同,应根据冲压工艺、生产批量、模具形状、制件精度等正确选用。

①中、小型冲压件,选用开式机械压力机。

②大、中型冲压件,选用双柱闭式机械压力机。

③大量生产的冲压件,选用高速压力机或多工位自动压力机。

④大型、形状复杂的拉深件,选用双动或三动压力机。

⑤校平、整形和温热挤压工序,选用摩擦压力机。

⑥薄板冲裁、精密冲裁,选用精度高的精密压力机。

⑦导板模板要求导套不离开导柱的模具,选用偏心压力机。

⑧小批量生产中的大型厚板件的成形工序,多采用液压力机。

⑨深拉深制件,选用有拉深垫的拉深油压机。

⑩汽车覆盖件,选用工作台面宽大的闭式双动压力机。

(2)压力机规格的选择

选择压力机的规格应当遵循以下原则:

①必须保证压力机的公称压力大于冲压工序所需的压力。

②压力机滑块行程应满足制件在高度上能获得所需尺寸,并在冲压工序完成后能顺利地从模具上取出制件。特别是成形拉深件和弯曲件应使滑块行程长度大于制件高度,一般选择大于2.5~3.0倍。

③压力机的行程次数应符合生产效率和材料变形速度的要求。

④工作台面长、宽尺寸应大于模具下模座尺寸,一般留60~100 mm的余量。以便安装固定模具用的螺栓、垫铁和压板。当制件或废料需下落时,工作台面孔尺寸必须大于下落件的尺寸。对有弹顶装置的模具,工作台面尺寸还应该大于下弹顶装置的外形尺寸。

⑤压力的闭合高度、滑块尺寸、模柄孔尺寸等都应能满足模具的正确安装要求。

⑥压力机的电动机功率必须大于冲压时所需要的功率。

2.2.3 冲压设备的操作

冲压机是模具生产的主要设备之一,因此在模具试模之前必须正确掌握冲压设备的操作方法和日常保养规范。

冲压设备种类繁多,各个企业制造的冲压机床在操作上也各有不同。在这里主要以如图2.10所示的上海锻压JH21-80型冲压机为例进行讲解。

(1)操作前的准备工作

①冲压机操作工(简称冲床工)必须经过理论学习,掌握设备的结构、性能,熟悉操作规程并取得相应的操作技能证,在经许可后才可独立操作。

②操作人员必须着标准工作服装。

③检查各润滑点,确保供油充分,润滑良好。

④检查压缩空气压力是否在规定的范围内。

⑤启动电机,检查飞轮旋转方向是否与回转标准方向一致。

⑥设备空运行 3 ~ 5 min,检查制动器、离合器等部分的工作情况,检验单冲、点动、连冲及急停等动作的可靠性。

(2)工作中安全事项

①冲床在加工过程中,操作者站立的位置应恰当,手和头部应确保与冲床保持一定安全距离,并时刻注意设备运行情况,严禁与他人闲谈。

②冲裁短小工件时,应用专用工具(见图 2.11 冲床安全手),不得用手直接送料或取件;冲裁长体工件时,应设置安全托料装置或采取其他安全措施,以防安全事故的发生。

图 2.10　JH21-80 型冲压机

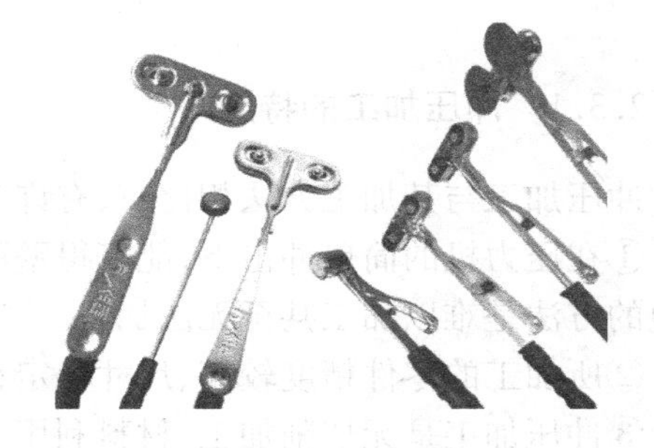

图 2.11　冲床安全手

③单冲时,手脚不得放在手、脚闸上,必须冲一次搬(踏)一下,严防事故。

④两人以上共同操作时,负责搬(踏)闸者,必须注意送料人的动作,严禁一面取件,一面搬(踏)闸。

⑤严禁在冲压设备旁追逐打闹。

⑥绝对禁止同时冲裁两块板料。

⑦发现冲压机工作不正常时(异常杂音、滑块自由下落等)应立即停车,及时解决,待解决完成后才可再次进行冲裁。

⑧不得随意拆装防护装置。

⑨每工作 4 h 操作手动润滑泵手柄,保证各润滑点润滑充分。

(3)冲压结束后工作

①切断电源、气源,放除剩余空气及水分滤气器内剩水。

②将压力机擦拭干净,在各加工表面涂上防锈油。

③保管好操作按钮钥匙,非有关工作人员不得操作机床。

[阅读链接]

冲压设备安全操作规程

①工作前要认真校好模具,冲床刹车不灵,冲头连冲,则严禁使用。

②操作时,思想应高度集中,不允许一边与人谈话一边进行操作。

③严禁将手伸进工作区送料取工件,小工件冲压要用辅助工具。

④冲床脚踏开关上方应有防护罩,冲完一次脚应离开开关。

⑤工具材料不要靠在机床上,防止掉落引起开关动作。

⑥工作时应穿戴好防护用品(工作服、眼镜、手套)。

⑦注意调整机床设备各部间隙,安全装置应完好无损,皮带罩、齿轮罩齐全。

⑧下班前擦好机床,工作部位涂润滑油。

⑨机床发生故障,应立即报告有关人员查明原因,排除故障,严禁擅自处理。

任务2.3 冲压工艺

2.3.1 冲压加工的特点

冲压加工与其加工方法相比较,有许多独特的优点。

①在压力机的简单冲击下,能获得壁薄、质量小、刚性好、形状复杂的零件,而这些零件用其他的方法是难以加工甚至无法加工。

②所加工的零件精度较高、尺寸稳定,具有良好的互换性。

③冲压加工是无切削加工,材料利用率高。

④生产效率高,生产过程容易实现机械化、自动化。

⑤操作简单,便于组织生产。

冲压加工的缺点是:进行冲压加工需要冲压模具,但冲压模具的设计制造周期较长、费用高,因此只适用于大批量生产。

[阅读链接]

冲压技术发展史

冲压技术的真正发展,始于汽车的工业化生产。

20世纪初,研究基本上在板料成形技术和成形性两方面同时展开,关键问题是破裂、起皱与回弹。但对冲压技术的掌握基本上是经验型的。分析工具是经典的成形力学理论,能求解的问题十分有限,远不能满足汽车工业的需求。

20世纪60年代是冲压技术发展的重要时期，各种新的成形技术相继出现。尤其是成形极限图的提出，推动了板材性能、成形理论、成形工艺和质量控制的协调发展，成为冲压技术发展史上的一个里程碑。

20世纪80年代有限元方法及CAD技术开始发展。

20世纪90年代汽车冲压技术真正进入分析阶段(数字模拟仿真及计算机应用技术在冲压领域得以飞速发展并走向实用化)。

2.3.2　加工的基本工序

冲压加工方法多种多样，但概括起来可分为分离工序和成形工序两大类。

(1)分离工序

分离工序是将冲压件或板料沿一定轮廓相互分离，其特点是材料在冲压力作用下发生剪切而分离。分离工序具体包括以下7种：

1)落料

落料是在平板毛坯上沿封闭轮廓进行冲裁，分离部分为工件，余下的就是废料。落料常用于制备工序件。

2)冲孔

冲孔是在平板毛坯上沿封闭轮廓进行冲裁，分离部分为废料，余下的是工件。冲孔常以落料件或其他成形件为工序件，完成各种形状孔的冲裁加工。

3)切边

对成形件边缘进行冲裁，以获得工件要求的形状和尺寸，称为切边。

4)冲槽

在板料上或成形件上冲切出窄而长的槽，称为冲槽，而冲槽的冲切轮廓是非封闭的。

5)切口

在板料上沿非封闭轮廓将局部材料切开并弯成一定角度，但不与主体分离，称为切口，也可称为冲切成形或切舌。

6)剖切

将已成形的立体形状的工序件分割为两件，称为剖切。

7)切断

对板料、型材、棒材、管材等沿横向进行冲切分离加工，称为切断。切断有3种基本形式，分别为单边切断、双边切断和形成切断。切断通常无废料，形状简单的落料件可先冲缺口再切断制取，以节省原材料。有的单边切断可在剪切板上或通用剪切模上进行，而不必设计切断模。

从广义上讲，冲裁是分离工序的总称，包括落料、冲孔、切断、切边、切口等多种工序，但一般来说，冲裁工艺主要是指落料和冲孔两大工序。所谓冲裁，是指利用一对工具，如冲裁模的凸模与凹模或剪板机的上剪刃与下剪刃，并借助压力机的压力，对板料或已成形的工序件沿封闭的或非封闭的轮廓进行断裂分离的加工方法。

冲裁既可以制造各种各样的零件，也可以为其他冲压加工制备工序件。在一般企业的冷冲压加工中，冲裁所占的比例最大。

(2)成形工序

成形工序是指坯料在不破裂的条件下产生塑性变形而形成所需形状及尺寸的零件，其特点是坯料在冲压力的作用下，变形区应力满足屈服条件，因而坯料只发生塑性变形而不破坏。常见的成形工序有以下3种：

1)弯曲

将平直的坯料弯折成具有一定角度和曲率半径的零件的成形工序称为弯曲。弯曲用的坯料可以是板料、管材、棒料或型材。

弯曲不但是冲压基本工序，而且是冲压成形加工中用得很广泛的一种工艺方法。弯曲加工的类型很多，按弯曲件的形状可分为V形、L形、U形、Z形等；按弯曲加工所使用的设备可分为压弯、折弯、滚弯、绕弯、旋弯及拉弯等。

2)拉深

拉深是利用拉深模在压力机作用下，将平板坯料或空心工序件制成开口空心零件的加工方法。前者也可形象地称为拉深盒形件，后者称为拉深杯形件。拉深也是冲压的基本工序。通常，拉深后再经冲裁及其他成形加工，便可制得形状复杂的零件。

用拉深来代替铸造壳体形件，已充分显示出冲压加工的优越，是近期冲压加工的发展趋势。

3)翻边

利用模具将工序件的孔边缘或外边缘翻成竖直直边的加工方法称为翻边。利用翻边方法加工的立体零件具有很好的刚性，这一点常常是翻边加工的主要目的。对工件的孔进行翻边称为内缘翻边，或简称翻孔；对工件的外边缘进行翻边称为外缘翻边。

翻边与弯曲不同，弯曲时的折弯线为直线，切向没有变形，而翻边时的折弯线为曲线，切向有变形，并且常常是主要变形。

2.3.3 冲裁变形过程

为了确定冲裁工艺，合理设计冲压模具，保证冲裁件的质量，就必须认真分析冲裁变形过程，掌握冲裁变形规律。整个冲裁变形过程可分为3个阶段(见图2.12)。

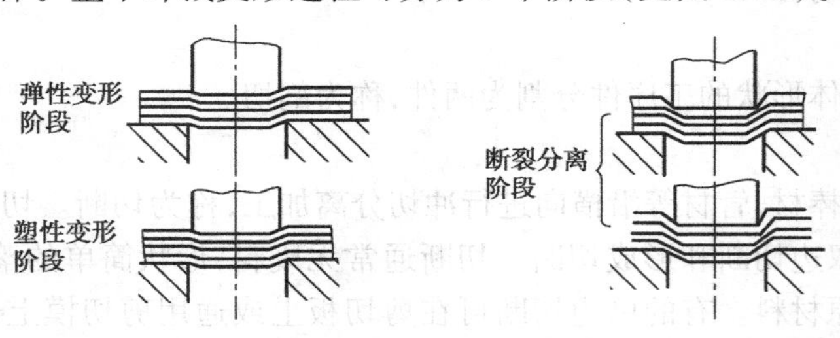

图2.12 冲裁变形过程

(1)弹性变形阶段

凸模向下压，材料就会产生压缩、拉伸或弯曲变形，位于凹模上方的板料则向上产生弯曲变形。如果此时将凸模提起，则材料会恢复原状，因此，此时属于弹性变形阶段。间隙越大，弯曲就会越来越严重。同时凸模将会稍许挤入板料上部，板料的下端则略挤入凹磨刃口。

(2)塑性变形阶段

凸模继续下压,挤入板料上端,与此同时板料下端挤入凹磨刃口。形成光亮的剪切面。随着凸模挤入板料的深度逐渐增大,变形区材料就会出现冷作硬化现象,直到刃口附近侧面的材料出现微裂纹,此阶段称为塑性变形阶段。

(3)断裂分离阶段

随着冲裁工作的继续进行,材料将首先在凹模刃口附近的侧面产生裂纹,紧接着在凸模刃口附近的侧面也产生裂纹。当上下裂纹不断扩展并最终重合时,板料便发生分离,即被剪断。此时分离的材料落入凸模洞口内。

2.3.4　影响冲裁件质量的因素

合格的冲裁件应具有良好的断面质量、一定的尺寸精度和较小的毛刺。

(1)冲裁件断面质量

冲裁件断面应尽可能垂直、光洁、毛刺小。冲裁件断面大致可分为4大区,即圆角带 a、光亮带 b、断裂带 c 和毛刺带 d。冲裁件断面质量及分区如图2.13所示。

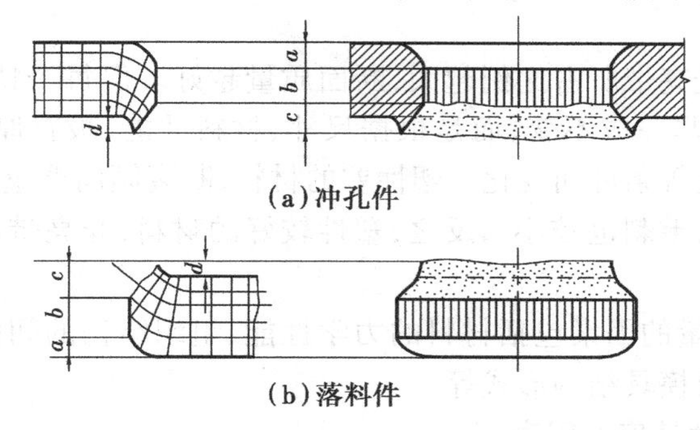

图2.13　冲裁件断面质量

1)圆角带 a

圆角带是由于凸模刃口压入材料时,刃口附近的材料随即产生弯曲和伸长变形,材料被拉入凸、凹模间隙而形成的。

2)光亮带 b

当凸、凹模刃口切入材料后,材料与凸、凹模刃口侧面表面挤压而形成光亮垂直的断面。该区域是在塑性变形阶段形成的。

3)断裂带 c

刃口附近的微裂纹在拉应力作用下不断扩展而撕裂,其断面较为粗糙且带有锥度。该区域是在断裂阶段形成的。

4)毛刺带 d

毛刺是在刃口附近的侧面材料出现微裂纹时形成的。当凸模继续下行时,使形成的毛刺拉长并残留在冲裁件上,因此,在普通冲裁中毛刺是不可避免的。不过当冲裁模间隙大小合适时,毛刺的高度很小,比较容易去除。普通冲裁允许毛刺高度见表2.1。

表 2.1　普通冲裁允许毛刺高度/mm

冲件料厚 t/mm	普通冲裁		精冲(强力四围压板)	
	初始	允许最大	初始	允许最大
~0.3	≤0.015	≤0.050	—	—
>0.3~0.5	≤0.020	≤0.080	≤0.015	≤0.040
>0.5~1.0	≤0.030	≤0.100	≤0.020	≤0.050
>1.0~1.5	≤0.040	≤0.130	≤0.025	≤0.060
>1.5~2.0	≤0.050	≤0.150	≤0.030	≤0.100
>2.0~3.0	≤0.080	≤0.200	≤0.050	≤0.150
>3.0~4.0	≤0.100	≤0.250	≤0.080	≤0.200
>4.0~6.0	≤0.150	≤0.300	≤0.100	≤0.250
>6.0	≤0.200	≤0.500	≤0.150	≤0.300

在4个特征区中,光亮带所占比例越大,断面质量越好。但每个特征区域的大小和在断面上所占的比例大小并非一成不变,而是根据尺寸、材料性能、板料厚度、冲裁间隙、刃口锐度、模具结构及冲裁速度等条件而变化。塑性差的材料,断裂倾向严重,毛刺增宽,而光亮带、圆角带所占的比例较小,毛刺也较小。反之,塑性较好的材料,光亮带所占的比例较大,圆角带和毛刺带也较大。

影响冲裁件断面质量的因素包括材料的力学性能、组织结构的间隙大小及均匀性、刃口锋利程度、模具精度以及模具结构形式等。

(2)影响冲裁件尺寸精度的因素

冲裁件的尺寸精度是指冲裁件的实际尺寸与图样设计尺寸的差值,差值越小,精度越高。这个差值包括两个方面,一是冲裁件相对于凸模或凹模尺寸的偏差,二是模具本身的制造偏差。

影响冲裁件尺寸精度的因素如下:

1)冲裁模制造精度的影响

冲裁模的制造精度对冲裁件尺寸精度影响较大,而冲裁模的精度与冲裁模的结构、加工、装配等多方面因素有关。冲裁模的精度越高,冲裁件的精度也越高。冲裁模具制造精度与冲裁件精度的关系见表2.2。

表 2.2　冲裁模具制造精度与冲裁件精度的关系

模具制造精度	冲裁件精度										
	材料厚度 t/mm										
	0.5	0.8	1.0	1.5	2	3	4	5	6	8	10	12
IT7—IT6	IT8	IT8	IT9	IT10	IT10							
IT8—IT7		IT9	IT10	IT10	IT12	IT12	IT12					
IT9				IT12	IT12	IT12	IT12	IT12	IT12	IT14	IT14	IT14

2)材料力学性能的影响

材料的力学性能主要影响该材料在冲裁过程中的弹性变形量。对于比较软的材料,冲裁后的弹性变形量较小,回弹值也较小,零件精度就较高;而比较硬的材料,冲裁后的弹性变形量较大,回弹值也较大,零件精度就较低。

3)冲裁模间隙的影响

冲裁模间隙是指冲裁模凸模和凹模之间的间隙。如果间隙适中,就可以得到精度合格的制件。当间隙过大,坯料在冲裁过程中除受剪切外还会产生较大的拉伸和弯曲变形,冲裁结束后,材料的弹性恢复使冲裁件尺寸向实体方向收缩,对于落料件,制件尺寸就会小于凹模尺寸;对于冲孔件,制件尺寸就将会大于凸模尺寸。当间隙过小时,坯料在冲裁过程中除受剪切外还会受到较大的挤压力作用,冲裁结束后,材料的弹性恢复使冲裁件尺寸向实体的方向胀大,对于落料件,其尺寸将会大于凹模尺寸;对于冲孔件,其尺寸将会小于凸模尺寸。

(3)冲裁件形状误差

冲裁件的形状误差是指在坯料冲裁过程中,由于翘曲、扭曲、回弹及其他变形等引起的与原设计形状之间的尺寸差值。冲裁件所呈现的曲面不平现象称为翘曲,它是由于冲裁间隙过大,从而引起弯矩增大、变形拉伸和弯曲成分增多而造成的。另外,材料的各向异性或卷料未矫正也会引起翘曲。冲裁件所呈现的扭曲,这是由于材料表面不平、冲裁间隙不均匀、凹模后角对材料摩擦不均匀等造成的。冲裁件的回弹主要取决于材料的力学性能。冲裁件的变形是由于坯料的边缘冲孔或孔距太小等,因胀性而产生的。

2.3.5　提高冲裁件质量的途径

增大光亮面宽度的关键在于推迟剪裂纹的发生,因而就要尽量减小材料内的拉应力成分,增加压应力成分和减小弯曲力矩,其主要途径是减小间隙,用压料板压紧凸模面上的材料,对凸模下面的材料用顶板施加压力,此外,还要合理选择搭边,注意润滑,等等。

减小塌角、毛刺和翘曲的主要方法是尽可能采用合理间隙的下限值,保持模具刃口的锋利,合理选择搭边值,采用压料板和顶板等措施。

任务2.4　冲裁模结构与设计及工作尺寸控制

冲压模具是冲压生产中最重要的工艺装备。冲压零件的质量好坏和精度高低,主要取决于冲压模的质量和精度。而且冲压模的结构又直接影响到生产效率及冲压模本身的使用寿命甚至操作的安全。

由于冲压件形状的千变万化,制件的精度、生产批量及加工条件不同,就使得冲压模具有多样性和复杂性。

2.4.1　冲压模的类型

冲压模具的形式很多,一般可按以下3个主要特征分类:

(1)根据工艺性质分类

1)冲裁模

冲裁模是沿封闭或敞开的轮廓线使材料产生分离的模具。如落料模、冲孔模、切断模、切口模、切边模及剖切模等。

2)弯曲模

弯曲模是使板料毛坯或其他坯料沿着直线(弯曲线)产生弯曲变形,从而获得一定角度和形状的工件的模具。

3)拉深模

拉深模是把板料毛坯制成开口空心件,或使空心件进一步改变形状和尺寸的模具。

4)成形模

成形模是将毛坯或半成品工件按凸、凹模的形状直接复制成形,而材料本身仅产生局部塑性变形的模具。如胀形模、缩口模、扩口模、起伏成形模、翻边模及整形模等。

(2)根据工序组合程度分类

1)单工序模

单工序模是在压力机的一次行程中,只完成一道冲压工序的模具。

2)复合模

复合模是只有一个工位,在压力机的一次行程中,在同一工位上同时完成两道或两道以上冲压工序的模具。

3)级进模(也称连续模)

级进模是在毛坯的送进方向上,具有两个或更多的工位,在压力机的一次行程中,在不同的工位上逐次完成两道或两道以上冲压工序的模具。

(3)依产品的加工方法分类

依产品加工方法的不同,可将模具分成冲剪模具、弯曲模具、抽制模具、成形模具及压缩模具5大类。

1) 冲剪模具

冲剪模具是以剪切作用完成工作的模具,常用的形式有剪断冲模、下料冲模、冲孔冲模、修边冲模、整缘冲模、拉孔冲模和冲切模。

2)弯曲模具

弯曲模具是将平整的毛坯弯成一定角度形状的模具。它根据零件的形状、精度和生产量,可分为普通弯曲冲模、凸轮弯曲冲模、卷边冲模、圆弧弯曲冲模、折弯冲缝冲模及扭曲冲模等。

3)抽制模具

抽制模具是将平面毛坯制成有底无缝容器的模具。

4)成形模具

成形模具是指用各种局部变形的方法来改变毛坯的形状的模具,其形式有凸张成形冲模、卷缘成形冲模、颈缩成形冲模、孔凸缘成形冲模、圆缘成形冲模。

5)压缩模具

压缩模具是利用强大的压力,使金属毛坯流动变形成为所需形状的模具,其种类有挤制冲模、压花冲模、压印冲模、端压冲模。

2.4.2 冲裁模

(1)冲裁模的结构

无论冲裁模的结构复杂与否,其结构总是分为上模和下模,上模一般与压力机的滑块联接，并随滑块一起往复运动，中小型模具常用模柄与压力机滑块联接；下模固定在压力机的工作台上。冲裁模的组成零件一般有以下7类：

1）工作零件

工作零件是直接进行冲裁工作的零件，是冲模中最重要的零件，如凸模、凹模。

2）导向装置

导向装置在冲裁过程中能保证凸、凹模间隙均匀和稳定，保证模具各个部分保持良好的运动状态，如导柱、导套。

3）定位装置

定位装置能确保毛坯在每次冲裁时处于正确的位置，如导料板、挡料销。

4）压料装置

压料装置的作用是将毛坯压紧在凹模上再进行工作。

5）出件装置

出件装置在一次工作行程之后，由出件装置使工件脱离模具。

6）卸料装置

卸料装置在封闭冲裁时，卸料装置在滑块回程时将套在凸模上的条料卸下来，以便进行下次冲压加工。

7）支承及紧固零件

支承及紧固零件主要起到支承、固定、安装上述各个部分的零件的作用，它是冲压模具的基础零件。

冲裁模典型结构与模具总体设计尺寸关系图如图2.14所示。

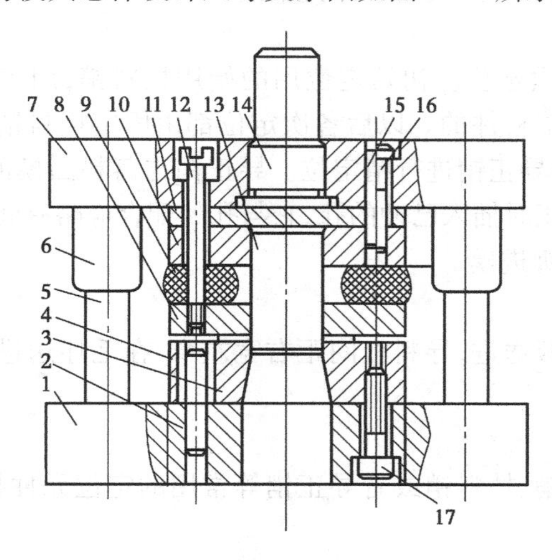

图2.14　冲裁模典型结构与模具总体设计尺寸关系图

1—下模座；2,15—销钉；3—凹模；4—模套；5—导柱；6—导套；7—上模座；8—卸料板；9—橡胶；10—凸模固定板；11—垫板；12—卸料螺钉；13—凸模；14—模柄；16,17—螺钉

（2）单工序冲裁模

单工序冲裁模是指压力机滑块在一次行程内只完成一个冲压工序的模具。单工序模具主要由上模座、下模座、导柱、导套、凸模、凹模及弹压装置组成。模具结构简单，制造方便，成本低廉，但不能保证孔的位置精度，且生产效率低。

单工序冲裁模的工作过程主要有以下 4 个步骤：

1）送料

由于工序件是经过加工的制件，属于半成品，故在压力机空行程中完成安料工作。

2）冲裁

上模部分通过模柄与压力机滑块相连，在滑块带动下，整个上模部分下行，凸模依次与材料接触，迫使材料分离，完成冲裁工作。

3）卸料

卸料由弹簧、卸料板组成的弹性卸料装置完成，卸料板除起卸料作用外，还可以在模具下行时先与材料接触，将材料压紧，从而保证零件的平整性，提高零件的表面质量。

4）定位

利用定位销、定位圈等装置完成定位。

（3）级进模

级进模又称连续模，是压力机在一次行程中，在不同的位置完成两道或者两道以上冲裁工序的模具。

由于级进模是按照一定程序将毛坯送进，在多对凸凹模具的作用下，可累计完成冲孔、落料等多道工序。因此，在级进模中的定位成为关键，目前的定位方法主要有用导正销定位和双侧刃定距两种冲孔落料级进模。

1）导正销定位的冲孔落料级进模

①送料

毛坯沿前后对称布置的两个导料板从右向左送进。

②定位

分为初始定位和以后各次定位。初始定位用的始用挡料销，用于每个毛坯的第一次冲裁，此后，在落料位置是没有落料件的。以后各次定位都由固定挡料销控制送料步距作粗定位，由两个装在落料凹模上的导正销进行精定位。导正销与落料凸模的配合为 H7/r6。导正销头部的形状应有利于在导正时插入已冲的孔，它与孔的配合应略有间隙。

2）双侧刃定距冲孔落料级进模

①送料

毛坯由前后布置的导料板送进，导料板间距右宽左窄，在毛坯送进过程中对毛坯沿宽度方向进行裁切。

②定位

该模具不是用始用挡料销、挡料销或者导正销等常用的定位元件控制坯料送进的距离，而是用侧刃代替。

③冲裁

当一次送料结束时，整个上模部分在压力机滑块带动下向下运动，凸模及侧刃接触坯料，并完成冲孔及落料工序。注意，本次侧刃所切除的坯料长度，就是下次送料的距离。

④卸料

卡在凹模内壁的废料及工件由凸模推出，而紧箍在凸模上的料则由卸料板卸下。由于料比较薄，因此采用了弹性卸料装置。

综上所述，级进模比单工序模生产效率高，操作简单、方便安全，工件精度较高，并且减少了模具和设备的数量，便于实现生产自动化。但级进模轮廓尺寸较大，结构复杂，制造成本较高，尤其是采用侧刃定距的级进模，材料利用率较低，一般适用于大批量生产小型冲压件。

(4)复合模

复合模是指压力机在一次行程中，同一位置完成两道或者两道以上冲裁工序的模具。复合模的主要特点是有一个既是落料凸模又是冲孔凹模的零件，称为凸凹模。当滑块向下运动时，一个或几个凸模(或凹模)同时或依次工作，完成落料或冲孔工作。

按照凸凹模位置的不同，复合模分为两种：凸凹模安装在上模座上，称为正装式复合模；凸凹模安装在下模座上，称为倒装式复合模。

2.4.3　冲裁模工作尺寸的计算

凸模和凹模是直接参与冲裁加工的零件，称为工作类零件。凸、凹模的刃口尺寸和公差将直接影响到冲裁件的尺寸精度，同时模具的合理间隙值也要靠凸、凹模刃口尺寸及其公差来保证。因此，在模具制造或者设计过程中，首先要正确确定凸、凹模刃口尺寸和公差。

(1)计算原则

由于凸、凹模之间存在间隙，因此冲裁件断面都带有锥度，且落料件的大端尺寸等于凹模尺寸，冲孔件的小端尺寸等于凸模尺寸。

在测量与使用中，落料件是以大端尺寸为基准，冲孔件孔径尺寸是以小端尺寸为基准。

冲裁过程中，凸模越磨越大，结果使间隙越用越大。

1)确定凸、凹模刃口尺寸的原则

①落料模先确定凹模刃口尺寸，其基本尺寸应取接近或等于制件的最小极限尺寸，以保证凹模磨损到一定尺寸范围内，也能冲出合格制件，凸模刃口的基本尺寸比凹模小一个最小合理间隙。

②冲孔模先确定凸模刃口尺寸，其基本尺寸应取接近或等于制件的最大极限尺寸，以保证凸模磨损到一定尺寸范围内，也能冲出合格的孔，凹模刃口的基本尺寸应比凸模大一个最小合理间隙。

③选择模具刃口制造公差时，要考虑工件精度与模具精度的关系，既要保证工件的精度要求，又要保证有合理的间隙。一般冲裁模精度较工件精度高2~4级。若零件没有标注公差，则对于非圆形件按国家标准非配合尺寸的IT14级精度来处理，圆形件一般可按IT10级精度来处理，工件尺寸公差应按“入体”原则标注为单向公差。

④入体原则是指标注工件尺寸公差时应向材料实体方向单向标注(磨损方向)，即落料件正公差为零，只标注负公差；冲压件负公差为零，只标注正公差。

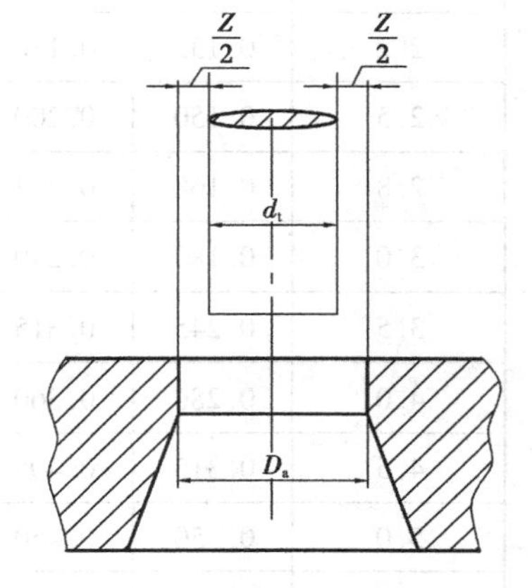

图2.15　冲裁模间隙

2)冲裁模间隙

冲裁模间隙是指冲裁模中凹模刃口尺寸与凸模刃口尺寸之差，常用Z来表示(见图2.15)，即

$$Z = D_a - d_t$$

式中　Z——双面间隙，若无特殊说明，冲裁间隙都是指双面间隙。

冲裁间隙对冲裁件的质量、冲裁力、模具寿命等都有很大的影响。在实际冲裁过程中，主要考虑冲裁件断面质量、尺寸精度和使用寿命3个因素。因此只要把模具的间隙控制在一个合理的范围内，都可以得到质量合格的冲裁件和模具的较长的使用寿命。而这个间隙范围就称为合理间隙。这个范围的最小值称为最小合理间隙 Z_{min}，最大值称为最大合理间隙 Z_{max}。根据研究和实际生产经验，间隙值按照材料及料厚要求，可查表2.3、表2.4进行确定。

表2.3 冲裁模初始双面间隙值 Z/mm

料厚 t	软铝		紫铜、黄铜、软钢 $W_c=(0.08\sim0.2)\%$		杜拉铝、中等硬度钢 $W_c=(0.3\sim0.4)\%$		硬钢 $W_c=(0.5\sim0.6)\%$	
	Z_{min}	Z_{max}	Z_{min}	Z_{max}	Z_{min}	Z_{max}	Z_{min}	Z_{max}
0.2	0.008	0.012	0.010	0.014	0.012	0.016	0.014	0.018
0.3	0.012	0.018	0.015	0.021	0.018	0.024	0.021	0.027
0.4	0.016	0.024	0.020	0.028	0.024	0.032	0.028	0.036
0.5	0.020	0.030	0.025	0.035	0.030	0.040	0.035	0.045
0.6	0.024	0.036	0.030	0.042	0.036	0.048	0.042	0.054
0.7	0.028	0.042	0.035	0.049	0.042	0.056	0.049	0.063
0.8	0.032	0.048	0.040	0.056	0.048	0.064	0.056	0.072
0.9	0.036	0.054	0.045	0.063	0.054	0.072	0.063	0.081
1.0	0.040	0.060	0.050	0.070	0.060	0.080	0.070	0.090
1.2	0.050	0.084	0.072	0.096	0.084	0.108	0.096	0.120
1.5	0.075	0.105	0.090	0.120	0.105	0.135	0.120	0.150
1.8	0.090	0.126	0.108	0.144	0.126	0.162	0.144	0.180
2.0	0.100	0.140	0.120	0.160	0.140	0.180	0.160	0.200
2.2	0.132	0.176	0.154	0.198	0.176	0.220	0.198	0.242
2.5	0.150	0.200	0.175	0.225	0.200	0.250	0.225	0.275
2.8	0.168	0.224	0.196	0.252	0.224	0.280	0.252	0.308
3.0	0.180	0.240	0.210	0.270	0.240	0.300	0.270	0.330
3.5	0.245	0.315	0.280	0.350	0.315	0.385	0.350	0.420
4.0	0.280	0.360	0.320	0.400	0.360	0.440	0.400	0.480
4.5	0.315	0.405	0.360	0.450	0.405	0.490	0.450	0.540
5.0	0.350	0.450	0.400	0.500	0.450	0.550	0.500	0.600
6.0	0.480	0.600	0.540	0.660	0.600	0.720	0.660	0.780
7.0	0.560	0.700	0.630	0.770	0.700	0.840	0.770	0.910
8.0	0.720	0.880	0.800	0.960	0.880	1.040	0.960	1.120

续表

料厚 t	软铝		紫铜、黄铜、软钢 $W_c=(0.08\sim0.2)\%$		杜拉铝、中等硬度钢 $W_c=(0.3\sim0.4)\%$		硬钢 $W_c=(0.5\sim0.6)\%$	
	Z_{min}	Z_{max}	Z_{min}	Z_{max}	Z_{min}	Z_{max}	Z_{min}	Z_{max}
9.0	0.870	0.990	0.900	1.080	0.990	1.170	1.080	1.260
10.0	0.900	1.100	1.000	1.200	1.100	1.300	1.200	1.400

注:1.初始间隙的最小值相当于间隙的公称数值。

2.初始间隙的最大值是考虑到凸模和凹模的制造公差所增加的数值。

3.在使用过程中,由于模具工作部分的磨损,间隙值将有所增加,因而间隙的使用最多数值会超过列表数值。

表2.4　冲裁模初始双面间隙 Z/mm

料厚 t	08,10,35,09M_n, Q235A,Q235B		Q345		40,50		65M_n	
	Z_{min}	Z_{max}	Z_{min}	Z_{max}	Z_{min}	Z_{max}	Z_{min}	Z_{max}
<0.5	极小间隙							
0.5	0.040	0.060	0.040	0.060	0.040	0.060	0.040	0.060
0.6	0.048	0.072	0.048	0.072	0.048	0.072	0.048	0.072
0.7	0.640	0.092	0.640	0.092	0.640	0.092	0.640	0.092
0.8	0.072	0.104	0.072	0.104	0.072	0.104	0.640	0.092
0.9	0.090	0.126	0.090	0.126	0.090	0.126	0.090	0.126
1.0	0.100	0.140	0.100	0.140	0.100	0.140	0.090	0.126
1.2	0.126	0.180	0.132	0.180	0.132	0.180		
1.5	0.132	0.240	0.170	0.240	0.170	0.240		
1.75	0.220	0.320	0.220	0.320	0.220	0.320		
2.0	0.246	0.360	0.260	0.380	0.260	0.380		
2.1	0.260	0.380	0.280	0.400	0.280	0.400		
2.5	0.360	0.500	0.380	0.540	0.380	0.540		
2.75	0.400	0.560	0.420	0.600	0.420	0.600		
3.0	0.460	0.640	0.480	0.660	0.480	0.660		
3.5	0.540	0.740	0.580	0.780	0.580	0.780		
4.0	0.640	0.880	0.680	0.920	0.680	0.920		
4.5	0.720	1.000	0.680	0.960	0.780	1.040		
5.5	0.940	1.280	0.780	1.100	0.980	1.320		
6.0	1.080	1.440	0.840	1.200	1.140	1.500		
6.5			0.940	1.300				
8.0			1.200	1.680				

注:冲裁皮革、石棉和纸板时,间隙取0.8钢的25%。

(2)计算方法

模具工作部分尺寸及公差的计算方法与加工方法有关,基本上可分为以下两类:

1)凸模与凹模按图样分别加工法

此方法适用于圆形或形状简单的工件,为了保证凸、凹模间初始间隙小于最大合理间隙,不仅凸、凹模分别标注公差,而且要求有较高的制造精度。

①落料

落料时,先确定凹模刃口尺寸。考虑到模具的磨损,凹模基本尺寸应取接近或等于工件的最小极限尺寸。以凹模为基准,间隙取在凸模上,即冲裁间隙通过减小凸模刃口尺寸来得到。

设工件外形尺寸为 $D_{-\Delta}^{\ 0}$,计算公式为

$$D_A = (D_{max} - x\Delta)_{\ 0}^{+\delta_A}$$

$$D_T = (D_A - Z_{min})_{-\delta_T}^{\ 0}$$

$$= (D_{max} - x\Delta - Z_{min})_{-\delta_T}^{\ 0}$$

式中　D_T,D_A——落料凸、凹模刃口尺寸,mm;

δ_T、δ_A——凸、凹模的制造公差,mm,可查表2.5选取制造偏差;

D_{max}——落料件的最大极限尺寸,mm;

Z_{min}——最小初始双面间隙,mm;

Δ——冲裁件制造公差,mm;

X——冲裁系数,其值为0.5~1,与工件精度有关,可从表2.6磨损系数中选取,也可按照下面关系选取:工件精度为IT10以上时,$X=1$;工件精度为IT13—IT11时,$X=0.75$;工件精度为IT14时,$X=0.5$。

若$|\delta_T| + |\delta_A| \leqslant Z_{max} - Z_{min}$,则取经验值

$$\delta_T \leqslant 0.4(Z_{max} - Z_{min})$$

$$\delta_A \leqslant 0.6(Z_{max} - Z_{min})$$

②冲孔

冲孔时,先确定凸模刃口尺寸。考虑到模具的磨损,凸模基本尺寸取接近或等于工件孔的最大极限尺寸。以凸模为基准,间隙取在凹模上,即冲裁间隙通过增大凹模刃口尺寸来得到。

设冲孔尺寸为 $d_{\ 0}^{+\Delta}$,根据尺寸计算原则,冲孔时应以凸模为设计基准,计算公式为

$$d_T = (d_{min} + x\Delta)_{-\delta_T}^{\ 0}$$

$$d_A = (d_T + Z_{min})_{\ 0}^{+\delta_A}$$

$$= (d_{min} + x\Delta + Z_{min})_{\ 0}^{+\delta_A}$$

式中　d_T,d_A——冲孔凸、凹模刃口尺寸,mm;

d_{min}——冲孔件最小极限尺寸,mm。

③孔心距

孔心距属于磨损后基本不变的尺寸。在同一工步中冲出两个相距为L的孔时,其凹模孔心距L_d计算公式为

$$L_d = L \pm \frac{1}{8}\Delta$$

显然，凸、凹模分别加工法的优点是凸、凹模互换性好，制造周期短，便于批量制造；其缺点是模具的制造公差比较小，模具加工比较困难，制造成本高，适用于圆形、方形、矩形等规则形状的冲裁件的模具设计。

表2.5　规则形状（圆形、方形）冲裁时凸、凹模的制造偏差/mm

公称尺寸	凸模偏差 δ_T	凹模偏差 δ_A	公称尺寸	凸模偏差 δ_T	凹模偏差 δ_A
≤18	0.020	0.020	180～260	0.030	0.045
18～30	0.020	0.025	260～360	0.035	0.050
30～80	0.020	0.030	360～500	0.040	0.060
80～120	0.025	0.035	>500	0.050	0.070
120～180	0.030	0.040			

表2.6　冲裁系数 X

材料厚度 t/mm	非圆形			圆　形	
	1	0.75	0.5	0.75	0.5
	制件公差 Δ/mm				
1	<0.16	0.17～0.35	≥0.36	<0.16	≥0.16
1～2	<0.20	0.21～0.41	≥0.42	<0.20	≥0.20
2～4	<0.24	0.25～0.49	≥0.50	<0.24	≥0.24
>4	<0.30	0.31～0.59	≥0.60	<0.30	≥0.30

例2.1　冲制如图2.16所示零件，材料为Q235A钢，料厚 $t=0.5$ mm。试计算冲裁凸、凹模刃口尺寸及公差。

解　由图2.16可知，该零件属于无特殊要求的一般冲孔、落料件。

查表2.4可得

$$Z_{min}=0.040\text{ mm},Z_{max}=0.060\text{ mm}$$

则

$$Z_{max}-Z_{min}=0.060\text{ mm}-0.040\text{ mm}=0.020\text{ mm}$$

查公差表可知 $\phi10^{+0.10}_{0}$ mm 为IT12级，则 $x=0.75$ mm；$\phi48^{0}_{-0.52}$ mm 为IT14级，则 $x=0.5$ mm。凸、凹模的制造精度等级按常用的IT6级与IT7级加工制造。

①对于所冲的两个孔

$$d_T=(d_{min}+X\Delta)^{0}_{-\delta_T}$$

$$=(10+0.75\times0.10)^{0}_{-0.008}\text{ mm}$$

$$=10.075^{0}_{-0.008}\text{ mm}$$

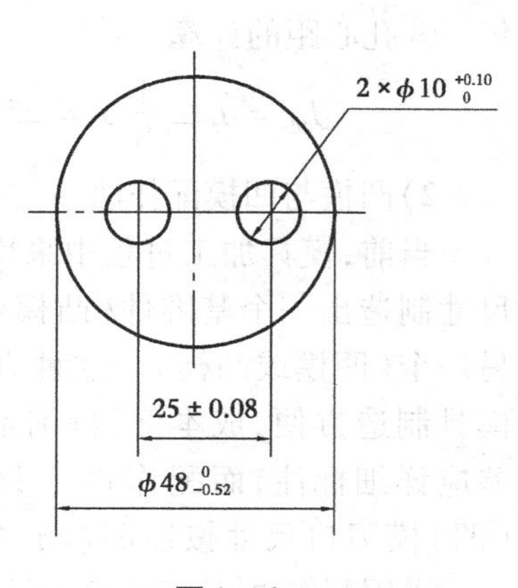

图2.16

注：$\delta_T = 0.4(Z_{max} - Z_{min}) = 0.4 \times (0.060 - 0.040)\ mm = 0.008\ mm$

$$d_A = (d_T + Z_{min})_0^{\delta_A}$$

$$= (10.075 + 0.040)_0^{+0.012}\ mm$$

$$= 10.115_0^{+0.012}\ mm$$

注：$\delta_A = 0.6(Z_{max} - Z_{min}) = 0.6 \times (0.060 - 0.040)\ mm = 0.012\ mm$

校核：

$$|\delta_T| + |\delta_A| \leqslant Z_{max} - Z_{min}$$

$$0.008 + 0.012 \leqslant 0.060 - 0.040$$

即

$$0.02 \leqslant 0.02$$

故满足间隙公差条件。

②对于落料尺寸

$$D_A = (D_{max} - X\Delta)_0^{+\delta_A}$$

$$= (48 - 0.5 \times 0.52)_0^{+0.025}\ mm$$

$$= 47.78_0^{+0.025}\ mm$$

$$D_T = (D_A - Z_{min})_{-\delta_T}^{0}$$

$$= (47.78 - 0.04)_{-0.016}^{0}\ mm$$

$$= 47.74_{-0.016}^{0}\ mm$$

校核，因

$$0.016 + 0.025 = 0.04$$

即

$$0.04 > 0.02$$

故不满足间隙公差条件，只能缩小 δ_T，δ_A，提高凸、凹模的制造精度，才能保证间隙在合理范围内，凸、凹模公差重新调整为

$$\delta_T \leqslant 0.4(Z_{max} - Z_{min}) = 0.4 \times 0.02\ mm = 0.008\ mm$$

$$\delta_A \leqslant 0.6(Z_{max} - Z_{min}) = 0.6 \times 0.02\ mm = 0.012\ mm$$

则

$$D_A = 47.780\ mm + 0.012\ mm,\ D_T = 47.740\ mm - 0.008\ mm$$

③孔心距的计算

$$L_d = L \pm \frac{1}{8}\Delta = 25\ mm \pm \frac{1}{8} \times (0.08 + 0.08)\ mm = (25 \pm 0.02)\ mm$$

2）凸模与凹模配作法

当前，模具加工过程中采用最为广泛的就是凸模与凹模配作法。其方法就是先按设计尺寸制造出一个基准件（凸模或凹模），然后根据基准件的实际尺寸按最小合理间隙配制另一个（凹模或凸模）。这种方法的特点就是模具的间隙由加工配制时保证，工艺简单，模具制造方便，成本低，特别是模具间隙容易保证。设计时，基准件的刃口尺寸及制造公差应详细标注，而配作件上只标注公称尺寸，不标注公差。只需要在图样上标明“凸（凹）模刃口尺寸按照凹（凸）模实际刃口尺寸配制，保证最小双面间隙值 Z_{min}”。

采用配作法，计算凸模或凹模刃口尺寸，首先根据凸模或凹模磨损后轮廓变化情况，正确判

断出模具刃口各个尺寸在磨损过程中变大、变小还是不变3种情况，然后分别按不同公式计算。

①第一类尺寸 A——凸模或凹模磨损后，轮廓增大情况的尺寸

落料凹模或冲孔凸模磨损后将会增大的尺寸，相当于简单形状落料凹模尺寸，其计算公式为

$$A = (A_{max} - X\Delta)^{+\frac{1}{4}\Delta}_{0}$$

②第二类尺寸 B——凸模或凹模磨损后，轮廓减小情况的尺寸

冲孔凸模或落料凹模磨损后将会减小的尺寸，相当于简单形状冲孔凸模尺寸，其计算公式为

$$B = (B_{min} + X\Delta)^{0}_{-\frac{1}{4}\Delta}$$

③第三类尺寸 C——凸模或凹模磨损后，轮廓不变情况的尺寸

如果凸模或凹模在磨损后尺寸基本不变，就不用考虑磨损的影响，相当于简单形状的孔心距尺寸，其基本尺寸及制造公差的计算公式为

$$C = \left(C_{min} + \frac{1}{2}\Delta\right) \pm \frac{1}{8}\Delta$$

式中　A,B,C——模具基准件的尺寸，mm；

A_{max},B_{min},C_{min}——制件的极限尺寸，mm；

Δ——制件公差，mm。

例2.2　落料件如图2.17所示，板料厚度 $t=1$ mm，材料为10号钢。试计算冲裁件的凸模、凹模刃口尺寸及制造公差。

解　由图2.17可知，该零件为落料件，凹模为设计基准件，在制造过程中，只需要计算出落料凹模刃口尺寸及制造公差，凸模刃口尺寸由凹模实际尺寸按间隙要求配制。

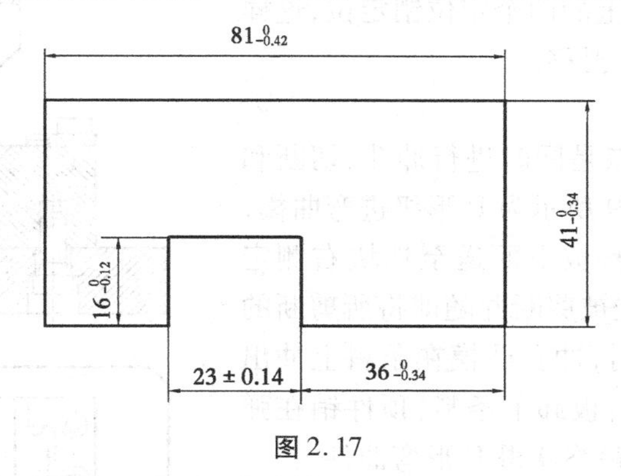

图2.17

查表2.4得：$Z_{min}=0.100$ mm，$Z_{max}=0.140$ mm。

查表2.6得：对于尺寸81 mm，$x=0.5$；尺寸16 mm，$X=1$；其余尺寸均选择 $X=0.75$。

落料凹模的基本尺寸如下：

①第一类尺寸

$$A_{凹} = (81 - 0.5 \times 0.42)^{+\frac{1}{4}\times0.42}_{0}\ \text{mm} = 80.79^{+0.015}_{0}\ \text{mm}$$

$$B_{凹} = (41 - 0.75 \times 0.34)^{+\frac{1}{4}\times0.34}_{0}\ \text{mm} = 40.750^{+0.085}_{0}\ \text{mm}$$

$$A_{凹} = (36 - 0.75 \times 0.34)^{+\frac{1}{4}\times0.34}_{0}\ \text{mm} = 35.750^{+0.085}_{0}\ \text{mm}$$

②第二类尺寸

$$D_{凹} = (23 - 0.14 + 0.75 \times 0.28)_{-\frac{1}{4}\times 0.28}^{\ 0} \text{ mm} = 23.07_{-0.07}^{\ 0} \text{ mm}$$

③第三类尺寸

$$E_{凹} = (16 - 0.06) \pm \frac{1}{8} \times 0.12 \text{ mm} = (15.94 \pm 0.015)\text{mm}$$

落料凸模的基本尺寸与落料凹模的基本尺寸一样,不用计算,直接在技术条件里面标识:凸模实际刃口尺寸与落料凹模配制,保证最小双面合理间隙值。

任务2.5 弯曲工艺与模具

将平直的坯料弯折成具有一定角度和曲率半径的零件的成型工序,称为弯曲。由于弯曲件的种类很多,形状繁简不一,因此弯曲模的结构类型也是多种多样。弯曲模可分为简单弯曲模、级进弯曲模、复杂弯曲模等。

弯曲模的工作零件是凸模和凹模。结构完善的弯曲模还具有压料装置、定位板或定位销、导柱、导套等。

2.5.1 弯曲模分类

(1)简单弯曲模

如图2.18所示为V形件弯曲模,该模具由模架、凸模、凹模、定位销、卸料杆、顶板、顶杆等零件组成。工作时,毛坯由顶板上的两个定位销定位,这样保证在弯曲过程中不产生滑移。

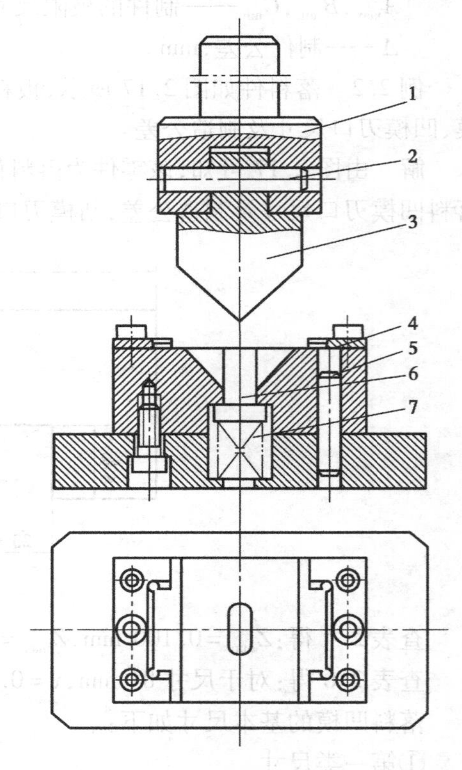

图2.18 V形件弯曲模

1—槽型模柄;2—销钉;3—凸模;4—定位板;5—凹模;6—顶杆;7—弹簧

(2)级进弯曲模

级进弯曲模具的特点是同时进行冲孔、切断和压弯的连续模。如图2.19所示为U形级进弯曲模,条料以导尺导料并从卸料板下面送至挡块右侧定位,当上模下压,条料首先被剪断并随即将所剪断的毛坯压弯成形。与此同时,冲孔凸模在条料上冲出一个孔,上模回程时,卸料板卸下条料,顶件销在弹簧的作用下推出工件,并最终获得U形弯曲件。

(3)复杂弯曲模

复杂弯曲模是可以一次弯曲成型在简单模中需多道弯曲工序才能成型的制件的模具,如图2.20所示。

该模具在压力机一次行程中,在模具同一位置上完成落料、弯曲、冲孔等几种不同的工序。

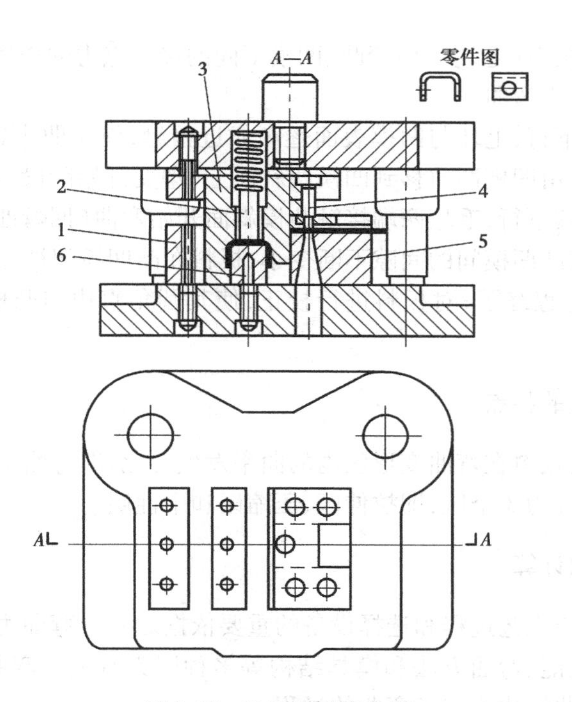

图2.19　U形级进弯曲模

1—挡块;2—顶件销;3—凹凸模;4—冲孔凸模;
5—冲孔凹模;6—弯曲凸模

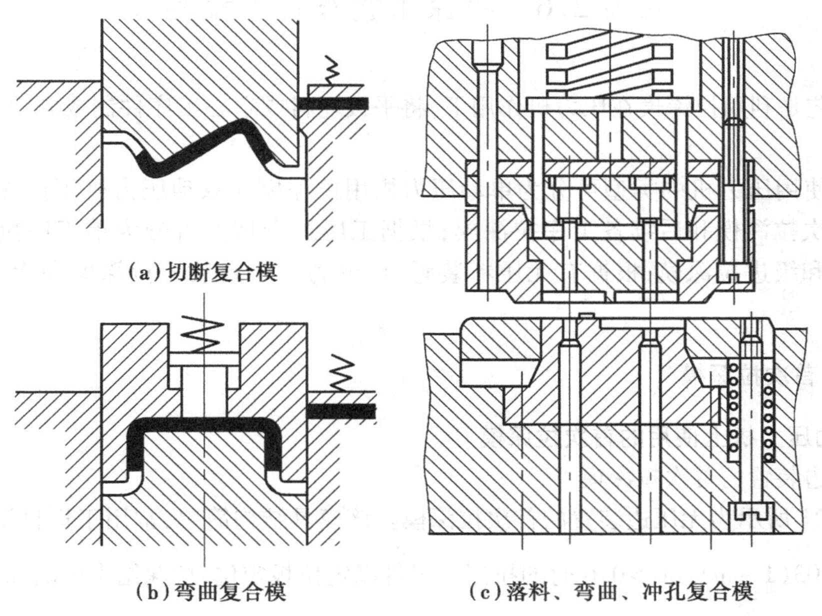

(a)切断复合模

(b)弯曲复合模

(c)落料、弯曲、冲孔复合模

图2.20　复杂弯曲模

2.5.2　弯曲模的基本原理

弯曲的基本原理以图2.18V形弯曲模的弯曲变形为例进行说明。其过程如下:

①凸模运动接触板料(毛坯),由于凸、凹模不同的接触点力的作用而产生弯矩,在弯矩作用下发生弹性变形,产生弯曲。

②随着凸模继续下行,毛坯与凹模表面逐渐靠近接触,使弯曲半径及弯曲力臂均随之减少,毛坯与凹模接触点由凹模两肩移到凹模两斜面上(塑变开始阶段)。

③随着凸模的继续下行,毛坯两端接触凸模斜面开始弯曲(回弯曲阶段)。

④压平阶段,随着凸凹模间的间隙不断变小,板料在凸凹模间被压平。

⑤校正阶段,当行程终了,对板料进行校正,使其圆角直边与凸模全部贴合而成所需的形状。

2.5.3 弯曲变形的特点

弯曲变形的特点:板料在弯曲变形区内的曲率发生变化,即弯曲半径发生变化。

从弯曲断面可划分为3个区,即拉伸区、压缩区和中性层。

2.5.4 弯曲力的计算

弯曲力是设计冲压工艺过程和选择设备的重要依据之一。弯曲力的大小与毛坯尺寸、零件形状、材料的机械性能、弯曲方法和模具结构等多种因素有关。弯曲力急剧上升部分表示由自由弯曲到接触弯曲转化为校正弯曲的过程。

任务2.6 拉深工艺与拉深模具

拉深工艺是利用拉深模在压力机作用下,将平板坯料或空心工序件制成开口空心零件的加工方法。

根据所使用压力机的类型可分为单动压力机用拉深模和双动压力机用拉深模;根据顺序可分为首次拉深模和后续各工序拉深模;根据工序组合情况可分为单工序拉深模、复合工序拉深模和级进拉深模;根据有无压料装置,可分为有压料装置拉深模和无压料装置拉深模。

2.6.1 首次拉深模

(1)单动压力机上使用的首次拉深模

1)无压边装置的首次拉深模

如图2.21所示为无压边装置的首次拉深模。该模具结构简单,常用于板料塑性好,相对厚度 $\frac{t}{D} \geq 0.03(1-m)$,$m_1 > 0.6$ 时的拉深。工件以定位板定位,拉深结束后的卸件工作由凹模底部的台阶完成,拉深凸模要深入凹模下面,因此该模具只适合于浅拉深。

2)具有弹性压边装置的首次拉深模

具有弹性压边装置的首次拉深模是最广泛采用的首次拉深模结构形式(见图2.22),压边力由弹性元件的压缩产生。这种装置可装在上模部分(即为上压边),也可装在下模部分(即为下压边)。上压边的特征是由于上模空间位置受到限制,不可能使用很大的弹簧或橡皮,因此上压边装置的压边力小,这种装置主要用在压边力不大的场合。相反,下压边装置的压边力可以较大,因此拉深模具常采用下压边装置。

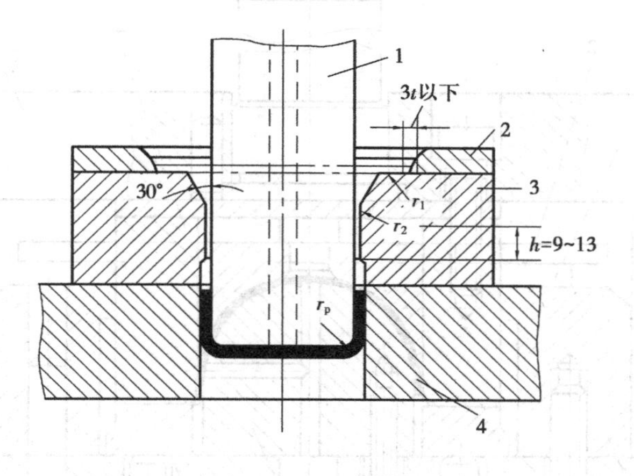

图2.21　无压边装置的首次拉深模

1—凸模;2—定位板;3—凹模;4—下模座

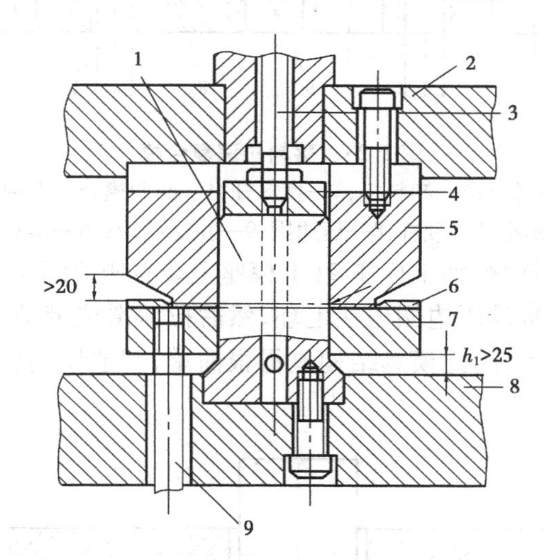

图2.22　有压边装置的首次拉深模

1—凸模;2—上模座;3—打料杆;4—推件块;5—凹模;6—定位板;7—压边圈;8—下模座;9—卸料螺钉

3)落料首次拉深复合模

如图2.23所示为在通用压力机上使用的落料首次拉深复合模。它一般采用条料为坯料,故需设置导料板与卸料板。拉深凸模9的顶面稍低于落料凹模10,刃面约一个料厚,使落料完毕后才进行拉深。拉深时由压力机气垫通过顶杆7和压边圈8进行压边。拉深完毕后靠顶杆7顶件,卸料则由刚性卸料板2承担。

(2)双动压力机上使用的首次拉深模

如图2.24所示为双动压力机上使用的首次拉深模。因双动压力机有两个滑块,其凸模1

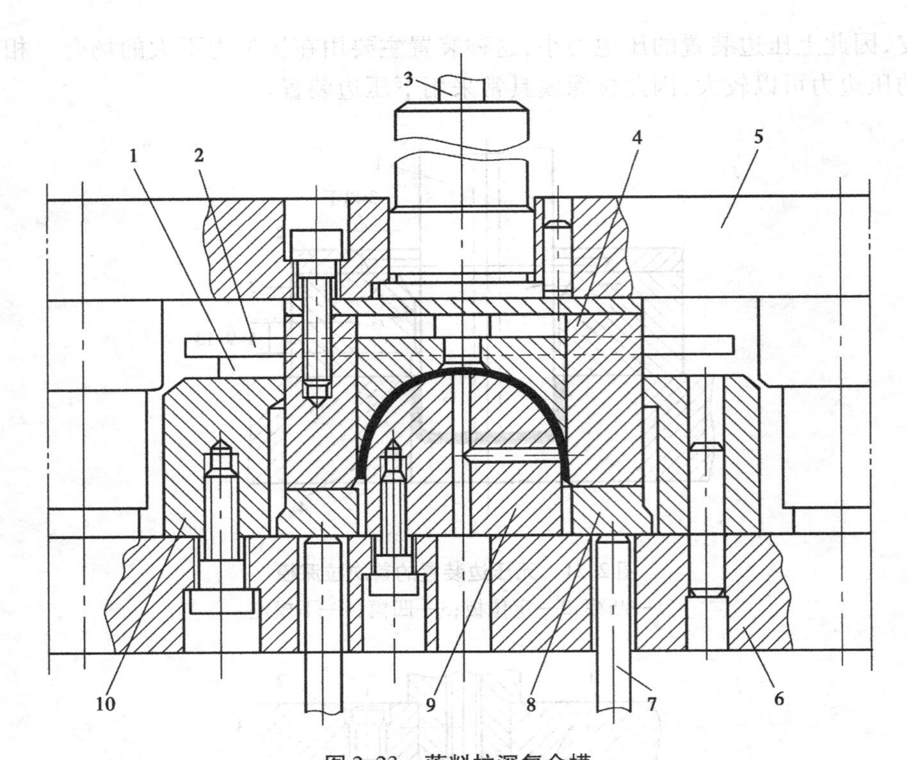

图 2.23　落料拉深复合模

1—导料板;2—卸料板;3—打料杆;4—凸凹模;5—上模座;
6—下模座;7—顶杆;8—压边圈;9—拉深凸模;10—落料凹模

与拉深滑块（内滑块）相连接，而上模座 2（上模座上装有压边圈 3）与压边滑块（外滑块）相连。拉深时压边滑块首先带动压边圈压住毛坯，然后拉深滑块带动拉深凸模下行进行拉深。此模具因装有刚性压边装置，因此模具结构显得很简单，制造周期也短，成本也低，但压力机设备投资较高。

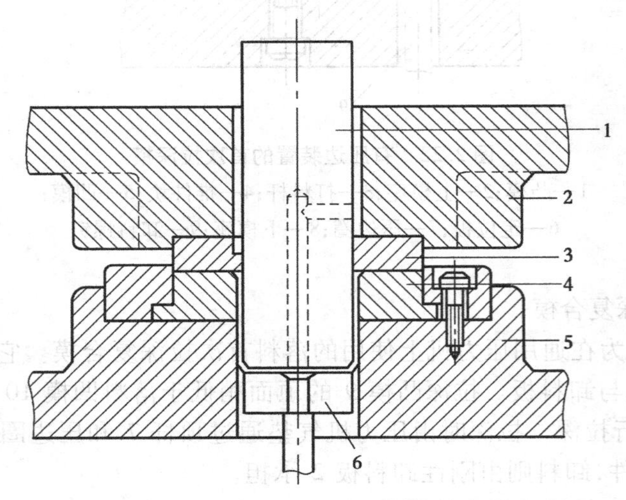

图 2.24　双动压力机上使用的首次拉深模

1—凸模;2—上模座;3—压边圈;4—凹模;5—上模座;6—顶件块

2.6.2 后续各工序拉深模

后续拉深用的毛坯是已经过首次拉深的半成品筒形件，而不再是平板毛坯。因此其定位装置、压边装置与首次拉深模是完全不同的。后续各工序拉深模的定位方法常用的有3种：第一种采用特定的定位板；第二种是凹模上加工出供半成品定位的凹窝；第三种为利用半成品内孔，用凸模外形或压边圈的外形来定位（见图2.25）。此时，所用压边装置已不再是平板结构，而应是圆筒形结构。

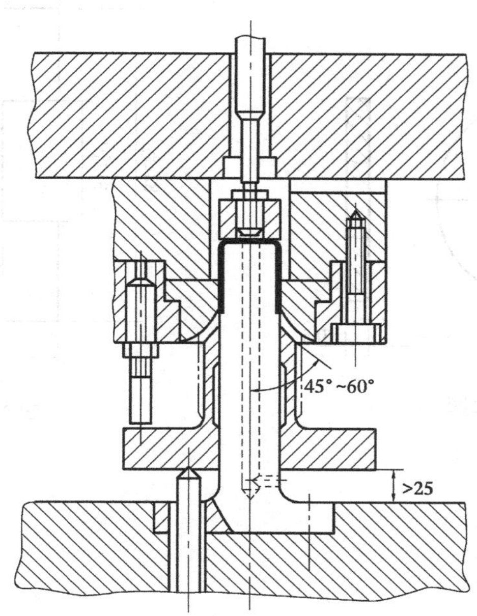

图2.25 有压边装置的后续各工序拉深模

(1) 无压边装置的后续各工序拉深模

无压边装置的后续各工序拉深模因无压边圈，故不能进行严格的多次拉深，只能用于直径缩小较少的拉深或整形等，要求侧壁料厚一致或要求尺寸精度高时采用该模具。

(2) 带压料装置的后续各工序拉深模

如图2.25所示的有压边装置的后续各工序拉深模的结构是广泛采用的形式。压边圈兼作毛坯的定位圈。由于再次拉深工件一般较深，为了防止弹性压边力随行程的增加而不断增加，可在压边圈上安装限位销来控制压边力的增长。

思考与练习

1. 什么是冲压？冲压工序有哪些？
2. 简述冲裁变形过程以及特点。
3. 曲柄压力机由哪些部分组成？其主要技术参数有哪些？
4. 冲裁模的结构由哪些部分组成？各个部分的作用是什么？

5. 什么是冲裁模间隙？冲裁模间隙对冲裁件质量及模具使用寿命有哪些影响？

6. 冲制如图 2.26 所示的垫圈，材料为 Q245。试计算落料和冲孔的凸、凹模工作部分尺寸。

7. 冲压件如图 2.27 所示，材料为 Q235，厚度为 0.5 mm。试确定落料凸模、凹模尺寸及制造公差。

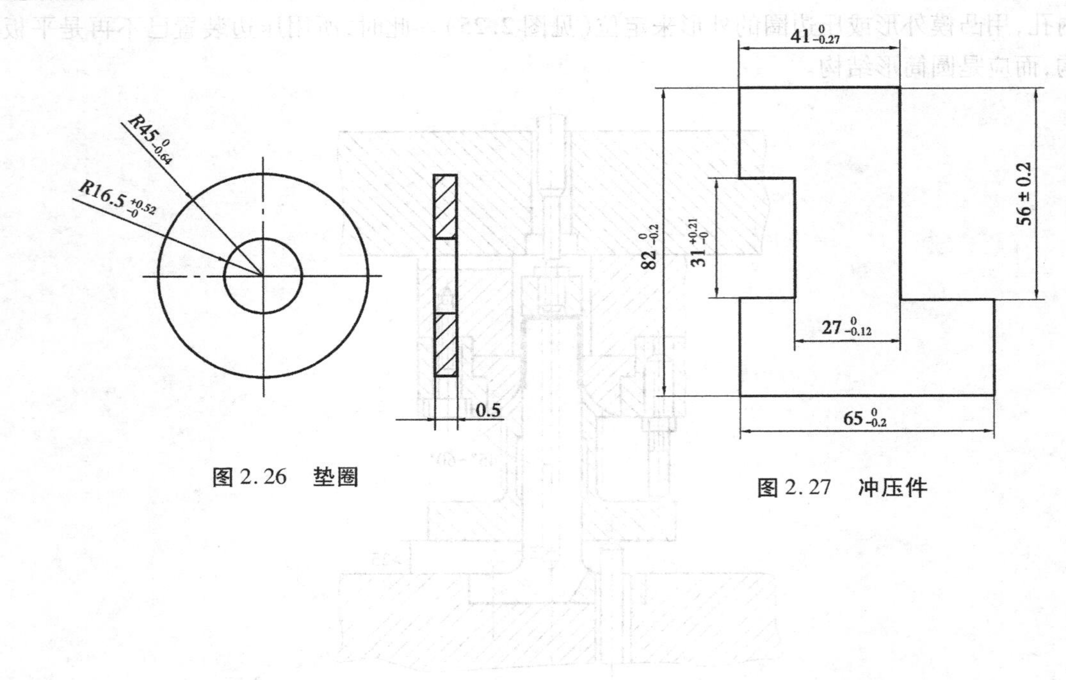

图 2.26　垫圈

图 2.27　冲压件

项目3 塑料成型工艺及模具设计

塑料工业是一门新兴的工业,是随着石油工业的发展应运而生的。塑料作为一种新的工程材料,极大地促进了塑料成型模具的开发和制造。同时,机电工业的飞速发展,又不断地向塑料模具的设计、研制和生产提出新的任务和要求。由于工业塑件的品种和需求量日益增加,而且产品的更新换代周期越来越短,这对塑料模具的产量和质量提出越来越高的要求。到目前为止,塑料模具已处于同冷冲模具并驾齐驱的地位。

任务3.1 塑料及成型工艺

塑料成型工艺的选择主要决定于塑料的类型(热塑性还是热固性)、起始形态以及制品的外形和尺寸。成型的方法多达30种,在这些方法中,以挤出成型和注射成型用得最多,也是最基本的成型方法。本任务重点从塑料的概念、特性及成型方式进行简要的介绍。

3.1.1 塑料的概念

塑料是一种以高分子有机物质为主要成分的材料。它在加工完成时呈现固态形状,在制造以及加工过程中,可以借流动来造型。因此,对塑料可以得到以下了解:它是高分子有机化合物;它可以多种形态存在,如液体、固体、胶体溶液等;它可以成型;种类繁多,因为不同的单体及其组成可以合成不同的塑料;用途广泛,产品呈现多样化;具有不同的性质;可以用不同的加工方法加工。塑料模具生产的产品如图3.1所示。

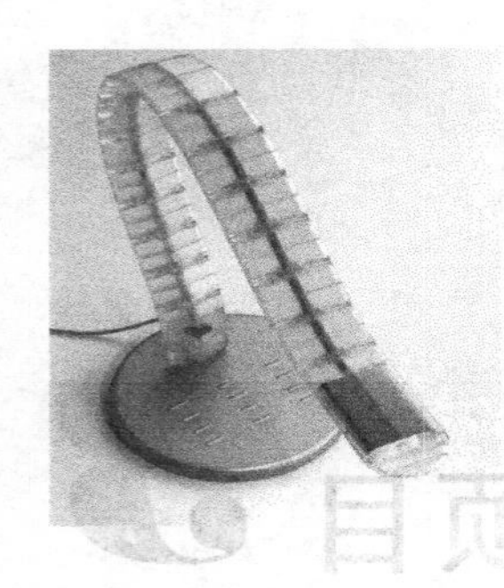

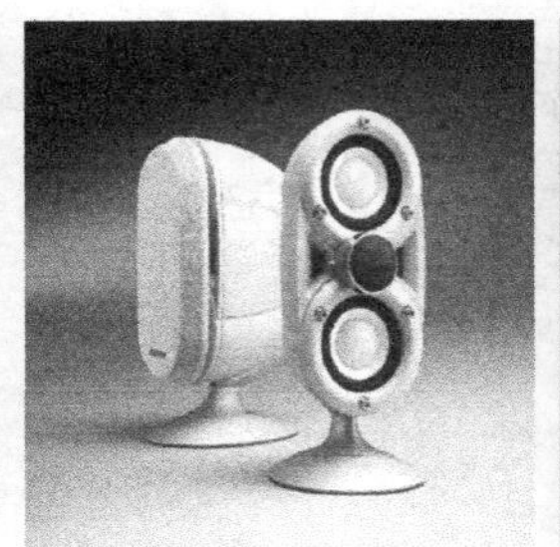

图 3.1　塑料模具生产的产品

3.1.2　塑料的分类

塑料可区分为热固性与热塑性两类。前者无法重新塑造使用，后者可一再重复生产。常见塑料的分类见表 3.1。

表 3.1　塑料原料分类

英文简称	中文学名	俗　称	排号	用　途
PE	聚乙烯			
PP	聚丙烯	百折胶，塑料	05	微波炉餐盒
HDPE	高密度聚乙烯	硬性软胶	02	清洁用品、沐浴产品
LDPE	低密度聚乙烯		04	保鲜膜、塑料膜等
LLDPE	线性低密度聚乙烯			
PVC	聚氯乙烯	搪胶	03	很少用于食品包装
GPPS	通用聚苯乙烯	硬胶		
EPS	发泡性聚苯乙烯	发泡胶		
HIPS	耐冲击性聚苯乙烯	耐冲击硬胶		
AS，SAN	苯乙烯-丙烯腈共聚物	透明大力胶		
ABS	丙烯腈-丁二烯-苯乙烯共聚合物	超不碎胶		
PmmA	聚甲基丙烯酸酯	亚克力 有机玻璃		
EVA	乙烯-醋酸乙烯之共聚合物	橡皮胶		
PET	聚对苯二甲酸乙酯	聚酯	01	矿泉水瓶、碳酸饮料瓶
PBT	聚对苯二甲酸丁酯			
PA	聚酰胺	尼龙		
PC	聚碳酸树脂	防弹胶	07	水壶、水杯、奶瓶
POM	聚甲醛树脂	赛钢、夺钢		
PPO	聚苯醚	Noryl		
PPS	聚亚苯基硫醚	聚苯硫醚		
PU	聚氨基甲酸乙酯	聚氨酯		
PS	聚苯乙烯		06	碗装泡面盒、快餐盒

3.1.3　塑料的特性

(1)优点

①大部分塑料的抗腐蚀能力强,不与酸、碱反应。

②塑料制造成本低。

③耐用、防水、质轻。

④容易被塑制成不同形状。

⑤是良好的绝缘体。

⑥塑料可用于制备燃料油和燃料气,这样可降低原油消耗。

(2)缺点

①回收利用废弃塑料时,分类十分困难,而且经济上不划算。

②塑料容易燃烧,燃烧时产生有毒气体。例如,聚苯乙烯燃烧时产生甲苯,少量甲苯会导致失明,吸入会致人出现呕吐等症状,聚氯乙烯(PVC)燃烧也会产生氯化氢有毒气体,除了燃烧,就是高温环境,也会导致塑料分解出有毒成分,如苯等。

③塑料是由石油炼制的产品制成的,石油资源是有限的。

④塑料埋在地底下几百年、几千年甚至几万年也不会腐烂。

⑤塑料的耐热性能等较差,易于老化。

由于塑料的无法自然降解性,它已成为人类的第一号敌人,也已经导致许多动物死亡的悲剧。例如,动物园的猴子、鹈鹕、海豚等动物都会误吞游客随手丢的塑料瓶,最后由于不消化而痛苦地死去;望去美丽纯净的海面上,走近了看,其实飘满了各种各样的无法为海洋所容纳的塑料垃圾,在多只死去海鸟样本的肠子里,发现了各种各样的无法被消化的塑料。

3.1.4　塑料的成型工艺

塑料的成型加工是指由合成树脂制造厂制造的聚合物制成最终塑料制品的过程。加工方法(通常称为塑料的一次加工)包括吸塑、压塑(模压成型)、挤塑(挤出成型)、注塑(注射成型)、吹塑(中空成型)及压延等。塑料模具生产的产品如图3.2所示。

(1)吸塑

吸塑是指用吸塑机将片材加热到一定温度后,通过真空泵产生负压将塑料片材吸附到模型表面上,经冷却定型而转变成不同形状的泡罩或泡壳。

(2)压塑

压塑也称模压成型或压制成型,主要用于酚醛树脂、脲醛树脂、不饱和聚酯树脂等热固性塑料的成型。

(3)挤塑

挤塑又称挤出成型,是使用挤塑机(挤出机)将加热的树脂连续通过模具,挤出所需形状的制品的方法。挤塑有时也用于热固性塑料的成型,并可用于泡沫塑料的成型。挤塑的优点是可挤出各种形状的制品,生产效率高,可自动化、连续化生产。其缺点是热固性塑料不能广泛采用此法加工,制品尺寸容易产生偏差。

(4)注塑

注塑又称注射成型,是使用注塑机(或称注射机)将热塑性塑料熔体在高压下注入模具内经冷却、固化获得产品的方法。注塑也能用于热固性塑料及泡沫塑料的成型。注塑的优点是生产速度快、效率高,操作可自动化,能成型形状复杂的零件,特别适合大量生产。其缺点是设备及模具成本高,注塑机清理较困难等。

(5)吹塑

吹塑又称中空吹塑或中空成型,是借助压缩空气的压力使闭合在模具中的热的树脂型坯吹胀为空心制品的一种方法。吹塑包括吹塑薄膜及吹塑中空制品两种方法。用吹塑法可生产薄膜制品、各种瓶、桶、壶类容器及儿童玩具等。

(6)压延

压延是将树脂和各种添加剂经预期处理(捏合、过滤等)后通过压延机的两个或多个转向相反的压延辊的间隙加工成薄膜或片材,随后从压延机辊筒上剥离下来,再经冷却定型的一种成型方法。压延是主要用于聚氯乙烯树脂的成型方法,能制造薄膜、片材、板材、人造革及地板砖等制品。

(7)发泡成型

发泡成型是发泡材料(PVC,PE 和 PS 等)中加入适当的发泡剂,使塑料产生微孔结构的过程。几乎所有的热固性和热塑性塑料都能制成泡沫塑料。按泡孔结构,可分为开孔泡沫塑料(绝大多数气孔互相连通)和闭孔泡沫塑料(绝大多数气孔是互相分隔的)。这主要是由制造方法(分为化学发泡、物理发泡和机械发泡)决定的。

(a)吸塑产品　　(b)压塑产品

(c)挤塑产品　　(d)注塑产品

(e)吹塑产品　　(f)压延产品

图 3.2　塑料模具生产的产品

任务3.2　塑料成型设备简介

塑料成型加工设备是在橡胶机械和金属压铸机的基础上发展起来的。自19世纪70年代出现聚合物注射成型工艺和简单的成型设备以来,作为一个产业,直至20世纪30年代才获得较快发展,塑料成型加工设备逐渐商品化,注射成型和挤出成型已成为工业化的加工方法。吹塑成型是仅次于注塑与挤出的第三大塑料成型方法,也是发展最快的一种塑料成型方法。

3.2.1　塑料挤出机的结构及工作原理

在塑料挤出成型设备中,塑料挤出机通常称为主机,而与其配套的后续设备塑料挤出成型机则称为辅机。塑料挤出机经过100多年的发展,已由原来的单螺杆衍生出双螺杆、多螺杆,甚至无螺杆等多种机型。塑料挤出机(主机)可以与管材、薄膜、棒材、单丝、扁丝、打包带、挤网、板(片)材、异型材、造粒、电缆包覆等各种塑料成型辅机匹配,组成各种塑料挤出成型生产线,生产各种塑料制品。因此,塑料挤出成型机械无论现在或将来,都是塑料加工行业中得到广泛应用的机种之一,如图3.3所示。

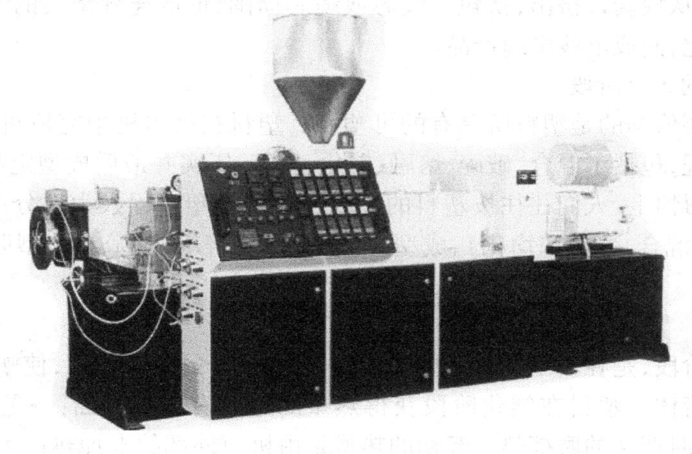

图3.3　塑料挤出机

(1)塑料挤出机的结构

塑料挤出机由挤压系统、传动系统和加热冷却系统组成。

挤压系统包括螺杆、机筒、料斗、机头及模具。

传动系统的作用是驱动螺杆,供给螺杆在挤出过程中所需要的力矩和转速,通常由电动机、减速器和轴承等组成。

加热与冷却是挤出机出料过程能够进行的必要条件。

(2)塑料挤出机的工作原理

塑料挤出机的工作原理是:利用特定形状的螺杆,在加热的机筒中旋转,将由料斗中送来的塑料向前挤压,使塑料均匀地塑化(即熔融),通过机头和不同形状的模具,使塑料挤压成连续性的所需要各种形状的塑料层,挤包在线芯或电缆上,如图3.4所示。

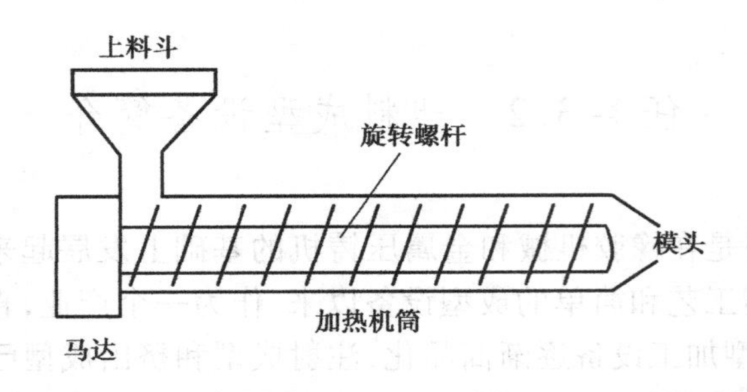

图 3.4　塑料挤出机的工作原理图

1)塑料挤出过程

电线电缆的塑料绝缘和护套是采用连续挤压方式进行的,挤出设备一般是单螺杆挤出机。塑料在挤出前,要事先检查塑料是否潮湿或有无其他杂物,然后把塑料预热后加入料斗内。在挤出过程中,装入料斗中的塑料借助重力或加料螺旋进入机筒中,在旋转螺杆的推力作用下不断向前推进,从预热段开始逐渐地向均化段运动;同时,塑料受到螺杆的搅拌和挤压作用,并且在机筒的外热及塑料与设备之间的剪切摩擦热的作用下转变为黏流态,在螺槽中形成连续均匀的料流。在工艺规定的温度作用下,塑料从固体状态转变为熔融状态的可塑物体,再经由螺杆的推动或搅拌,将完全塑化好的塑料推入机头,到达机头的料流,经模芯和模套间的环形间隙,从模套口挤出,挤包于线芯或缆芯周围,形成连续密实的绝缘层或护套层,然后经冷却和固化,制成电线电缆产品。

2)挤出过程的 3 个阶段

塑料挤出主要依据的是塑料所具有的可塑态。塑料在挤出机中完成可塑成型过程是一个复杂的物理过程,包括了混合、破碎、熔融、塑化、排气、压实并最后成型定型,这一过程是连续实现的。然而习惯上,人们往往按塑料的不同反应将挤塑过程人为地分成各个不同阶段:塑化阶段(塑料的混合、熔融和均化)、成型阶段(塑料的挤压成型)和定型阶段(塑料层的冷却和固化)。

①塑化阶段

也称为压缩阶段,是在挤出机机筒内完成的,经过螺杆的旋转作用,使塑料由颗粒状固体变为可塑性的黏流体。塑料在塑化阶段获得热量的来源有两个方面:一是机筒外部的电加热;二是螺杆旋转时产生的摩擦热。起初的热量是由机筒外部的电加热产生的。当正常开车后,热量的取得则是由螺杆旋转物料在压缩、剪切、搅拌过程中与机筒内壁的摩擦和物料分子间的内摩擦而产生的。

②成型阶段

它是在机头内进行的,由于螺杆旋转和压力作用,把黏流体推向机头,经机头内的模具,使黏流体成型为所需要的各种尺寸形状的挤包材料,并包覆在线芯或导体外。

③定型阶段

它是在冷却水槽中进行的,塑料挤包层经过冷却后,由无定型的塑性状态变为定型的固体状态。

3.2.2　塑料注射成型机的结构及工作原理

塑料注射成型是一种注射兼模塑的成型方法,其设备称塑料注射成型机,简称注塑机。

塑料注射成型机是将热塑性塑料和热固性塑料制成各种塑料制品的主要成型设备。普通塑料注射成型机是指目前应用最广泛的,加工热塑性塑料的单螺杆或柱塞的卧式、立式或角式的单工位注塑机。而其他类注射成型机,如热固性塑料、结构发泡、多组分、反应式、排气式等注塑机,是指被加工物料和机器结构特征都与普通塑料注射成型机有较大差别的一些注射成型机。目前,全世界约有30%的塑料原料用于注塑成型,而注塑机约占塑料机械总产量的40%,并已成为塑料加工业和塑料机械行业中的一个重要组成部分,是塑料机械产品中增长最快、品种规格、生产数量最多的机种之一。注塑机如图3.5所示。

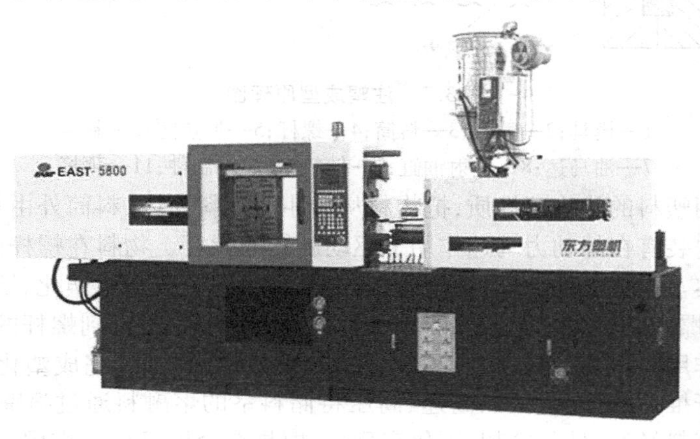

图3.5　注塑机

(1)塑料注射成型机的结构

注塑机根据注塑成型工艺要求是一个机电一体化很强的机种。它主要由注塑部件、合模部件、机身、液压系统、加热系统、冷却系统、电气控制系统及加料装置等组成,如图3.6所示。

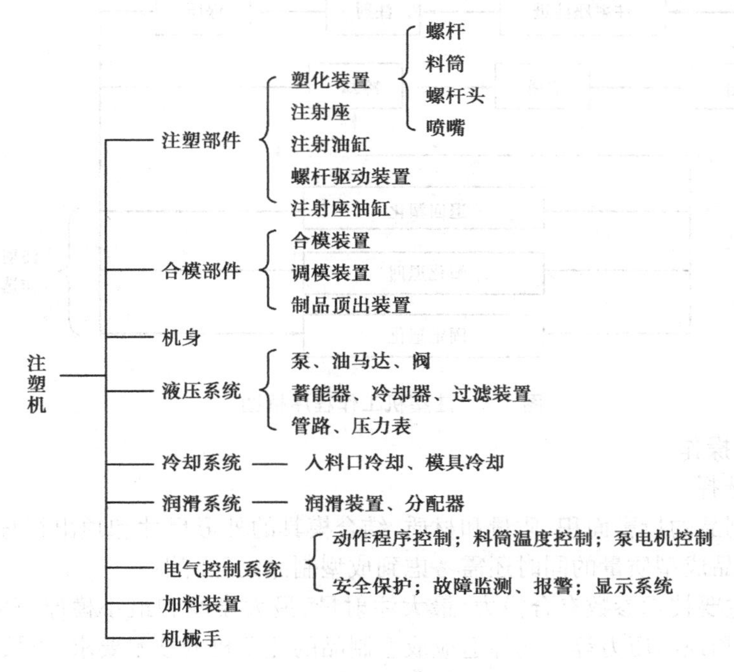

图3.6　注塑机组成示意图

(2)注塑机工作原理

注塑成型机简称注塑机，其机械部分主要由注塑部件和合模部件组成。注塑部件主要由料筒和螺杆及注射油缸组成，如图 3.7 所示。

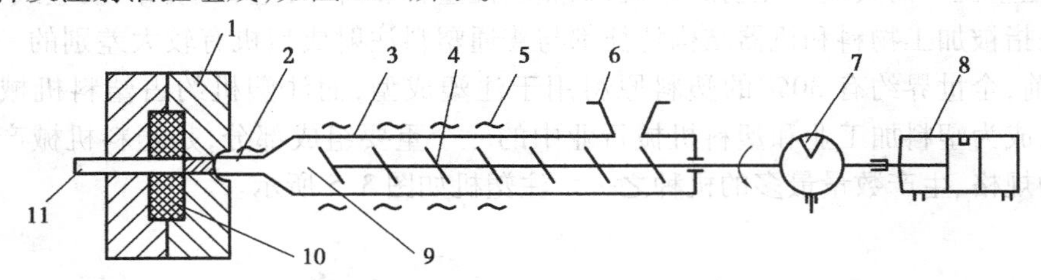

图 3.7　注塑成型原理图

1—模具；2—喷嘴；3—料筒；4—螺杆；5—加热圈；6—料斗

7—油马达；8—注射油缸；9—储料室；10—制件；11—顶杆

注塑成型是用塑料的热物理性质，把物料从料斗加入料筒内，料筒外由加热圈加热，使物料熔融。在料筒内装有在外动力马达作用下驱动旋转的螺杆。物料在螺杆的作用下，沿着螺槽向前输送并压实。物料在外加热和螺杆剪切的双重作用下逐渐地塑化、熔融和均化。当螺杆旋转时，物料在螺槽摩擦力及剪切力的作用下把已熔融的物料推到螺杆的头部，与此同时，螺杆在物料的反作用力作用下向后退，使螺杆头部形成储料空间，完成塑化过程。然后螺杆在注射油缸活塞杆推力的作用下，以高速、高压将储料室的熔融料通过喷嘴注射到模具的型腔中。型腔中的熔料经过保压、冷却、固化定型后，模具在合模机构的作用下，开启模具，并通过顶出装置把定型好的制件从模具顶出落下。

塑料从固体料经料斗加入料筒中，经过塑化熔融阶段，直到注射、保压、冷却、启模、顶出制品落下等过程，全是按照严格的自动化工作程序操作的，如图 3.8 所示。

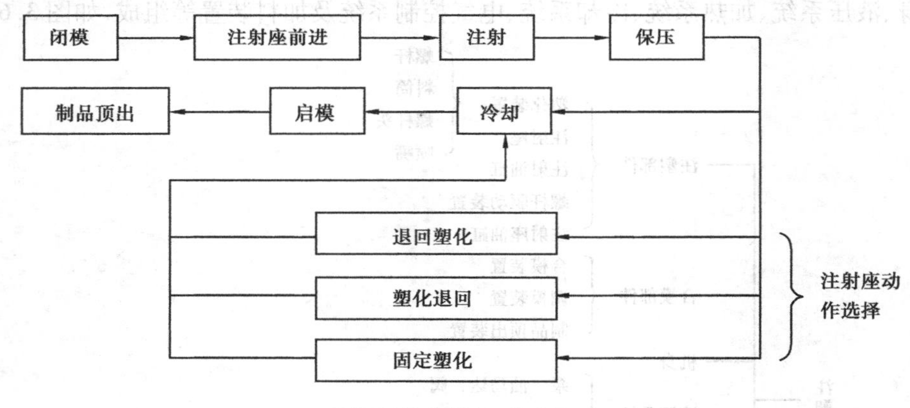

图 3.8　注塑机工作程序框图

(3)注塑机的操作

1)注塑机的选择

①依据成型制品的投影面积、质量和材质，结合模具的外形尺寸和顶出行程，选择合适的注塑机，在保证制品成型质量的同时还需考虑到成型制品的经济性。

②注塑机的主要技术参数有合模力、最大注射量、最大模厚和最小模厚、移模行程、拉杆间距离、顶出行程和顶出压力等。选择适应成型制品的注塑机的技术要求，可按以下考虑：

a. 合模力。制品投影面积乘模具型腔压力≤合模力，$P_{合} \geq QF$ 型腔压力。

b. 最大注射量。制品质量 < 最大注射量，即

制品质量 = 最大注射量 × 75% ~ 85%

c. 注塑机装置模厚。注塑机装模厚度有最大最小值二点间的区间。模具最大厚度 ≤ 注塑机最大模厚；模具最小厚度 ≥ 注塑机最小模厚。

d. 移模行程。则

模具开模距离 = 模具厚度 + 制品高度 + 顶出距离 + 取制品空间。

即模具开模距离 < 移模行程。

e. 拉杆间距离。就是安装模具位置，即

模具长 × 宽 ≤ 拉杆距离

f. 顶出行程和压力。即

制品顶出距离和压力 < 注塑机顶出行程和压力。

g. 其他。抽芯装置、气辅、干燥及模温机等。

2）注塑机的操作

现介绍宁波海天生产的 HTF450B/W3 注塑机的开关车过程。HTF450B/W3 注塑机的电器，配有 PC 电脑和显示屏，预塑注射、移模和顶出选用电子标尺。该机比继电器电路的注塑机的电器装置体积小，外触点少，不易发生电器故障，操作方便直观，动作控制精度高，易加工工艺复杂的塑料制品。

①操作显示屏

a. 液晶显示屏，显示各种设定参数和注塑机运转的实际技术数据，操作比较直观。

b. 画面选择键，F1—F8 为画面键，以 F8 可切换以下 3 组画面：

F1	F2	F3	F4	F5	F6	F7	F8
监测一	监测二	检测	设定	参数	错误显示	模具资数	下一组

F1	F2	F3	F4	F5	F6	F7	F8
状态显示	开关模	射出	托模	中子	其他	温度	下一组

F1	F2	F3	F4	F5	F6	F7	F8
状态显示	系统参数	日期时间	生产管理	使用权限	版权咨询	关于 IMCS	下一组

c. 操作面板如图 3.9 所示。

②开车和关车操作

A. 开车

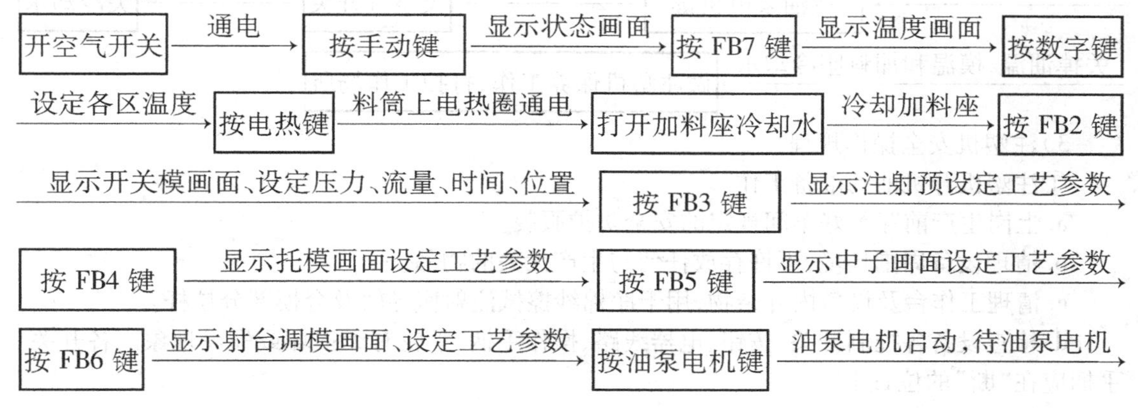

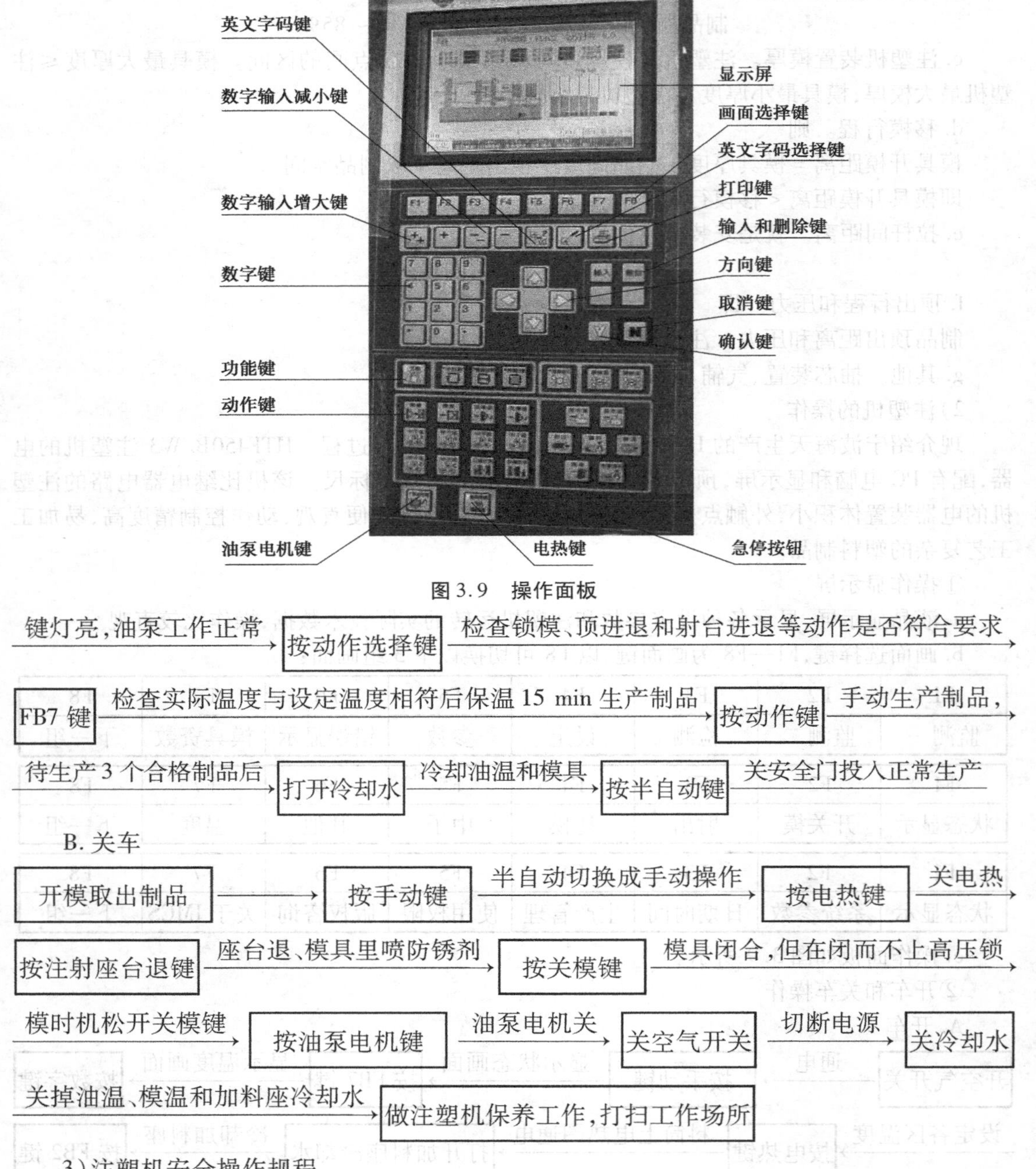

图 3.9　操作面板

键灯亮，油泵工作正常 → 按动作选择键 → 检查锁模、顶进退和射台进退等动作是否符合要求 → FB7 键 → 检查实际温度与设定温度相符后保温 15 min 生产制品 → 按动作键 → 手动生产制品，待生产 3 个合格制品后 → 打开冷却水 → 冷却油温和模具 → 按半自动键 → 关安全门投入正常生产

B. 关车

开模取出制品 → 按手动键 → 半自动切换成手动操作 → 按电热键 → 关电热 → 按注射座台退键 → 座台退、模具里喷防锈剂 → 按关模键 → 模具闭合，但在闭而不上高压锁模时机松开关模键 → 按油泵电机键 → 油泵电机关 → 关空气开关 → 切断电源 → 关冷却水 → 关掉油温、模温和加料座冷却水 → 做注塑机保养工作，打扫工作场所

3）注塑机安全操作规程

①注塑机开机前的准备工作

a. 上岗生产前穿戴好车间规定的安全防护服装。

b. 清理设备周围环境，不许存放任何与生产无关的物品。

c. 清理工作台及设备内外杂物，用干净棉纱擦拭注射座导轨及合模部分拉杆。

d. 检查设备各控制开关、按钮、电器线路、操作手柄、手轮有无损坏或失灵现象。各开关、手柄应在“断”的位置上。

e. 检查设备各部分安全保护装置是否完好，以保证工作灵敏和可靠性。检查试验“紧急停止”是否有效可靠，安全门滑动是否灵活，开关时是否能够触动限位开关。

f. 设备上的安全防护装置（如机械锁杆、止动板，各安全防护开关等）不准随便移动，更不许改装或故意使其失去作用。

g. 检查各部位螺钉是否拧紧，有无松动，发现零部件异常或有损坏现象，应向领班报告，领班自行处理或通知维修人员处理。

h. 检查各冷却水管路，试行通水，查看水流是否通畅，是否堵塞或滴漏。

i. 检查料斗内是否有异物，料斗上方不许存放任何物品，料斗盖应盖好，防止灰尘、杂物落入料斗内。

②注塑机开机

a. 合上机床总电源开关，检查设备是否漏电，按设定的工艺温度要求给机筒、模具进行预热，在机筒温度达到工艺温度时必须保温 20 min 以上，确保机筒各部位温度均匀。

b. 打开油冷却器冷却水阀门，对回油及运水喉进行冷却，点动启动油泵，未发现异常现象，方可正式启动油泵，待荧屏上显示“马达开”后才能运转动作，检查安全门的作用是否正常。

c. 手动启动螺杆转动，查看螺杆转动声响有无异常及卡死。

d. 操作工必须使用安全门，如安全门行程开关失灵时不准开机，严禁不使用安全门（罩）操作。

e. 运转设备的电器、液压及转动部分的各种盖板、防护罩等要盖好，固定好。

f. 非当班操作者，未经允许任何人都不准按动各按钮、手柄，不许两人或两人以上同时操作同一台注塑机。

g. 安放模具、嵌件时要稳准可靠，合模过程中发现异常应立即停车，通知相关人员排除故障。

h. 机器修理或较长时间（10 min 以上）清理模具时，一定要先将注射座后退，使喷嘴离开模具，关掉马达，维修人员修机时，操作者不准脱岗。

i. 有人在处理机器或模具时，任何人不准启动电机马达。

j. 身体进入机床内或模具开挡内时，必须切断电源。

k. 避免在模具打开时，用注射座撞击定模，以免定模脱落。

l. 对空注射一般每次不超过 5 s，连续两次注不动时，注意通知邻近人员避开危险区。清理射嘴胶头时，不准直接用手清理，应用铁钳或其他工具，以免发生烫伤。

m. 熔胶筒在工作过程中存在着高温、高压及高电力，禁止在熔胶筒上踩踏、攀爬及搁置物品，以防烫伤、电击及火灾。

n. 在料斗不下料的情况下，不准使用金属棒、杆，粗暴捅料斗，避免损坏料斗内分屏、护屏罩及磁铁架，若在螺杆转动状态下极易发生金属棒卷入机筒的严重损坏设备事故。

o. 机床运行中发现设备响声异常、异味、火花、漏油等异常情况时，应立即停机，立即向有关人员报告，并说明故障现象及发生之可能原因。

p. 注意安全操作，不允许以任何理由或借口，做出可能造成人身伤害或损坏设备的操作方式。

③停机注意事项

a. 关闭料斗闸板，正常生产至机筒内无料或手动操作对空注射——预塑，反复数次，直至喷嘴无熔料射出。

b. 若是生产具腐蚀性材料（如 PVC），停机时必须将机筒、螺杆用其他原料清洗干净。

c. 使注射座与固定模板脱离，模具处于开模状态。

d. 关闭冷却水管路，把各开关旋至“断开”位置，节假日最后一班停机时要将机床总电源开关关闭。

e. 清理机床、工作台及地面杂物、油渍及灰尘，保持工作场所干净、整洁。

3.2.3 塑料吹塑成型机的结构及工作原理

塑料吹塑成型也称中空吹塑，是一种发展迅速的塑料加工方法。吹塑机是将液体塑胶喷出来之后，利用机器吹出来的风力，将塑体吹附到一定形状的模腔，从而制成产品的机器。

吹塑机可分为挤出吹塑机、注射吹塑机和特殊结构吹塑机 3 大类。

(1)吹塑成型机的结构

塑料中空容器挤吹机包括安装在机架上的塑化系统、模头挤出系统和吹塑系统。吹塑系统包括吹气机构和开合模机构。开合模机构包括由拉杆相连的前模板与后模板，前模板与中模板之间装模具。

常见的几种模头挤出机头有中心进料直角机头、带储料缸直角机头和单螺旋侧向进料直角机头，如图 3.10、图 3.11、图 3.12 所示。

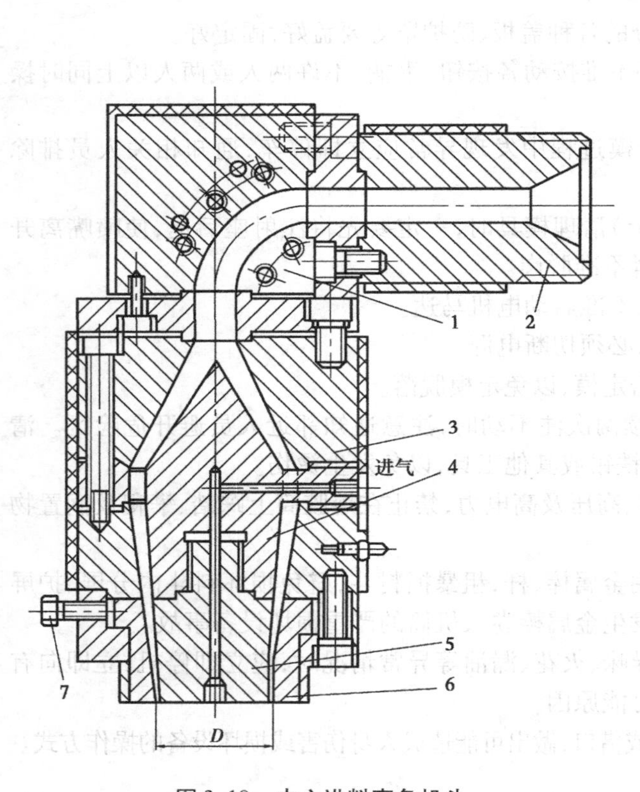

图 3.10 中心进料直角机头

1—直角连接体；2—挤出机接头；3—机头体；4—分流梭；5—芯轴；6—模套；7—调节螺钉；D—口模直径

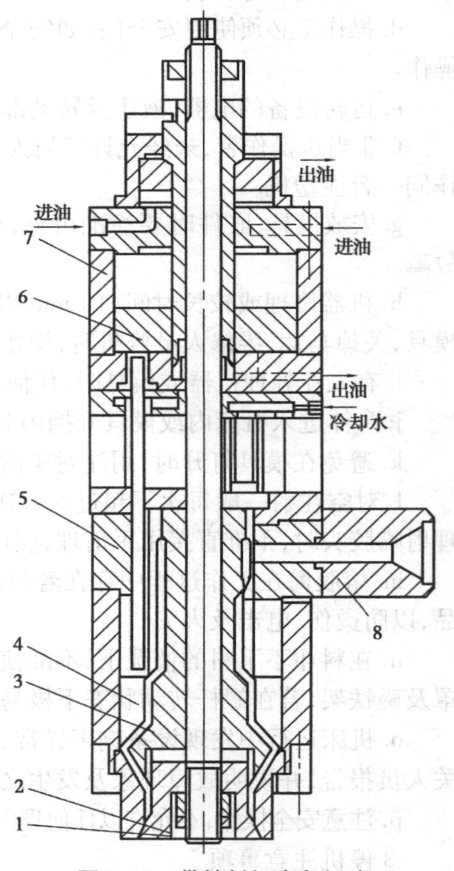

图 3.11 带储料缸直角机头

1—芯轴；2—口模；3—芯棒；4—环形活塞；5—连接件；6—注射活塞；7—注射液压缸；8—抽出机

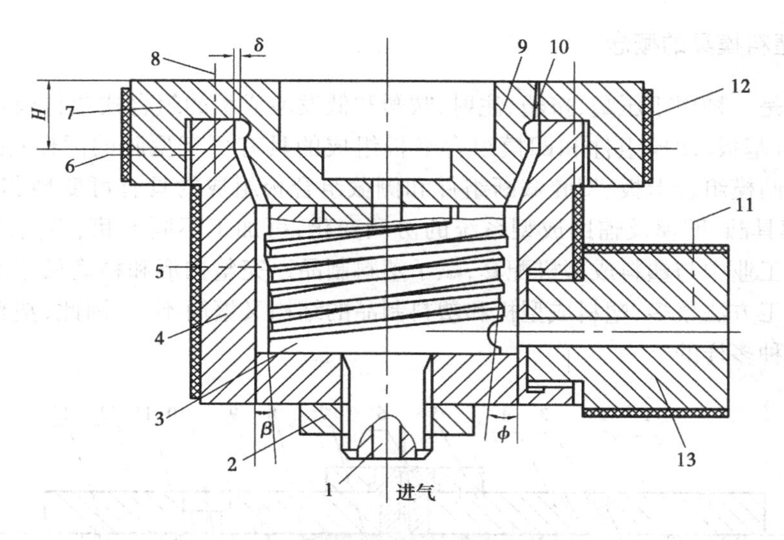

图3.12　单螺旋侧向进料直角机头

1—进气孔；2—固定块；3—芯棒；4—机头体；5，11—热电偶；6—调节螺钉；

7—口模；8—固定螺钉；9—芯模；10—缓冲槽；12—加热圈；13—挤出机

(2)吹塑成型机的工作原理

吹塑中空成型机是中空制品的主要成型设备之一，主要有挤出吹塑中空成型机、注射吹塑中空成型机、拉伸吹塑中空成型机和不对称吹塑中空成型机等，其中挤出吹塑中空成型机是采用挤出机单元的机筒加热和螺杆的剪切作用使塑料塑化，旋转的螺杆将塑化、均化后的塑料经机头挤出形成管坯，合模装置将管坯夹紧后由切刀装置将管坯切断，在切断前先进行预吹气，使型坯紧贴模具腔内壁，经冷却后去除废边，合模装置分开，即获得所需中空制品。其流程如图3.13所示。

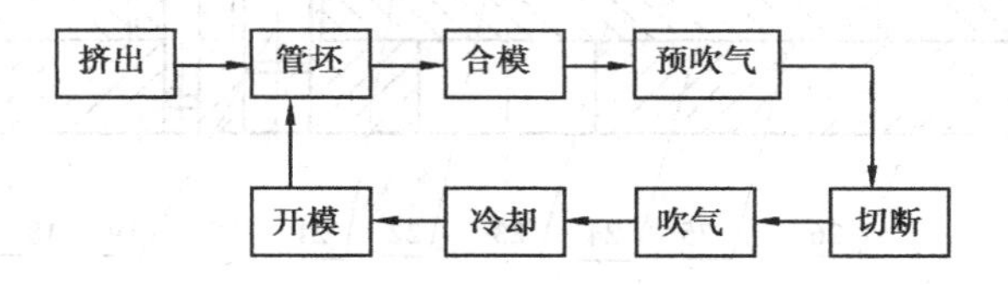

图3.13　挤出吹塑中空成型机工艺流程

任务3.3　塑料模具概述

随着塑料工业的飞速发展和工程塑料在强度和精度等方面的不断提高，塑料制品的应用范围也在不断扩大，塑料制品所占的比例正迅猛增加。一个设计合理的塑料件往往能代替多个传统金属件。塑料产品的用量也正在上升。本任务重点从塑料模具的概念及结构进行简要的介绍。

3.3.1 塑料模具的概念

塑料模具是一种用于压塑、挤塑、注射、吹塑和低发泡成型的组合式塑料模具。它主要包括:由凹模组合基板、凹模组件和凹模组合卡板组成的具有可变型腔的凹模;由凸模组合基板、凸模组件、凸模组合卡板、型腔截断组件和侧截组合板组成的具有可变型芯的凸模,如图3.14所示。模具凸、凹模及辅助成型系统的协调变化,可加工不同形状、不同尺寸的系列塑件。塑料加工工业中与塑料成型机配套,赋予塑料制品以完整构形和精确尺寸的工具。由于塑料品种和加工方法繁多,塑料成型机和塑料制品的结构又繁简不一,因此,塑料模具的种类和结构也是多种多样的。

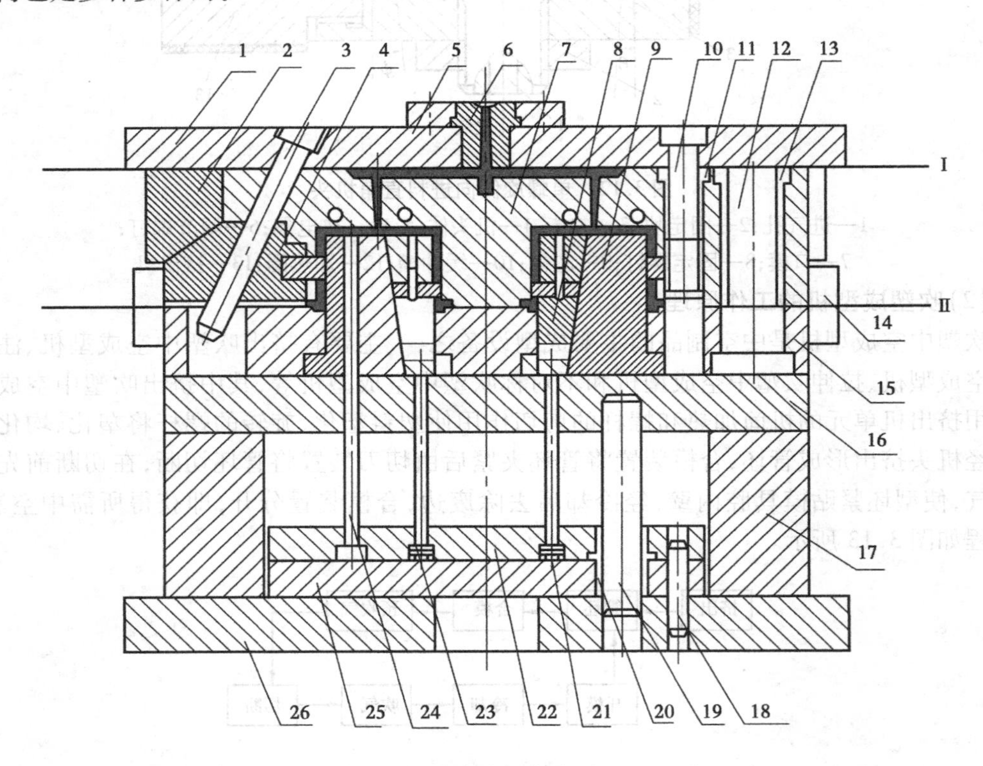

图3.14 模具装配图

1—定模座板;2—锁紧块;3—斜导柱;4—侧滑块;5—定位环;6—浇口套;7—型腔板;8—斜滑块;9—型芯;10—拉杆导套;12—导柱;13—导套;14—拉钩;15—动模板;16—动模垫板;17—支撑板;18—销钉;19—推板导柱;20—推板导套;21—推杆1;22—推板;23—螺母;24—推杆2;25—推杆固定板;26—动模安装板

3.3.2 塑料模具的结构零件

(1)塑料模具结构零件的组成

吹塑模、铸塑模和热成型模的结构较为简单。

压塑模、注塑模和转塑模结构较为复杂,构成这类模具的零件也较多。

基本零件如下:

1)成型零件

成型零件包括凹模、凸模、各种成型芯,都是成型制品内外表面或上下端面、侧孔、侧凹和螺纹的零件。

2)支承固定零件

支承固定零件包括模座板、固定板、支承板、垫块等,用以固定模具或支承压力。

3)导向零件

导向零件包括导柱和导套,用以确定模具或推出机构运动的相对位置。

4)抽芯零件

抽芯零件包括斜销、滑块等,在模具开启时用以抽出活动型芯,使制品脱模。

5)推出零件

推出零件包括推杆、推管、推块、推件板、推件环、推杆固定板及推板等,用以使制品脱模。注塑模多推广采用标准模架,这种模架是由结构、形式和尺寸都已标准化和系列化的基本零件成套组合而成。其模腔可根据制品形状自行加工。采用标准模架有利于缩短制模周期。

(2)常用模座零件及作用

1)定模座板(面板)

定模座板(面板)的作用是将前模固定在注塑机上。

2)流道板(水口板)

流道板(水口板)的作用是开模时去除废料柄,使其自动脱落(三板模)。

3)定模固定板(A板)

定模固定板(A板)是成型产品前模部分。

4)动模固定板(B板)

动模固定板(B板)是成型产品后模部分。

5)垫块

垫块即模脚,它的作用是让顶板有足够的活动空间。

6)推板

推板的作用是开模时通过顶杆、顶块、斜顶等推出零件将产品从模具中推出。

7)动模座板(底板)

动模座板(底板)的作用是将后模固定在注塑机上。

8)导柱和导套

它们起导向定位作用,辅助前后模开模、合模与基本定位。

9)支撑柱(撑头)

支撑柱(撑头)的作用是提高B板的强度,有效避免长期生产导致B板变形。

10)顶板导柱(中托司)

顶板导柱(中托司)的作用是导向定位推板,保证顶出顺畅。

大水口模模座结构如图3.15所示。

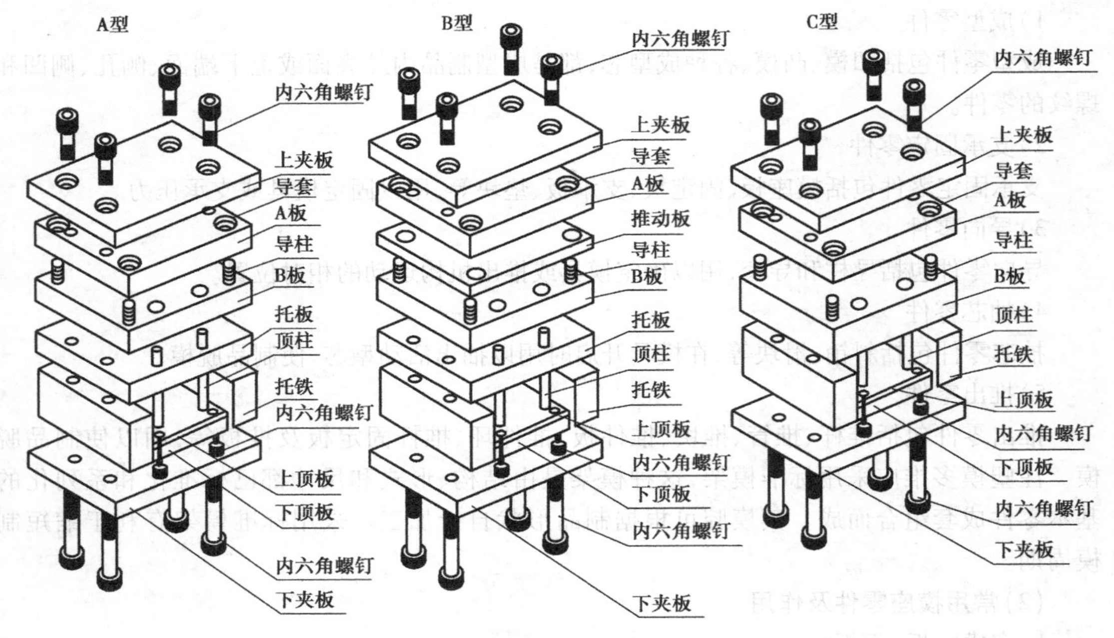

图 3.15　大水口模模座结构

3.3.3　塑料模具的分类

按照成型方法的不同,可划分出对应不同工艺要求的塑料加工模具类型。它们主要有注射成型模具、挤出成型模具、吸塑成型模具及高发泡聚苯乙烯成型模具等。

(1)塑料注射(塑)模具

塑料注射(塑)模具主要是热塑性塑料件产品生产中应用最为普遍的一种成型模具。塑料注射模具对应的加工设备是塑料注射成型机,塑料首先在注射机底加热料筒内受热熔融,然后在注射机的螺杆或柱塞推动下,经注射机喷嘴和模具的浇注系统进入模具型腔,塑料冷却硬化成型,脱模得到制品。注射成型加工方式通常只适用于热塑料品的制品生产,用注射成型工艺生产的塑料制品十分广泛,从生活日用品到各类复杂的机械、电器、交通工具零件等都是用注射模具成型的,它是塑料制品生产中应用最广的一种加工方法。热流道凝料注射模如图 3.16 所示。

(2)塑料压塑模具

塑料压塑模具包括压缩成型和压注成型两种结构模具类型。它们是主要用来成型热固性塑料的一类模具,其所对应的设备是压力成型机。压缩成型方法根据塑料特性,将模具加热至成型温度(一般为 103 ~ 108 ℃),然后将计量好的压塑粉放入模具型腔和加料室,闭合模具,塑料在高热、高压作用下呈软化黏流,经一定时间后固化定型,成为所需制品形状,如图 3.17 所示。压注成型与压缩成型不同的是没有单独的加料室,成型前模具先闭合,塑料在加料室内完成预热呈黏流态,在压力作用下调整挤入模具型腔,硬化成型。压缩模具也用来成型某些特殊的热塑性塑料如难以熔融的热塑性塑料(如聚四氟乙烯)毛坯(冷压成型),光学性能很高的树脂镜片,轻微发泡的硝酸纤维素汽车方向盘等。压注模具广泛用于封装电器元件方面。

(3)塑料挤出模具

塑料挤出模具是用来成型生产连续形状的塑料产品的一类模具,又称挤出成型机头,广

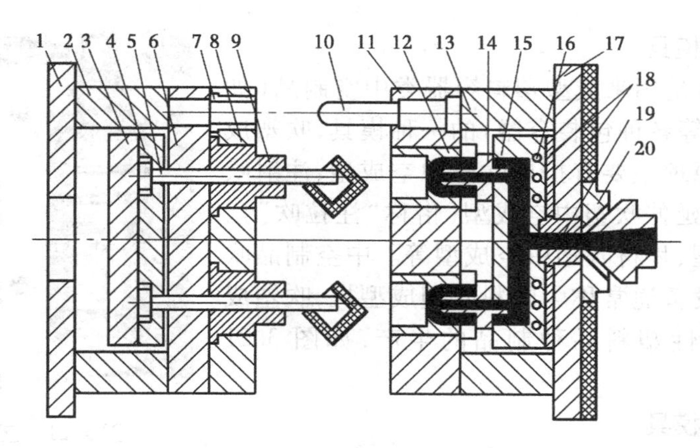

图3.16　热流道凝料注射模

1—动模底板;2—支架;3—推板;4—推杆固定板;5—推杆;6—型芯垫板;7—导套;8—型芯固定板;9—型芯;10—导柱;11—定模板;12—凹模;13—支承板;14—喷嘴;15—热流道板;16—加热棒孔;17—定模底板;18—绝热板;19—主流道衬套;20—定位圈

泛用于管材、棒材、单丝、板材、薄膜、电线电缆包覆层、异型材等的加工,如图3.18、图3.19所示。与其对应的生产设备是塑料挤出机,其原理是固态塑料在加热和挤出机的螺杆旋转加压条件下熔融、塑化,通过特定形状的口模而制成截面与口模形状相同的连续塑料制品,如图3.20所示。

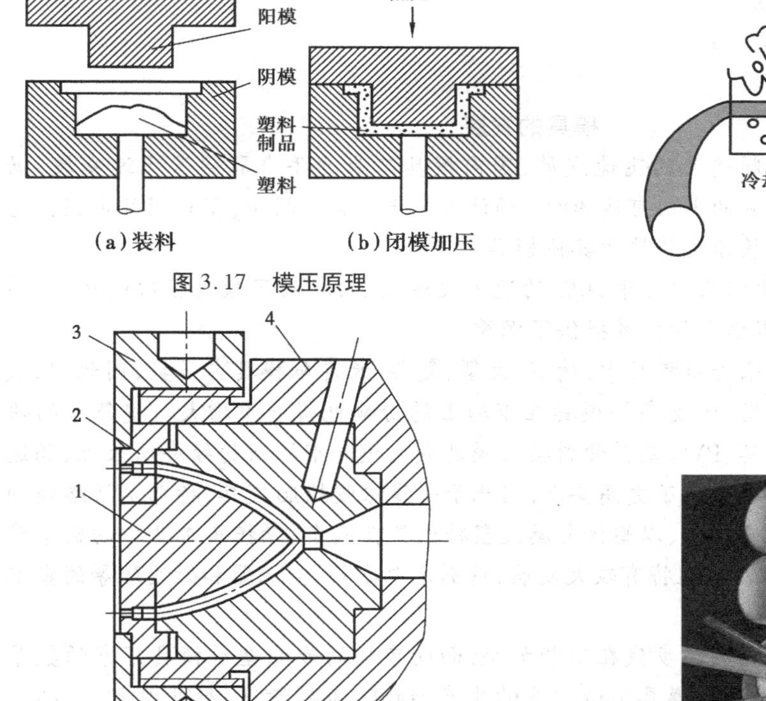

图3.17　模压原理

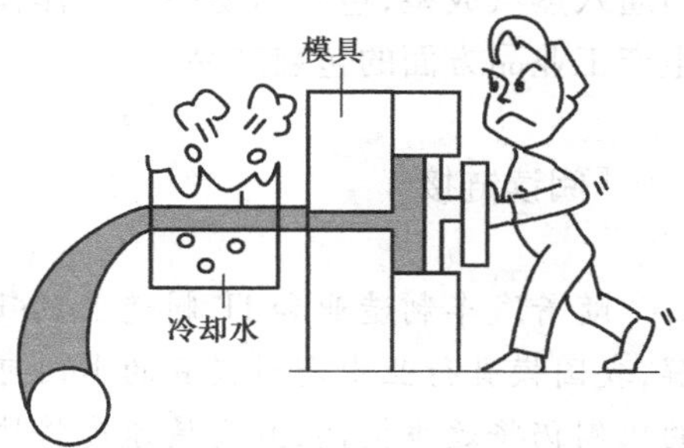

图3.18　挤出成型

图3.19　水平挤出成型单丝模具结构

1—分流锥;2—喷丝板;3—锁紧螺帽;4—模具

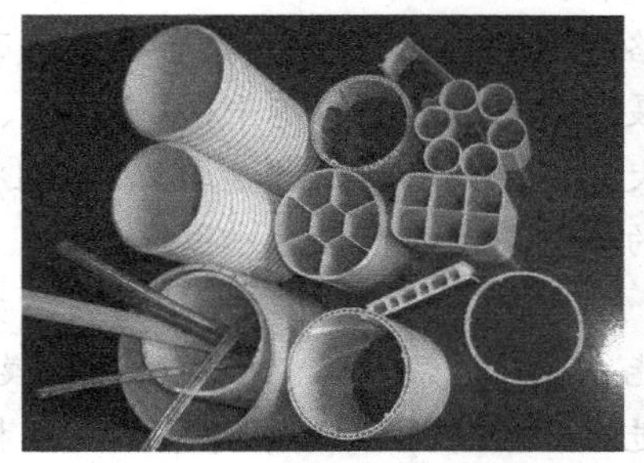

图3.20　塑料挤出产品

图 3.21　塑料吹塑产品

(4) 塑料吹塑模具

塑料吹塑模具是用来成型塑料容器类中空制品(如饮料瓶、日化用品等各种包装容器)的一种模具,吹塑成型的形式按工艺原理主要有挤出吹塑中空成型、注射吹塑中空成型、注射延伸吹塑中空成型(俗称“注拉吹”)、多层吹塑中空成型、片材吹塑中空成型等。中空制品吹塑成型所对应的设备通常称为塑料吹塑成型机,吹塑成型只适用于热塑性塑料品种制品的生产,如图 3.21 所示。

(5) 塑料吸塑模具

塑料吸塑模是以塑料板、片材为原料成型某些较简单塑料制品的一种模具。其原理是利用抽真空盛开方法或压缩空气成型方法使固定在凹模或凸模上的塑料板、片,在加热软化的情况下变形而贴在模具的型腔上得到所需成型产品,主要用于一些日用品、食品、玩具类包装制品生产方面。

(6) 高发泡聚苯乙烯成型模具

高发泡聚苯乙烯成型模具是应用可发性聚苯乙烯(由聚苯乙烯和发泡剂组成的珠状料)原料来成型各种所需形状的泡沫塑料包装材料的一种模具。其原理是可发聚苯乙烯在模具内通入蒸汽成型,包括简易手工操作模具和液压机直通式泡沫塑料模具两种类型,主要用来生产工业品方面的包装产品。

[阅读链接]

模具的发展

随着汽车制造业和 IT 制造业的飞速发展,国内模具工业近年来取得了飞速发展,据了解,我国模具行业中塑料模具的占比可达 30%,预计在未来模具市场中,塑料模具占模具总量的比例仍将逐步提高,且发展速度将快于其他模具。

据悉,模具工业 2000 年以来以每年 20% 的速度飞速增长,拉动了模具档次的提高,精良的模具制造装备为模具技术水平的提升提供了保障。

有分析认为,由于近年来进口模具中,精密、大型、复杂、长寿命模具占多数,因此,从减少进口、提高国产化率角度出发,这类高档模具在市场上的份额也将逐步增大。建筑业的快速发展,使各种异型材挤出模具、PVC 塑料管材接头模具成为模具市场新的经济增长点,高速公路的迅速发展,对汽车轮胎也提出了更高要求,因此子午线橡胶轮胎模具,特别是活络模的发展也将高于总平均水平;以塑代木、以塑代金属使塑料模具在汽车、摩托车工业中的需求量巨大;家用电器行业在“十二五”期间将有较大发展,特别是电冰箱、空调器和微波炉等的零配件的塑料模需求很大。

同时,塑料模具行业结构调整步伐在不断加快,面向市场的专业塑料模具厂家的数量及能力也在较快增长。根据对塑料模具制造行业的生产、销售、市场情况、行业结构、产品以及进出口等情况分析,参考塑料模具相关行业发展趋势,预测未来我国塑料模具制造行业的发展方向究竟在哪里,到底我国塑料模具制造行业有多大的发展潜力,这些都是需要去验证的。

任务3.4　注塑模具的结构与设计

注塑模具是一种生产塑料制品的工具,它由几组零件部分构成,这个组合内有成型模腔。注塑时,模具装夹在注塑机上,熔融塑料被注入成型模腔内,并在腔内冷却定型,然后上下模分开,经由顶出系统将制品从模腔顶出离开模具。本任务将从注塑模具的成型工艺、结构及设计等方面进行介绍。

3.4.1　注塑成型工艺

注塑成型工艺是成型塑料制品的一种常用方法。其工艺流程如图3.22所示。

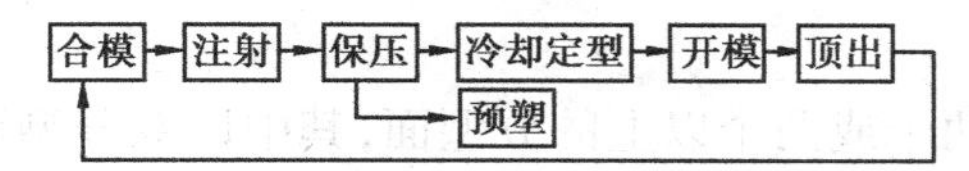

图3.22　注塑成型工艺流程

由图3.22可知,注塑成型是一个循环过程,完成注塑成型需要经过预塑、注塑和冷却定型3个阶段。

(1)预塑阶段

螺杆开始旋转,然后将从料斗输送过来的塑料向螺杆前端输送,塑料在高温和剪切力的作用下塑化均匀并逐步聚集在料筒的前端,随着熔融塑料的聚集,压力越来越大,最后克服螺杆背压将螺杆逐步往后推,当料筒前部的塑料达到所需的注塑量时,螺杆停止后退和转动,预塑阶段结束。

(2)注塑阶段

螺杆在注塑油缸的作用下向前移动,将储存在料筒前部的塑料以多级速度和压力向前推压,经过流道和浇口注入已闭合的模具型腔中。

(3)冷却定型阶段

塑料在模具型腔中经过保压,防止塑料倒流直到塑料固化,型腔中压力消失。一个生产周期中冷却定型时间占的比例最大。

注塑过程是一个周期性循环过程,每个循环内要完成模具关闭、填充、保压、冷却、开模、顶出制品等操作。其中,注塑(熔体填充)、保压和冷却是关系到能否顺利成型的3个关键环节。然而熔体的流动行为和填充特性又与填充的压力、速度以及熔体的温度密切相关,了解熔体的流动行为等相关特性,对于设计整个注塑工艺意义重大。

3.4.2　注塑模具的分类与结构

塑件的结构形状往往是决定模具结构的最关键因素,不同的塑件有不同的模具结构,根据这些结构可以对模具进行分类,本节主要介绍注塑模具的分类与结构。

(1)注塑模具的分类

注塑模具的分类方法很多,根据不同的分类依据可对注塑模具进行不同的分类。以下是注塑模具的主要分类方法:

①按塑件所用材料分类。可分为热塑性塑料注塑成型模具和热固性塑料注塑成型模具。

②按注塑成型机分类。可分为卧式、立式和直角式注塑模具。

③按模具的型腔数量分类。可分为单型腔注塑模具和多型腔注塑模具。

④按模具在注塑机的安装方式分类。可分为移动式注塑模具和固定式注塑模具。

(2)注塑模具的结构

下面主要介绍常见的一些注塑模具结构,包括单分型面注塑模具、多分型面注塑模具、斜导柱侧向抽芯注塑模具、斜销内抽芯注塑模具以及热流道注塑模具。

1)单分型面注塑模具

单分型面注塑模具也称两板式注塑模具,常见于大水口注塑成型模具中,如图3.23所示。这类模具结构简单,对塑件成型的实用性强,因此应用非常广泛。这种模具的缺点是浇口大,往往还要增加一道去除浇口的工序,而且在制品表面会留下浇口痕迹。因此,适用于对制品表面要求不高的模具。

2)多分型面注塑模具

多分型面注塑模具有两个或两个以上的分型面,其中以双分型面最为常见。双分型面注塑模具常称为三板式模具,由于这种模具常用于点浇口进胶的产品,因此,也称细水口模具,如图3.24所示。双分型面注塑模具应用极广,主要用于设点浇口的单型腔或多型腔模具、侧向分型机构设在定模一侧的模具以及塑件结构特殊需要按顺序分型的模具。

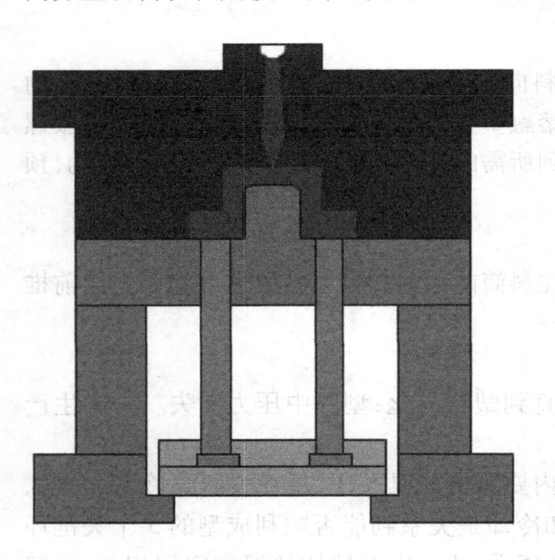

图3.23　单分型面注塑模具

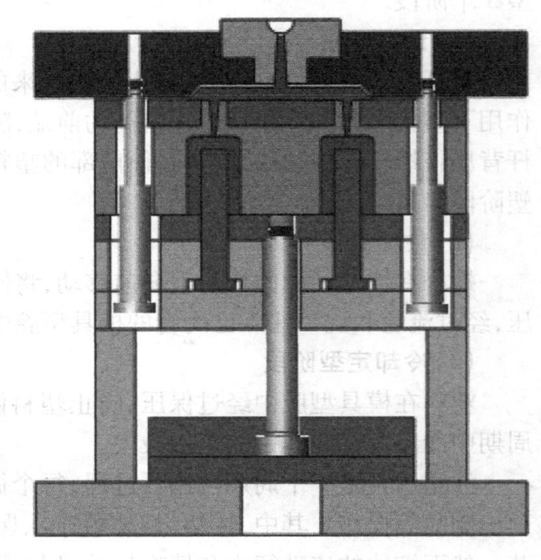

图3.24　多分型面注塑模具

第一次分型的目的是拉出浇道的凝料,第二次分型拉断进料口使浇道的凝料与塑件分离,从而顶出的塑件不需要再进行去除浇道凝料的处理。

3)斜导柱侧向抽芯注塑模具

当塑件侧壁有通孔、凹穴、凸台等特征时,其成型零件就必须制成可侧向移动的,带动型芯侧向移动的整个机构称为侧向抽芯机构或横向抽芯机构。侧向抽芯机构种类很多,有斜导柱侧向抽芯、液压抽芯以及气动抽芯等,其中最常见的是斜导柱侧向抽芯机构,如图3.25所示。开模时,斜导柱先带动滑块往外移,当侧型芯完全脱出产品时,顶出机构才开始动作,顶出制品。

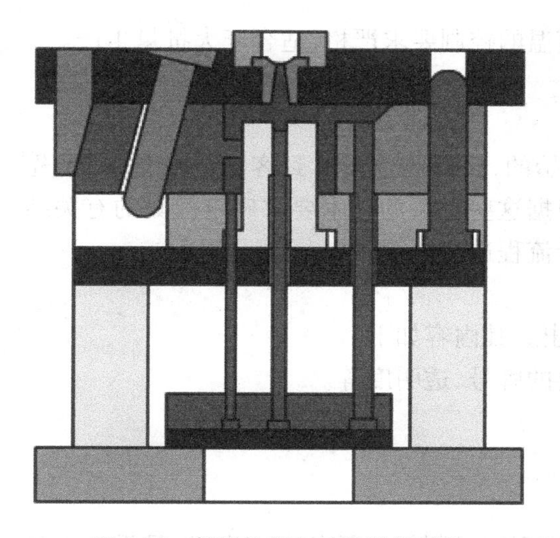

图 3.25　斜导柱侧向抽芯注塑模具

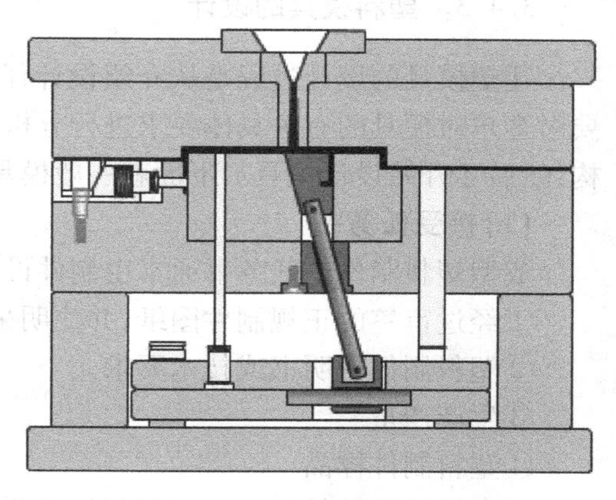

图 3.26　斜销内抽芯注塑模具

4）斜销内抽芯注塑模具

当产品的内部有倒扣时，需要使用斜销来成型这些倒扣位，把这类带有斜销的模具统称为斜销内抽芯注塑模具，如图 3.26 所示。这类模具结构相对复杂，需要在模具上增加斜销机构。开模时，先打开前、后模，然后注塑机的顶出机构推动模具的顶板往脱模方向运动，此时，斜销慢慢脱出产品的倒扣位，完全脱出后，通过模具上的脱料机构顶出制品。

5）热流道注塑模具

由于快速自动化注射成型工艺的发展，热流道注塑模具正被逐渐推广使用。热流道注塑模具如图 3.27 所示。它与一般注塑模具的区别是注射成型过程中浇注系统内的塑料是不会凝固的，也不会随塑件脱模，因此这种模具又被称为无流道模具。这种模具的主要优点如下：

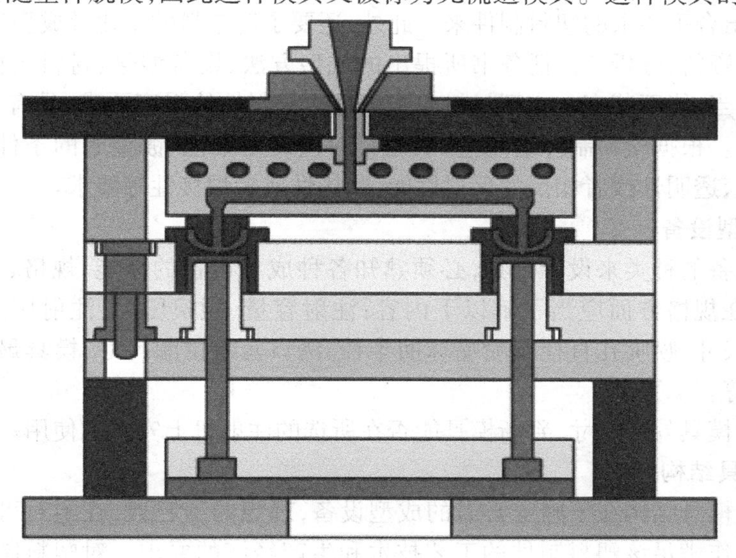

图 3.27　热流道注塑模具

①基本上实现了无废料加工，既节约了原材料，又省去了切除冷料工序。

②减少进料系统压力损失，充分利用注射压力，有利于保证塑件质量。

因此，热流道注塑模具结构复杂，成本高，对模温的控制要求严格，适合于大批量生产。

3.4.3 塑料模具的设计

注塑模具的设计过程是从介绍设计任务书开始的，模具制造商拿到客户的订单时，首先要对客户对模具的有关具体要求进行分析，然后根据这些相关的技术要求确定模具的有关结构，然后才开始设计模具。下面就一般模具的设计流程进行介绍。

(1)接受任务书

成型塑料制件的任务书通常由制件设计者提出。其内容如下：

①经过审签的正规制件图纸，并注明采用塑料的牌号、透明度等。

②塑料制件说明书或技术要求。

③生产产量。

④塑料制件样品。

通常模具设计任务书由塑料制件工艺员根据成型塑料制件的任务书提出，模具设计人员以成型塑料制件任务书、模具设计任务书为依据来设计模具。模具设计加工流程如图3.28所示。

(2)收集、分析、消化原始资料

收集整理有关制件设计、成型工艺、成型设备、机械加工及特殊加工资料，以备设计模具时使用。主要包括以下内容：

①消化塑料制件图，了解制件的用途，分析塑料制件的工艺性、尺寸精度等技术要求。例如，塑料制件在外表形状、颜色、透明度、使用性能方面的要求是什么，塑件的几何结构、斜度、嵌件等情况是否合理，熔接痕、缩孔等成型缺陷的允许程度，有无涂装、电镀、胶接、钻孔等后加工。选择塑料制件尺寸精度最高的尺寸进行分析，看看估计成型公差是否低于塑料制件的公差，能否成型出合乎要求的塑料制件来。此外，还要了解塑料的塑化及成型工艺参数。

②消化工艺资料，分析工艺任务书所提出的成型方法、设备型号、材料规格、模具结构类型等要求是否恰当，能否落实。成型材料应当满足塑料制件的强度要求，具有好的流动性、均匀性和热稳定性。根据塑料制件的用途，成型材料应满足染色、镀金属的条件、装饰性能、必要的弹性和塑性、透明性或者相反的反射性能、胶接性或者焊接性等要求。

(3)选择成型设备

根据成型设备的种类来设计模具，必须熟知各种成型设备的性能、规格、特点。例如，对于注射机来说，在规格方面应当了解以下内容：注射容量、锁模压力、注射压力、模具安装尺寸、顶出装置及尺寸、喷嘴孔直径及喷嘴球面半径、浇口套定位圈尺寸、模具最大厚度和最小厚度、模板行程等。

要初步估计模具外形尺寸，判断模具能否在所选的注射机上安装和使用。

(4)确定模具结构方案

选择理想的模具结构在于确定必需的成型设备，理想的型腔数，在绝对可靠的条件下能使模具本身的工作满足该塑料制件的工艺技术和生产经济的要求。对塑料制件的工艺技术要求是要保证塑料制件的几何形状、表面光洁度和尺寸精度。生产经济要求是要使塑料制件的成本低，生产效率高，模具能连续地工作，使用寿命长，节省劳动力。

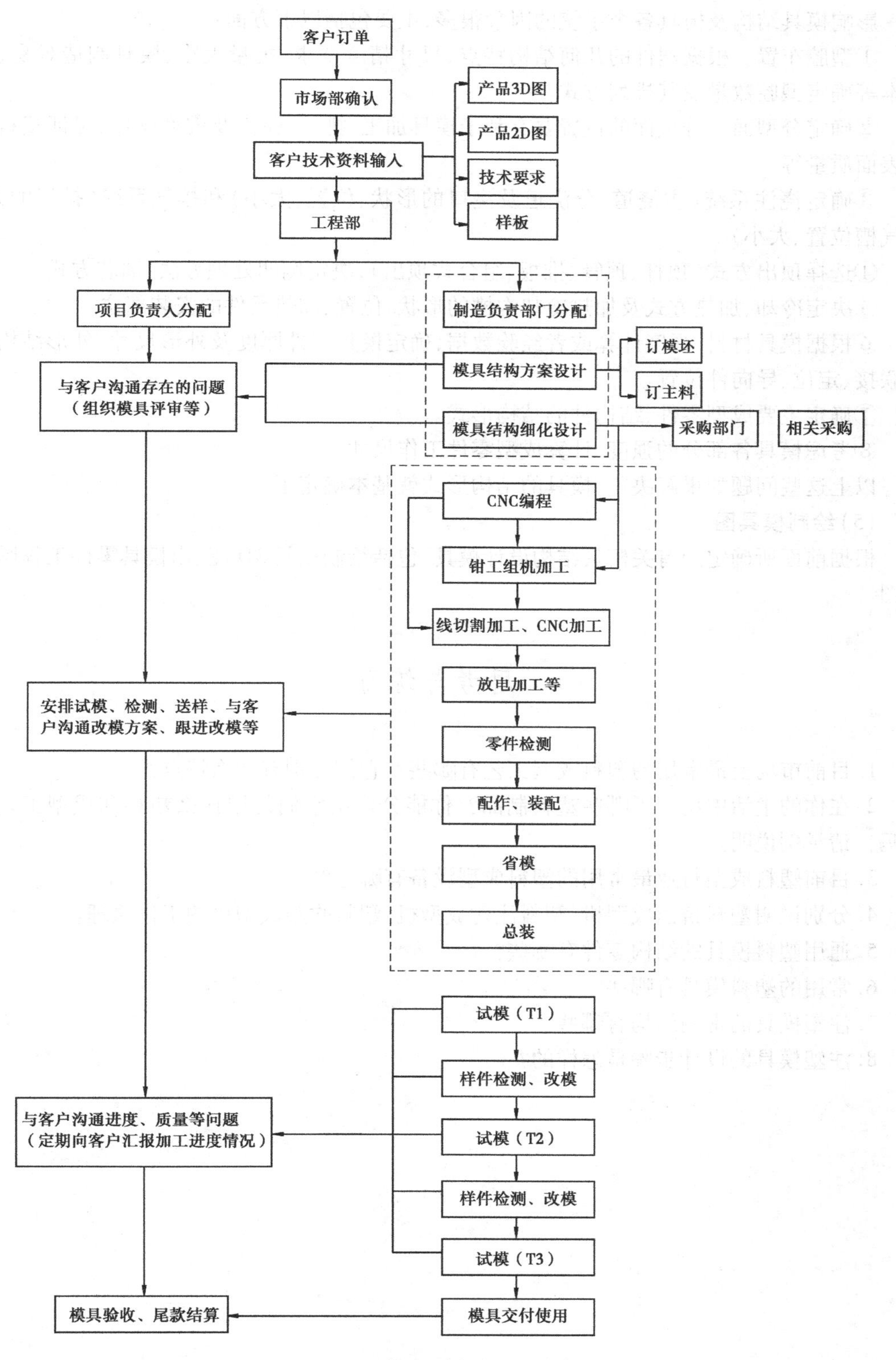

图3.28　模具设计加工流程图

影响模具结构及模具各个系统的因素很多，主要包括以下方面：

①型腔布置。根据塑件的几何结构特点、尺寸精度要求、批量大小、模具制造难易、模具成本等确定型腔数量及其排列方式。

②确定分型面。分型面的位置要有利于模具加工、排气、脱模及成型操作，保证塑料制件的表面质量等。

③确定浇注系统（主浇道、分浇道及浇口的形状、位置、大小）和排气系统（排气的方法、排气槽位置、大小）。

④选择顶出方式（顶杆、顶管、推板、组合式顶出），决定侧凹处理方法、抽芯方式。

⑤决定冷却、加热方式及加热冷却沟槽的形状、位置、加热元件的安装部位。

⑥根据模具材料、强度计算或者经验数据，确定模具零件厚度及外形尺寸、外形结构及所有联接、定位、导向件位置。

⑦确定主要成型零件、结构件的结构形式。

⑧考虑模具各部分的强度，计算成型零件工作尺寸。

以上这些问题如果解决了，模具的结构形式就基本确定了。

(5) 绘制模具图

根据前面所确定的有关模具结构设计模具，包括绘制模具3D图、出模具零件工程图及总装图。

思考与练习

1. 目前市场上最常用的塑料成型工艺有哪些？它们分别有什么特点？
2. 在你的生活中用到了哪些塑料制品？你能分辨出它们是用什么塑料和成型工艺制成的吗？请举例说明。
3. 目前塑料成型行业最常用的塑料成型设备有哪些？
4. 分别说明塑料挤出成型机、塑料注射成型机、塑料吹塑成型机的工作原理。
5. 通用塑料模具的结构零件有哪些？
6. 常用的塑料模具有哪些？
7. 注塑模具的常用结构有哪些？
8. 注塑模具的设计步骤是怎样的？

项目 4 其他模具

模具的种类很多，除了常见的冲压模、塑料模之外，还有压缩模、压铸模、锻模、玻璃模等，本项目将对这些作简单介绍，使大家对它们的工艺特点、相关设备及应用有所了解和认识。

如图 4.1 所示为生活中常见的 4 种产品。图 4.1(a) 所示为发动机连杆，材料为中碳钢；图 4.1(b) 所示为玻璃瓶，材料为玻璃；图 4.1(c) 所示为电器插头，材料为酚醛树脂；图 4.1(d) 所示为水龙头，材料为铜合金。你能分析判断每种产品分别是用哪种模具生产的吗？

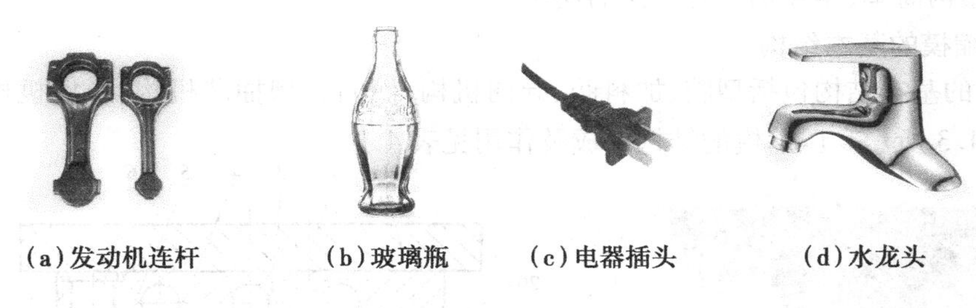

(a)发动机连杆　(b)玻璃瓶　(c)电器插头　(d)水龙头

图 4.1　生活中常见的产品

任务 4.1　压缩压注工艺及模具概述

4.1.1　基本概念

压缩压注工艺是塑料成型工艺的一种，主要用来成型热固性塑料，如酚醛塑料、氨基塑料、不饱和聚酯塑料等，其中环氧树脂和酚醛塑料使用最为广泛，如电器照明用设备零件、电话机、开关插座、塑料餐具及齿轮等。

塑料压缩成型又称模压成型或压制成型。根据塑料特性，将模具加热至成型温度（一般为 120 ~ 200 °C），然后将计量好的压塑粉放入模具型腔和加料室，闭合模具，塑料在高热、高压作用下呈软化黏流，经一定时间后固化定型，成为所需制品形状。

压缩模具也用来成型某些特殊的热塑性塑料，如难以熔融的热塑性塑料（如聚四氟乙烯）毛坯（冷压成型），光学性能很高的树脂镜片，轻微发泡的硝酸纤维素汽车方向盘等。压缩成型所用的设备是压力机，压缩成型机及常见压缩塑件如图 4.2 所示。

图 4.2　压缩成型机及常见压缩塑件

4.1.2　压缩模的结构及其组成

压缩成型用的模具称压缩模。压缩模具是塑料制品生产的一种较为古老的方法，由于其工艺成熟，结构简单，至今仍然有广泛的使用。

（1）压缩模的基本结构

压缩模的基本结构包括型腔、加料腔、导向机构、侧向分型抽芯机构、脱模机构及加热系统等，如图 4.3 所示。压缩模的结构组成及作用见表 4.1。

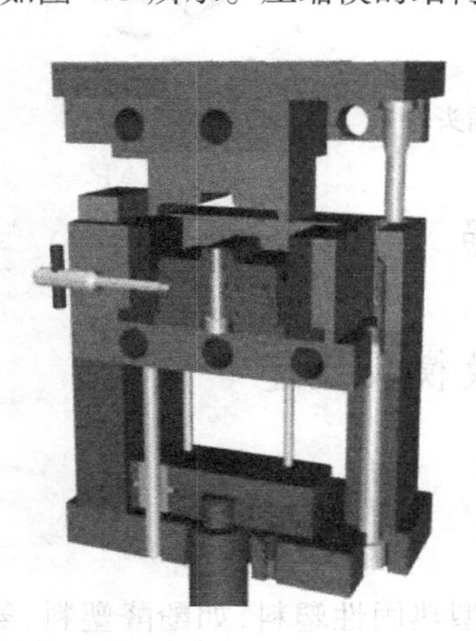

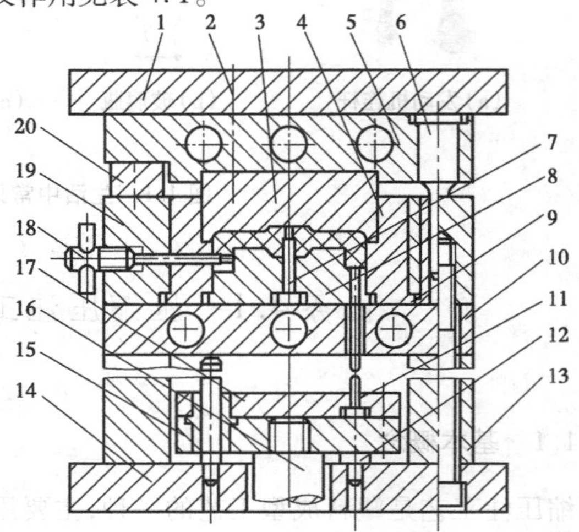

图 4.3　压缩模的基本结构

1—上模座板；2—螺钉；3—上凸模；4—加料腔（凹模）；5—加热板；6—导柱；7—型芯；8—下凸模；9—导套；10—加热板；11—推杆；12—支承钉；13—垫块；14—下模座板；15—推板；16—拉杆；17—推杆固定板；18—侧型芯；19—型腔固定板；20—承压块

表4.1　压缩模的结构组成及作用

名　称	作　用	组　成
型腔	直接成型塑件的部位,加料时与加料室一起装料	由凹模、凸模、型芯或成型杆、镶块组成
加料腔	容纳模料	一般是凹模上半部分
导向机构	保证上下模正确合模	由导柱、导向孔或导套、锥面等组成
侧向分型与抽芯机构	在成型带有侧向凹凸或侧孔的塑件时,模具必须设有各种侧分型抽芯机构,塑件才能抽出	同注射模
顶出机构	固定式压缩模在模具上必须有顶出机构（脱模机构）	机内脱模同注射模,机外脱模用卸模架
加热系统	调节模温、加热塑料。在压缩热塑性塑料时,在型腔周围开设温度控制通道,在塑化和定型阶段,分别通入蒸汽进行加热或通入冷水进行冷却	电热元件或蒸汽、煤气、天然气加热

(2)压缩模的基本类型

根据上、下模配合结构的特征,压缩模可分为溢式压缩模、半溢式压缩模、不溢式压缩模。其结构特点、动作原理及应用分别见表4.2—表4.4。

表4.2　溢式压缩模

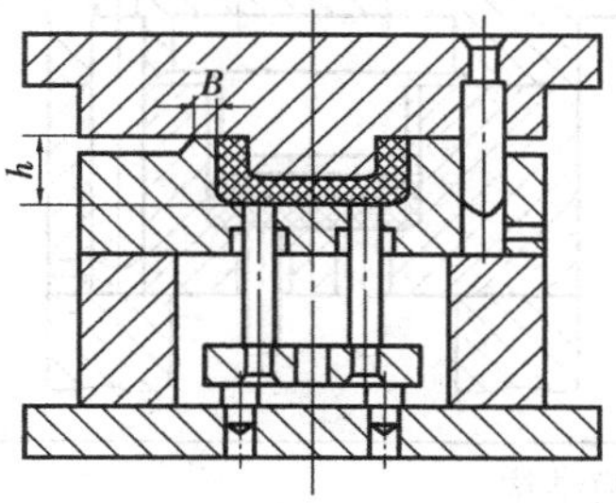

结构特点	典型的溢式压缩模结构
	模具无加料腔,模腔总高度 h 基本上就是制件高度,施加压力时,多余的塑料容易溢出。导向机构采用导柱、导向孔导向;采用顶杆顶出;凹、凸模为整体结构;单型腔
动作原理	经预热的塑料加入型腔后,利用压力机上的加热板加热,待塑料软化后,加压并继续加热,直至塑件成型 启模时,既可用压力机上的顶出机构开模、脱件,也可采用卸模架开模、脱件
应用	适用:密度、尺寸要求不高的扁平盘形小制品 优点:结构简单,成本低、塑件易取出,易排气、安放嵌件方便,加料量无严格要求、模具寿命长

表4.3　半溢式压缩模

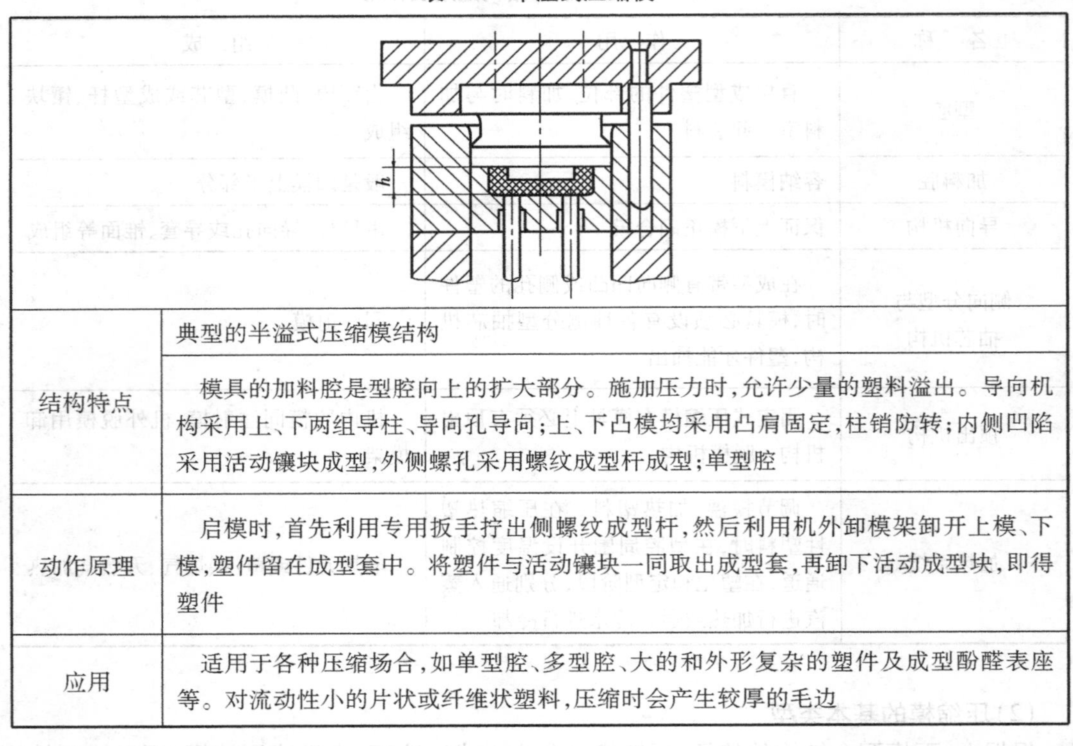	
结构特点	典型的半溢式压缩模结构
	模具的加料腔是型腔向上的扩大部分。施加压力时，允许少量的塑料溢出。导向机构采用上、下两组导柱、导向孔导向；上、下凸模均采用凸肩固定，柱销防转；内侧凹陷采用活动镶块成型，外侧螺孔采用螺纹成型杆成型；单型腔
动作原理	启模时，首先利用专用扳手拧出侧螺纹成型杆，然后利用机外卸模架卸开上模、下模，塑件留在成型套中。将塑件与活动镶块一同取出成型套，再卸下活动成型块，即得塑件
应用	适用于各种压缩场合，如单型腔、多型腔、大的和外形复杂的塑件及成型酚醛表座等。对流动性小的片状或纤维状塑料，压缩时会产生较厚的毛边

表4.4　不溢式压缩模

结构特点	典型的不溢式压缩模结构
	模具的加料腔是型腔向上的延续部分，工作压力全部施加在塑料上，几乎无塑料溢出。模具采用成型件的配合面定位以保证准确合模；型腔螺纹部分采用组合结构，上、下凸模采用螺纹固定，螺钉防松动；单型腔
动作原理	启模时，分别将上模（上模、镶件、上模板组合）、下模（下模与下模板组合）磕开，塑件留在组合型腔中，旋出螺纹成型环，塑件即可取出
应用	适用于压缩比容大、流动性低、片状和纤维状的塑料成型，对组织要求紧密、形状较简单的各种塑件成型较适合

4.1.3　压注模的结构及其组成

压注成型用的模具称为压注模。它主要用于热固性塑料制品的成型，也可用于热塑性塑料制品的成型。它压制成型的效率高，而且制品质量好，易于较复杂的塑件成型。

压注成型（又称压延成型、传递成型），是将塑料加入独立于型腔之外的加料室内，经初步受热后在液压机压力作用下，通过压料柱塞将塑料熔体经由浇注系统压入已经封闭的型腔，在型腔内迅速固化成为塑件的成型方法。压注成型是在改进压缩成型的基础上发展起来的一种成型方法，其主要用于热固性塑料的成型加工。压注模与压缩模的最大区别在于前者设有单独的加料室，如图4.4所示。

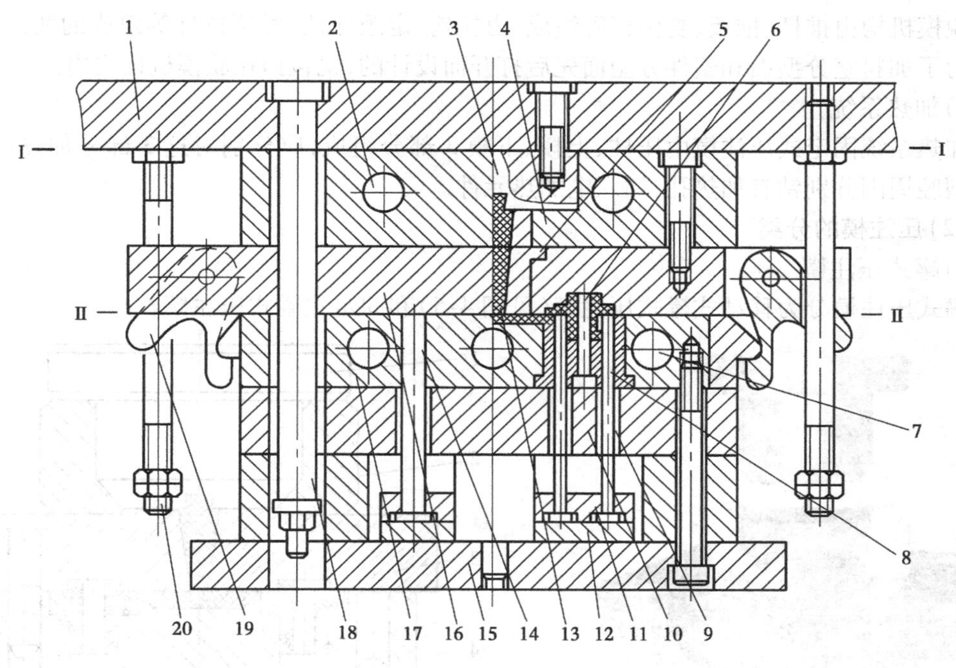

图4.4　压注模结构

1—上模座；2,7—加热器安装孔；3—压料柱；4—加料室；5—主流道衬套；6—型芯；8—凹模；9—推杆；10—支承板；11—推杆固定板；12—推板；13—浇注系统；14—复位杆；15—下模座；16—上凹模板；17—凹模固定板；18—定距拉杆；19—拉钩；20—拉杆

(1)压注模的基本结构

压注模由型腔、加料室、浇注系统、导向机构、侧分型与抽芯机构、脱模机构及加热系统组成。

1)型腔

型腔是成型塑件的部分，由凸模、凹模和型芯等组成，分型面的形式及选择与注射模、压缩模相似。

2)加料室

加料室由加料室和压柱组成，移动式压注模的加料室和模具本体是可分离的，开模前先取下加料室，然后开模取出塑件。固定式压注模的加料室是在上模部分，加料时可与压柱部分定距分型。

3）浇注系统

浇注系统多型腔压注模的浇注系统与注射模相似，同样分为主流道、分流道和浇口，单型腔压注模一般只有主流道。与注射模不同的是加料室底部可开设几个流道同时进入型腔。

4）导向机构

导向机构一般由导柱和导柱孔（或导套）组成。在柱塞与加料室之间，型腔分型面之间，都应设导向机构。

5）侧向分型抽芯机构

压注模的侧向分型抽芯机构与压缩模、注射模基本相同。

6）脱模机构

脱模机构由推杆、推板、复位杆等组成，由拉钩、定距导柱、可调拉杆等组成的两次分型机构是为了加料室分型面和塑件分型面先后打开而设计的，也包括在脱模机构之内。

7）加热系统

加热系统固定式压注模由压柱、上模、下模3部分组成，应分别对这3部分加热，在加料室和型腔周围分别钻有加热孔，插入电加热元件。

（2）压注模的分类

1）罐式压注模

罐式压注模分为移动式罐式压注模（见图4.5）和固定式罐式压注模。

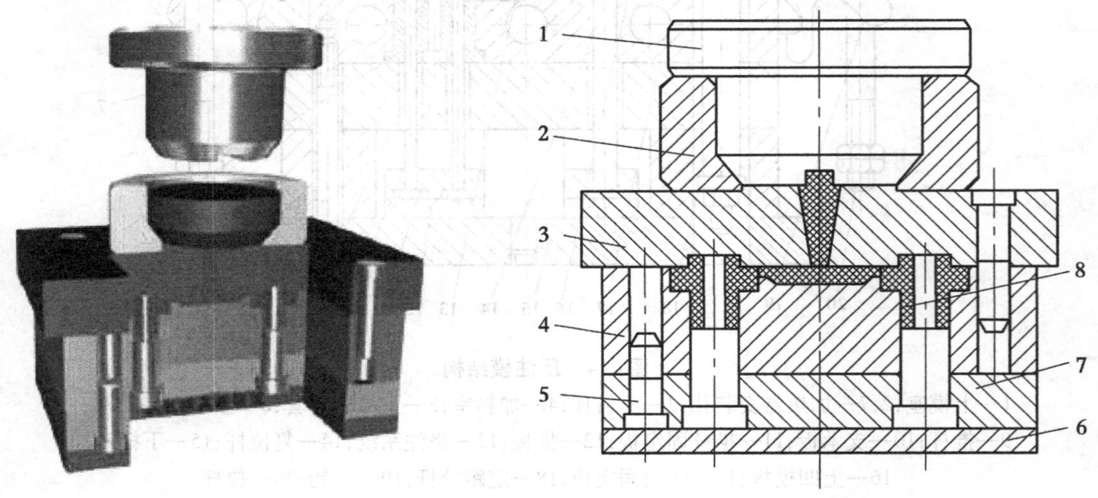

图4.5　移动式罐式压注模

1—柱塞；2—加料腔；3—上模座板；4—凹模；5—导柱；6—下模座板；7—型芯固定板；8—型芯

①移动式罐式压注模的加料室与模具本体是可以分离的。模具闭合后放上加料室，将定量的塑料加入加料室内，利用压机的压力，通过压柱将塑化的物料高速挤入型腔，硬化定型后，开模时先从模具上取下加料室，再分别进行清理和脱出塑件，用手工或专用工具。

②固定式罐式的加料室与上模型板固定相连。

2）柱塞式压注模

柱塞式压注模没有主流道，主流道已扩大成为圆柱形的加料室，这时柱塞将物料压入型腔的力已起不到锁模的作用，因此柱塞式压注模应安装在特殊的专用压机上使用，锁模和成型需要两个液压缸来完成。压注模可分为以下两种形式：

①上加料室柱塞式压注模

上加料室柱塞式压注模所用压机其合模液压缸（称主液压缸）在压机的下方，自下而上合模；成型用液压缸（称辅助液压缸）在压机的上方，自上而下将物料挤入模腔。合模加料后，当加入加料室内的塑料受热成熔融状时，压机辅助液压缸工作，柱塞将熔融物料挤入型腔，固化成型后，辅助液压缸带动柱塞上移，主液压缸带动工作台将模具下模部分下移开模，塑件与浇注系统留在下模。顶出机构工作时，推杆将塑件从型腔中推出。

②下加料室柱塞式压注模

这种模具所用压机合模液压缸（称主液压缸）在压机的上方，自上而下合模；成型用液压缸（称辅助液压缸）在压机的下方，自下而上将物料挤入模腔。它与上加料室柱塞式压注模的主要区别在于它是先加料，后合模，最后压注；而上加料室柱塞式压注模是先合模，后加料，最后压注。

［阅读链接］

热固性塑料的压缩、压注、注射成型比较

热固性塑料的压缩、压注、注射成型各有其优缺点及适用范围，现比较如下：

①就成型效率来看，以注射成型为高，压注成型次之，压缩成型较低。

②就塑件质量来看，由于注射和压注成型能使塑料受到均匀的加热，故而获得的制品在其整个断面上固化程度比较均匀，有较良的电气性能和较高的机械强度。

③注射和压注成型时，塑料注入闭合的型腔内，因此制品在分型面处产生的飞边很薄，容易修除，或无飞边，塑件高度能达到较高的尺寸精度，而压缩成型则不能。

④注射和压注成型可用于成型带有精细孔、细小嵌件的塑件，而压缩成型则不能。

⑤注射成型比压缩、压注成型都更容易实现机械化和自动化，工人劳动强度可得到大大地改善。

任务4.2　压缩压注成型原理与工艺特性

尽管热固性塑料注射成型已被普遍采用，但是压缩成型和压注成型仍是热固性塑料的主要成型方法。一些熔体黏度很高的热塑性塑料，如氟塑料、超高分子量聚乙烯和聚酰亚胺等也采用压缩模塑方法成型。微电子半导体器件的模塑封装，也要用压注模成型方法成型。

4.2.1　压缩成型

(1)压缩成型原理

压缩模塑件成型原理如图4.6所示，其过程如下：

①加料。将粉料、粒状、碎屑状或纤维状的塑料放入成型温度下的模具加料腔中，如图4.6(a)所示。

②合模加压。上模在压力机作用下下行，进入凹模并压实，然后加热、加压，熔融塑料开

始固化成型,如图 4.6(b)所示。

③制件脱模。当塑件完全固化后,通过一定的脱模力将塑件取出,从而获得所需要的塑料制品,如图 4.6(c)所示。

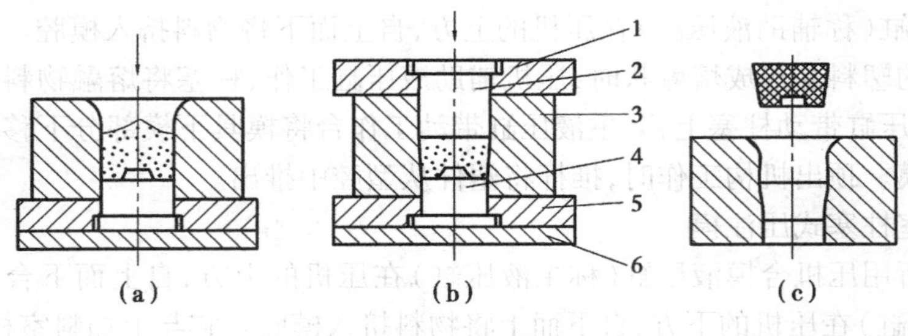

图 4.6　压缩成型

1—上模板;2—上凸模;3—凹模;4—下凸模;5—下模板;6—垫板

(2)压缩成型工艺过程

压缩成型工艺过程主要包括预压、预热和干燥、加料、闭模、排气、固化、脱模、清理模具及制品后处理等。其工作循环如图 4.7 所示。

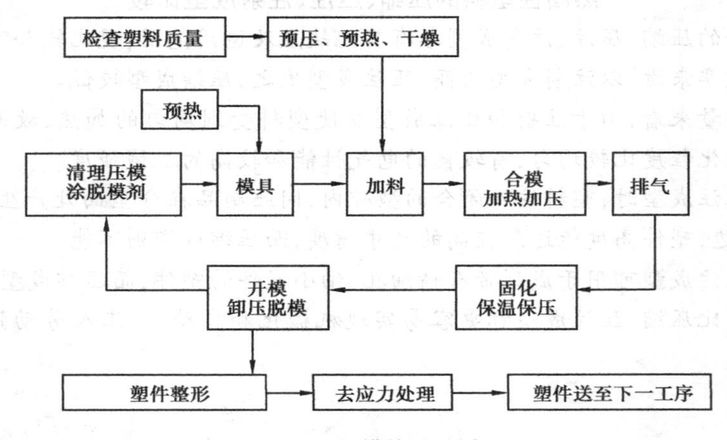

图 4.7　压缩模的工作循环

1)预压

在压缩成型前,将松散的粉状或纤维状的热固性塑料在室温下预先用冷压法(即模具不加热)压成质量一定、形状一致的密实体的过程称为预压,所得到的物体称为预压物(或压锭、型坯、压片)。

预压的作用主要如下:

①加料快而准确。避免加料过多或不足而造成残次品。

②减小模具的加料室,降低模具制造成本。

③减少物料中的空气含量,加快物料中的热传导速度,提高了预压物的预热温度,缩短预热和固化时间,减少制品中的气泡含量,提高制品质量。

④采用与制品相似的预压物有利于模压较大的制品。

⑤避免压缩粉飞扬,改善了劳动条件。

2)预热和干燥

采用预热的热固性塑料进行模压有以下优点:

①缩短了模塑周期,提高了生产率。

②增进了制品固化的均匀性,进而提高了制品的物理机械性能。

③提高了塑料的流动性,减小了制品的塑料损耗、收缩率和内应力,增强了制品的稳定性,降低了表面粗糙度,使成品率提高。

④降低了成型压力,提高了设备利用率(用小吨位的压机模压较大的制品)。

3)加料

在模具内加入模压制品所需数量塑料的操作称为加料。加料前应仔细检查型腔,清除异物和污渍,加料时应根据型腔的形状对塑料流动阻力大的部位多加些料。

4)合模

加料完毕后即进行合模,当模具没完全闭合前,合模的速度应尽可能快,目的是缩短模塑周期和避免塑料过早固化或过多降解。当凸模触及到塑料后,合模速度即行放慢(当然速度也不应过慢),目的一是避免模具中嵌件、各种成型杆或型腔遭到损坏,二是可使模内的气体得到充分的排除。闭模所需的时间自几秒至数十秒不等。

5)排气

成型热固性塑料时,由于化学交联反应的发生,常有水分和低分子物放出,因此在模具闭合后,待化学交联反应进行到适当时间时还需要将模具松动片刻,以排除以上气体,该工序称为排气。

6)固化

热塑性塑料的固化是将模具冷却,以使制品获得相当强度而不致在脱模时发生变形即可。热固性塑料的固化是在规定模温下保持一段时间,使其性能达到最佳为度。

7)脱模

固化后制品与模具分开的工序称为脱模。

8)清理模具

脱模后,须用铜刷(或铜签)刮出留在模具内的塑料,然后再用压缩空气吹净凸模和凹模,当上述方法不能将模具清理干净时,需用抛光剂拭刷。

9)制品后处理

制品后处理的温度为高于成型温度的10~15 ℃,制品后处理包括塑件整形和去应力处理。

(3)压缩成型特点

①与注射成型相比,成型塑件的收缩率小,变形小,各项性能均匀性较好。

②模具是在塑件最终成型时才完全闭合,塑件常有较厚的溢边,且每模溢边厚度不同,因此塑件高度尺寸的精度较低。

③压力损失小,适用于成型流动性差的塑料,比较容易成型大型制品。压力机的压力直接通过凸模传给型腔,其损失可大大减小。

④操作简单,模具结构简单。没有浇注系统,料耗少,可压制较大平面塑件或一次压制多个塑件。

⑤用压缩成型法成型塑件比注射、压注成型的生产周期长、生产效率低。压缩成型热塑性塑件,加热过程较长,流动充模后,需冷却固化,特别是厚壁塑件的生产周期更长。

⑥对形状复杂或带有侧孔、深孔等塑件难以成型。

(4)压缩成型的工艺条件和影响因素

压缩成型的工艺条件主要是成型(模压)压力、成型(模压)温度和成型(模压)时间。其中成型温度和成型时间又有着密切的关系。

1)成型压力

成型压力是指压缩成型时为迫使塑料充满型腔和进行固化而由压力机通过模具对塑料所施加的压力。成型压力应小于等于压力机的最大公称压力。

其选取原则如下:

①塑料的流动性越小、硬化速度越快、压缩率大,所需要的成型压力也越大。

②制品形状复杂、深度大、薄壁和面积大时,所需要的成型压力也越大。

③当压制带有布片、石棉纤维填料类的制品时,所需的成型压力也越大。

2)成型温度

成型温度是指压缩成型时所规定的模具温度。成型温度并不等于模具型腔内塑料熔体的温度。

成型过程中模具温度的选择要适度,过高虽会加快硬化速度,缩短固化时间,但往往会因硬化速度太快,使塑料熔体的流动性降低太多而导致充模不满,特别是在成型形状复杂、壁薄、深度大的制品时,这种弊病更为突出。另外,过高的模温还可能引发制品变色,表面暗淡,内外硬化速度不均而产生内应力,内层的挥发物难以排除,致使制品在模具开启时发生膨胀、开裂、变形或翘曲等,甚至引起有机填料的分解,最终使制品的力学性能降低。

但模温也不能过低,过低的模温不仅使固化速度慢,而且效果差,也会造成制品的灰暗,甚至表面发生肿胀,这是因为固化不完全的外层经受不住内部挥发物压力作用的结果。

遇到成型厚度较大的制品时,宜采用降低模具温度,延长成型时间的工艺规程。

3)成型时间

成型时间是指从闭模加压起,物料在模具内升温到固化脱模为止的这段时间。它直接影响制品的成型周期和固化度。

4.2.2 压注成型

压注成型(又称传递成型),是将塑料加入独立于型腔之外的加料室内,经初步受热后在液压机压力作用下,通过压料柱塞将塑料熔体经由浇注系统压入已经封闭的型腔,在型腔内迅速固化成为塑件的成型方法。压注成型是在改进压缩成型的基础上发展起来的一种成型方法,其主要用于热固性塑料的成型加工。

(1)压注成型原理

压注成型原理如图 4.8 所示,其过程如下:

1)加料、加热

将经预压成锭状并预热的塑料加入模具的加料腔内,继续加热使其受热成为黏流态,如图4.8(a)所示。

2)加压、固化

在与加料室配合的压料柱塞的作用下,使熔料通过设在加料室底部的浇注系统高速挤入型腔,进入并充满闭合的模具型腔。然后,塑料在型腔内继续受热、受压,经过一段时间后固化,如图 4.8(b)所示。

3)脱模

打开模具取出塑料制品,如图4.8(c)所示。清理加料室和浇注系统进行下一次成型。

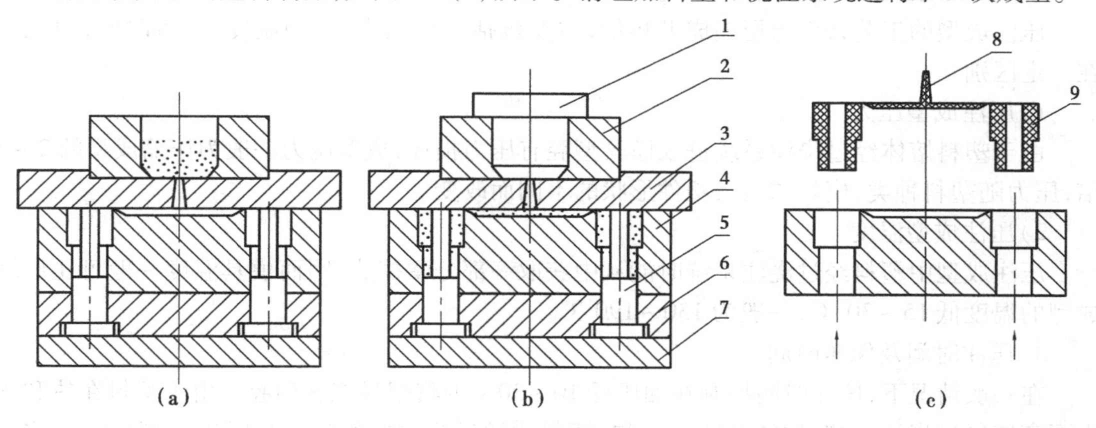

图4.8　压注成型原理

1—压料柱塞;2—加料腔;3—上模板;4—凹模;5—型芯;
6—型芯固定板;7—下模座;8—浇注系统;9—塑件

(2)压注成型工艺过程

压注成型工作循环如图4.9所示。压注成型的工艺过程与压缩成型工艺过程基本相似,主要区别在于压缩成型过程是先加料后合模,而压注成型则是先合模再加料。

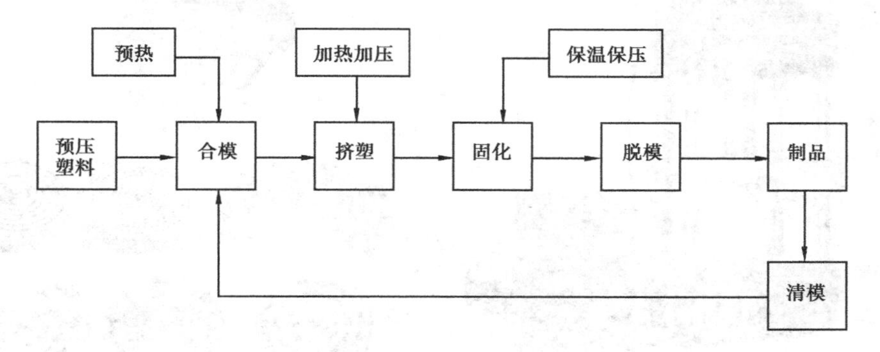

图4.9　压注工作循环

(3)压注成型特点

①具有独立于型腔之外的单独加料室,并经由浇注系统与型腔相连。塑料在进入型腔之前型腔已经闭合,故而塑件的飞边少而薄,塑件尺寸精度高,表面粗糙度也小。

②塑料在进入型腔前已在加料室得到初步受热塑化,当其在柱塞压力作用下快速流经浇注系统时会因摩擦生热使塑化得到进一步加强,并迅速填充型腔和固化,因此,成型周期短,生产效率高,产品质量好。

③可以成型较复杂的塑件。由于柱塞的压力使塑料熔体注入型腔,因此能成型深孔或复杂形状的塑件。

④成型工艺条件要求严格,操作难度大。

⑤成型塑料浪费较大。压注成型后,总会有一部分余料留在加料室内,还有浇注废料不可回收。

⑥模具磨损较小,但压注所用模具结构较复杂,模具制造成本高。

(4)压注成型的工艺条件

压注成型的工艺条件与压缩成型相似,主要包括成型压力、成型温度、成型时间,但也存在一定区别。

1)压注成型压力

由于塑料熔体经过浇注系统进入模具型腔有压力损耗,成型压力一般为压缩成型的2~3倍,压力随塑料种类、模具结构及塑件形状的不同而改变。

2)压注成型温度

压注成型中塑料经过浇注系统时能从中获取一部分摩擦热,因而模具温度一般可比压缩成型的温度低15~30 ℃,一般为130~190 ℃。

3)压注时间及保压时间

在一般情况下,压注时间控制在加压后10~30 s内将塑料充满型腔。由于塑料在热和压力下高速经过浇注系统,加热迅速而均匀,塑料化学反应也较均匀。塑料进入型腔时已临近树脂固化的最后温度,故保压时间与压缩成型相比较,可以短一些。

压注成型液压机及压注成型制品如图4.10所示。

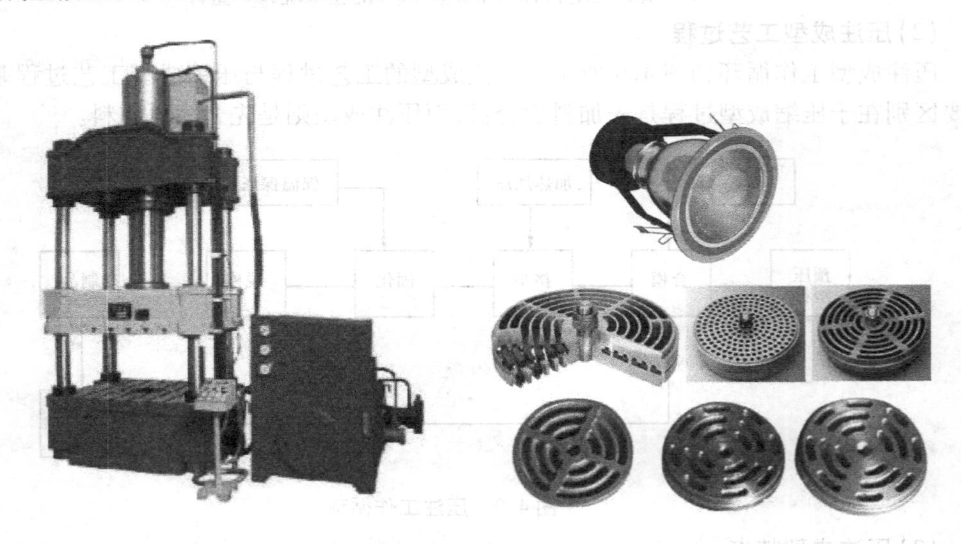

图4.10　压注成型液压机及压注成型制品

[阅读链接]

模具维护与保养

①模具长时间使用后必须磨刃口,研磨后刃口面必须进行退磁,不能带有磁性,否则易发生堵料。

②弹簧等弹性零件在使用过程中最易损坏,通常出现断裂和变形现象。采取的办法就是更换,在更换过程中一定要注意弹簧的规格和型号,弹簧的规格和型号通过颜色、外径和长度3项来确认,只有在3项都相同的情况下才可以更换。

③模具使用过程中冲头易出现折断、弯曲和啃坏的现象,冲套一般都是啃坏的。冲头和冲套的损坏一般都用相同规格的零件进行更换。冲头的参数主要有工作部分尺寸、安装部分

尺寸、长度尺寸等。

④紧固零件，检查紧固零件是否有松动、损坏现象，采取的办法是找相同规格的零件进行更换。

⑤压料零件如压料板、优力胶等，卸料零件如脱料板、气动顶料等，保养时检查各部位的配合关系及有无损坏，对损坏的部分应进行修复，气动顶料检查有无漏气现象，并对具体的情况采取措施。如气管损坏应进行更换。

任务4.3　常用压铸成型设备

压铸即压力铸造，是将铜、锌、铝或合金等金属加热为熔融金属液倒入压室内，以高压、高速充填模具型腔，并使合金液在压力凝固下而形成铸件的铸造方法。压铸工艺是一种高效率的少、无切削金属的成型工艺，从19世纪初期用铅锡合金压铸印刷机的铅字至今已有190多年的历史。由于压铸工艺在现代工艺中用于生产各种金属零件具有独特的技术优势和显著的经济效益，因此长期以来人们围绕压铸工艺、压铸模具及压铸机进行了广泛的研究，取得了不错的成绩。目前，压铸工艺已广泛应用于汽车、拖拉机、电气仪表、电信器材、航空航天、医疗器械及轻工日用五金行业。生产的主要零件有发动机汽缸、汽缸罩、发动机罩，变速器箱体，仪表及照相机的壳体及支架，管接头，齿轮等，如图4.11所示为各种压铸件。

燃气点火器　　家具压铸件

汽车压铸件

铝合金压铸件

图4.11　各种压铸件

压铸加工的构成要素主要包括压铸模、压铸机和压铸合金。压铸模是指在压力铸造成型工艺中用以成型铸件的金属模具。压铸机是利用压力作用将熔融金属液压射到模具中冷却成型，开模后得到铸件的设备。压铸合金是产品的材料，通常以熔点较低的金属，如锌、锡、铝、铜或合金为主要原料。

4.3.1 压铸模的结构

压铸模的种类很多，复杂程度也不一样，但其基本结构都是由动模和定模两大部分组成。定模部分装在压铸机的定模板上，动模部分装在压铸机的动模板上，并随压铸机的合模装置运动，实现锁模和开模。压铸模的结构如图 4.12 所示。

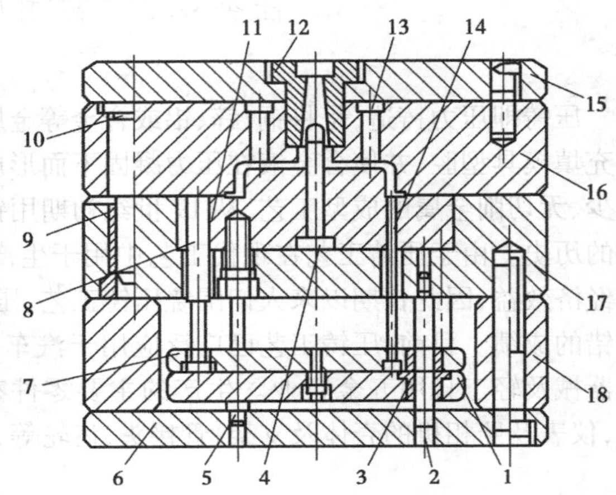

图 4.12 压铸模的基本结构

1—垫板；2—推板导柱；3—推板导套；4—型芯；5—限位钉；6—动模座板；7—推杆固定板；8—复位杆；9—导套；10—导柱；11—镶块；12—浇道套；13—型芯；14—推杆；15—定模座板；16—定模套板；17—动模套板；18—垫块

根据模具上各零部件所起的作用，一般压铸模可由以下 8 个部分组成：

(1)成型零部件

成型零部件是指动、定模中有关组成型腔的零件。如成型铸件内表面的型芯和成型铸件外表面的凹模以及各种镶件、成型杆件等。

(2)合模导向机构

合模导向机构是保证动模和定模在合模时准确定位，以保证铸件形状和尺寸的精度，并避免模具中其他零件发生碰撞和干涉。

(3)浇注系统

浇注系统是使液态金属从压室进入模具型腔所流经的通道，它包括主流道衬套、分流锥、直浇道、横浇道及内浇口等。

(4)溢流排气系统

溢流排气系统包括溢流槽和排气槽(孔)等。溢流槽主要用来储存冷料和夹渣金属，以提高铸件的质量。排气槽(孔)用来排出型腔中的空气，使金属顺利填充型腔。

(5)侧向分型与抽芯机构

当铸件的侧向有凹凸形状的孔或凸台时，在开模推出铸件之前，必须先把成型铸件侧向凹凸形状的瓣合模块或侧向型芯从铸件上脱开或抽出,铸件方能顺利脱模。侧向分型与抽芯机构就是为实现这一功能而设置的。

(6)推出机构

推出机构是指分型后将铸件从模具中推出的装置,又称脱模机构。

(7)加热和冷却系统

加热和冷却系统也称温度调节系统,它是为了满足压铸工艺对模具温度的要求而设置的。

(8)支承零部件

用来安装固定或支承成型零件及前述各部分机构的零部件均为支承部件。

4.3.2 压铸生产特点

压铸生产过程包括压铸模在压铸机上的安装与调整,模具必要部位喷涂,模具预热,安放镶嵌件,闭模,将熔融合金舀取倒入压室、(高压高速)成型、铸件冷却后脱模和压铸件清理等过程。

压铸工艺过程(见图4.13):将熔融金属定量浇入压射室中,如图4.13(a)所示;压射冲头以高压把金属液压入型腔中,如图4.13(b)所示;铸件凝固后打开压铸模,用顶杆把铸件从压铸模型腔中顶出,如图4.13(c)所示。

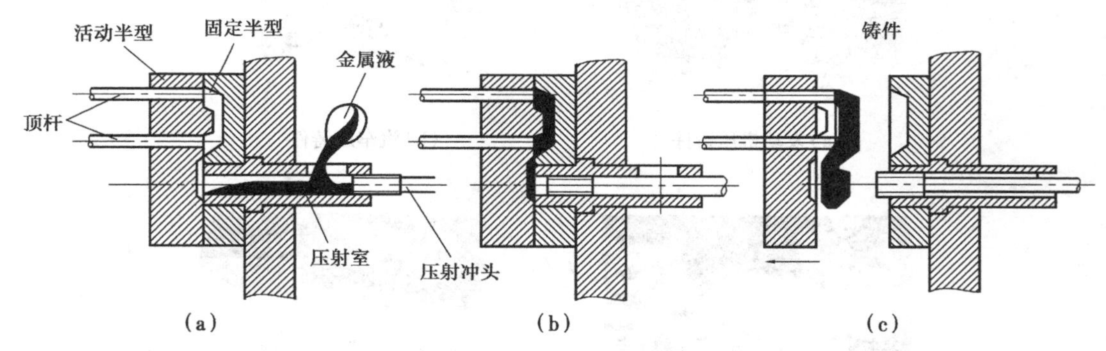

图4.13 压铸工艺过程示意图

由于压铸工艺是在极短时间内将压铸模填充完毕,且在高压(5~150 MPa)和高速(5~100 m/s)下成型,因此,压铸工艺与其他成型方法相比有其自身的特点。

(1)压铸工艺的优点

①可以制造形状复杂、轮廓清晰、薄壁深腔的金属零件。熔融金属在高压高速下保持高的流动性,因而能够获得其他工艺方法难以加工的金属零件。

②压铸件的尺寸精度较高,可达IT13—IT11级,有时可达IT9级;表面粗糙度 R_a 达0.8 μm,有时 R_a 达0.4 μm;互换性好。

③材料利用率高。由于压铸件的精度高,只需经过少量机械加工即可装配使用,有的压铸件可直接装配使用。其材料利用率为60%~80%,毛坯利用率达90%。

④可将其他材料的嵌件直接嵌铸在压铸件上。这样既满足了使用要求,扩大产品用途,又减少了装配工序,使制造工艺简化。

⑤压铸件组织致密,具有较高的强度和硬度。因为液态金属是在压力下凝固的,又因填

充时间很短,冷却时间极快,因此组织致密,晶粒细化,使铸件具有较高的强度和硬度,并具有良好的耐磨性和耐蚀性。

⑥可实现自动化生产。因为压铸工艺大都为机械化和自动化操作,生产周期短,效率高,适合大批量生产。

(2)压铸工艺的缺点

①由于高速填充,快速冷却,型腔中气体来不及排出,致使压铸件常有气孔及氧化夹杂物存在,从而降低了压铸件质量。因高温时气孔内的气体膨胀会影响压铸件的表面质量,因此,有气孔的压铸件不能进行热处理。

②压铸机和压铸模具费用昂贵,不适合小批量生产。

③压铸件尺寸受到限制。由于受到压铸机锁模力及装模尺寸的限制而不能压铸大型压铸件。

④压铸合金种类受到限制。由于压铸模具受到使用温度的限制,目前主要用来压铸锌合金、铝合金、镁合金及铜合金,如图 4.14 所示。

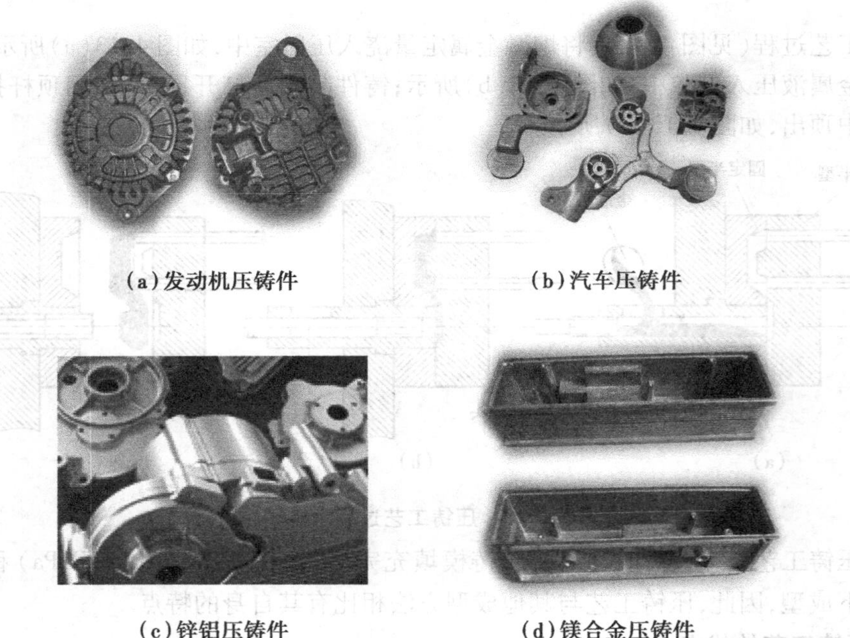
(a)发动机压铸件　(b)汽车压铸件

(c)锌铝压铸件　(d)镁合金压铸件

图 4.14　各种压铸件

4.3.3　常见压铸成型设备

压铸机是压铸生产的专用设备,压铸模与压铸机是压力铸造的两个主要组成元素。

压铸机的分类方式主要有两种:一是按照压铸方法分类,二是按照模具的启闭方向分类。

(1)按压铸方法分类

按照压铸方法,一般可分为热压室压铸机(见图 4.15)和冷压室压铸机(见图 4.16)两大类。

热室压铸机的压铸过程如图 4.17 所示。压射冲头上升时,熔融合金通过进口进入压室内，合模后，压射冲头向下运动，熔融合金由压室经鹅颈管、喷嘴和浇注系统进入模具型腔，冷却凝固成压铸件，动模移动与定模分离而开模，通过推出机构推出铸件而脱模，取出铸件，即完成一个压铸循环。热室压铸机常用于压铸铅、锌和锡等低熔点合金。

图4.15　热室压铸机

图4.16　冷室压铸机

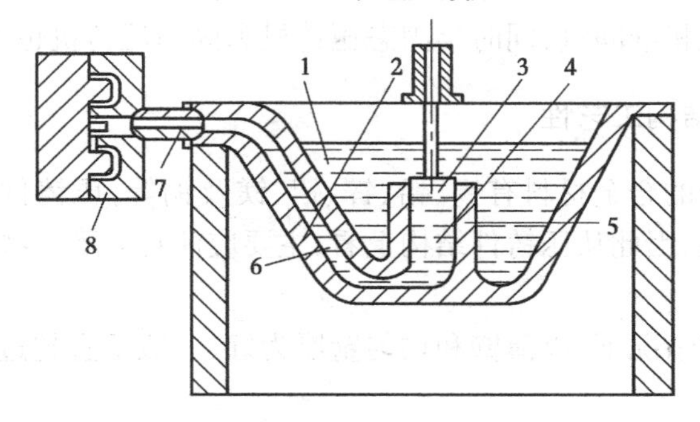

图4.17　热室压铸机工作过程示意图

1—液体金属；2—坩埚；3—压射冲头；4—压室；5—进口；

6—通道；7—喷嘴；8—压铸成型

冷室压铸机与热室压铸机的合模机构是一样的，其区别在于压射、浇注机构不同。热室压铸机的压室与熔炉紧密地连成一个整体，而冷室压铸机的压室与熔炉是分开的，熔融金属必须由另外的熔化设备和射出装置完成送料。其中卧式冷室压铸机用于压铸有色金属及黑色金属。

(2)按模具的启闭方向分类

按照模具的启闭方向，可分为卧式压铸机和立式压铸机。卧式压铸机的压室和压射机构处于水平位置,压室中心线平行于模具运动方向。如图 4.15 和图 4.16 所示都是卧式压铸机。立式压铸机压室的中心线是垂直的,压铸模与压室的相对位置如图 4.18 所示。立式压铸机与卧式压铸机相比,占用面积小,熔融合金进入模具型腔时间短,压力损失小,故不需要很高的压射比压,冲头上下运行十分平稳,适用于各种非铁合金压铸和小型铸件,但其结构复杂,操作维修不方便,取出铸件困难,生产率低。

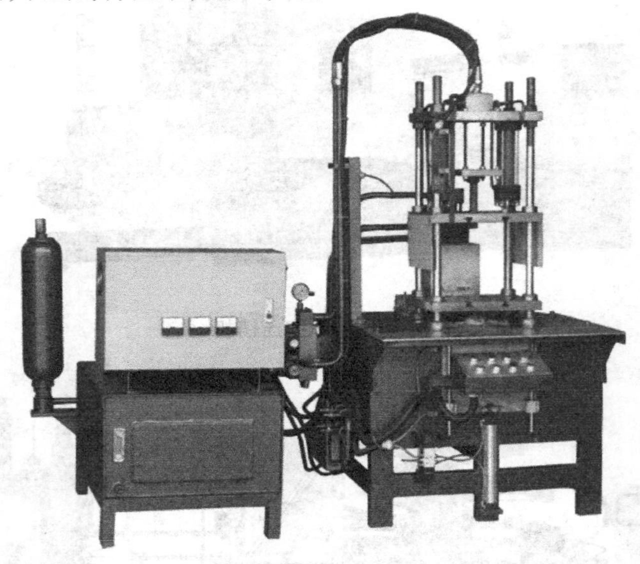

图 4.18　立式压铸机

除了上述两种分类外,压铸机还可分为双活塞压铸机和转子压铸机。随着现代科学技术的不断飞速发展,压铸机的发展也十分迅速,大型、实时压射、闭环回路系统、柔性系统以及全自动化等类型的压铸机相继问世,同时半固态压铸机和固态压铸机也有所发展。

4.3.4　压铸件的结构工艺性

通常用于压铸生产的合金材料有锡、铅、锌、铝、镁及铜等,压铸件的结构是否合理,影响到工件是否能顺利成型,因此从压铸件结构上看,主要应注意以下一些问题:

1)壁厚

在满足使用要求的情况下,以薄壁和均匀壁厚为好,一般不宜超过 4.5 mm。

2)肋条

在铸件上设计肋条的目的除增加刚度、强度外,还可以使金属流动畅通和消除由于金属过分集中而引起的缩孔、气孔和裂纹等缺陷。

3)铸孔

在压铸件上能铸出比较深而细的小孔。

4)铸造圆角

铸造圆角可使金属液流动通畅,气体容易排除,并可避免因锐角而产生裂纹。

5)启模斜度

为使工件顺利启模,必须设计启模斜度,合理的启模斜度,既不影响工件的使用性能,也可以减少脱模力或抽芯力。

6)螺纹

工件上需外螺纹时,可采用两半分型的螺纹型环压铸成型;需内螺纹时,一般可先铸出底孔,再由机械加工成内螺纹。

压铸件的结构工艺性除以上几点外,还有齿轮、凸纹、槽隙、网纹、铆钉头、文字、标志、图案及嵌件等问题,其结构细节如图4.19所示。

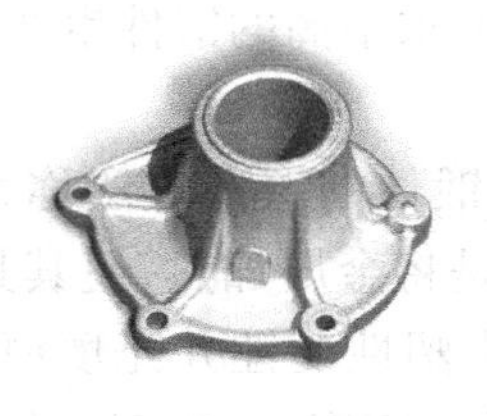

图4.19　**压铸件结构细节**(肋条、铸孔、文字图案)

任务4.4　模锻工艺及锻模概述

在锻压生产中,将金属毛坯加热到一定温度后放在模膛里,利用锻锤压力使其发生塑性变形,充满模腔后形成与模膛相仿的制品零件,这种锻造方法称为模型锻造,简称模锻。汽车曲轴、发动机连杆就是典型的模锻件,如图4.20所示。

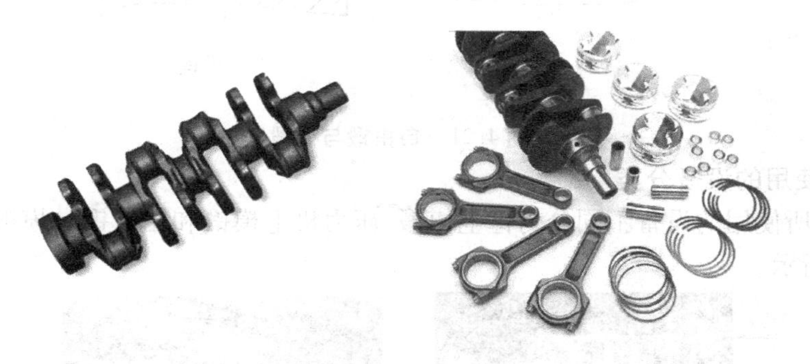

图4.20　**汽车曲轴、连杆等锻件**

锻造生产广泛应用于机械、冶金、造船、航空、航天及兵器等许多工业部门,在国民经济中占有极为重要的地位。

4.4.1　锻造工艺的分类

(1)按加工方法分类

锻造工艺按加工方法的不同,可分为自由锻、胎模锻和模锻。

1)自由锻

自由锻是指将金属坯料放在锻造设备的上下砥铁之间,施加冲击力或压力,使之产生自由变形而获得所需形状的成形方法。

坯料在锻造过程中,除与上下砥铁或其他辅助工具接触的部分表面外,都是自由表面,变形不受限制，锻件的形状和尺寸靠锻工的技术来保证，所用设备与工具通用性强。

自由锻主要用于单件、小批生产，在重型机械中，自由锻是生产大型和特大型锻件的唯一成形方法。

2）胎模锻

利用简单的可移动模具，在自由锻锤上锻造，称为胎模锻。胎膜不是固定在自由锻锤上，使用时放上去，不用时取下来。它通常用于批量不大，精度要求不高的锻件生产。

3）模锻

利用专门的锻模固定在模锻设备上使坯料变形而获得锻件的锻造方法称为模锻。模锻工艺是在自由锻工艺基础上发展起来的一种先进工艺。它是将金属加热，使其具有较高的塑性，然后置于锻模模膛中，由锻造设备施加压力，使金属发生塑性变性并充填模膛，得到所需形状并符合技术要求的模锻件。与自由锻件相比，模锻件尺寸精度高，加工余量小，表面质量好，可提供形状复杂的毛坯。特别是精密模锻工艺的应用，使模锻件少、无切屑加工成为了现实。自由锻与模锻如图 4.21 所示。

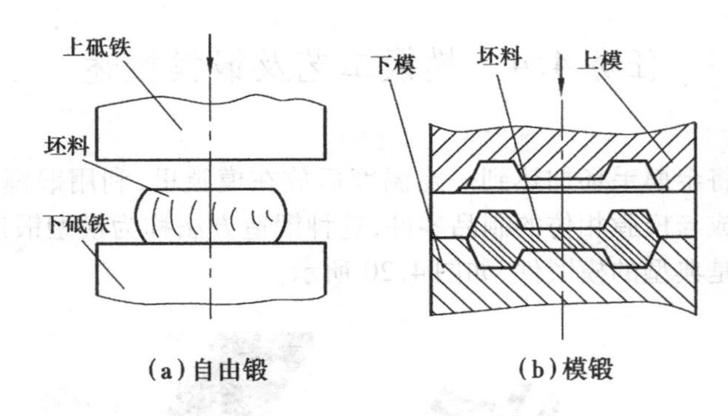

图 4.21 自由锻与模锻

(2)按所使用的设备分类

模锻按照所使用的设备不同分为锤上模锻、压力机上模锻和胎模锻。模锻压力机与模锻锤如图 4.22 所示。

(a)1.65万t自由锻液压机

(b)4 t拱式自由锻电液锤

图 4.22 模锻压力机与模锻锤

4.4.2　模锻工艺过程

模锻工艺过程即由坯料经过一系列加工工序制成模锻件的整个生产过程，主要由以下工序组成：下料→加热坯料→模锻→切飞边→ 校正锻件→锻件热处理→表面清理→检验→入库存放，如图4.23所示。

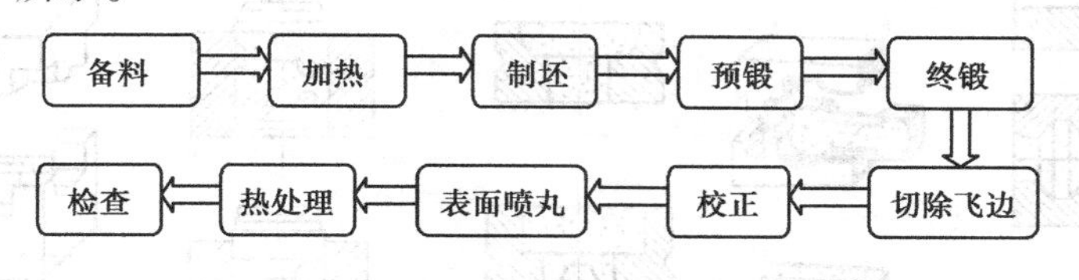

图4.23　模锻工艺流程图

(1)备料

按锻件所要求的坯料规格尺寸下料，必要时还需对坯料表面进行除锈、防氧化和润滑等处理。

(2)加热

按变形工序所要求的加热温度对坯料进行加热。

(3)模锻

生产中模锻工序往往又要分成多个工步来逐步实现。模锻工步的作用是使经制坯的坯料得到最终锻件所要求的形状和尺寸。它一般包括预锻工步和终锻工步。每类锻件都需要终锻工步，而预锻工步应根据具体情况决定是否采用，如模锻时容易产生折叠和不易充满的锻件常采用预锻工步。

生产中模锻工序往往要分成几个工步来逐步实现。如发动机上弯曲连杆锻件在锤上模锻时，就要经过拔长、滚压、弯曲、预锻及终锻等工步。

(4)锻后工序

锻后工序的作用是弥补模锻工序和其他前期工序的不足，使锻件最后能完全符合图样的要求，锻后工序包括切边、冲孔、热处理、校正、表面清理、磨残余毛刺及精压等。

(5)检验工序

检验工序包括工序间检验和最终检验，一般为抽检。检验项目包括几何形状尺寸、表面质量、金相组织和力学性能等，具体检验项目需根据锻件的要求确定。

4.4.3　锻模

锻模是金属在热态或冷态下进行体积成形时所用模具的统称。

锻模的种类很多。按模膛数量，可分为单模膛模和多模膛模；按制造方法，可分为整体模和组合模；按锻造温度，可分为冷锻模、温锻模和热锻模；按成形原理，可分为开式锻模(有飞边锻模)和闭式锻模(无飞边锻模)；按工序性质，可分为制坯模、预锻模、终锻模及弯曲模等。通常，锻模按锻造设备分为胎模、锤锻模、机锻模、平锻模及辊锻模等。

(1)胎模

在自由锻设备上锻造模锻件使用的模具称为胎模。胎模锻是从自由锻造工艺发展而来的一种锻造方法，尽管在许多方面不及一般模锻，但与自由锻相比，却具有明显的优越性，如锻件形状复杂，尺寸精度高，表面粗糙度值小，变形均匀，流线清晰，材料节约，生产率高及劳动强度较低等。胎模锻是使用非固定的简单模具,适用于小批量的锻件生产。

胎模的种类很多,用于制坯的有摔模、扣模和弯曲模;用于成形的有套模、垫模和合模,用于修整的有校正模、切边模、冲孔模和压印模等,如图4.24所示。

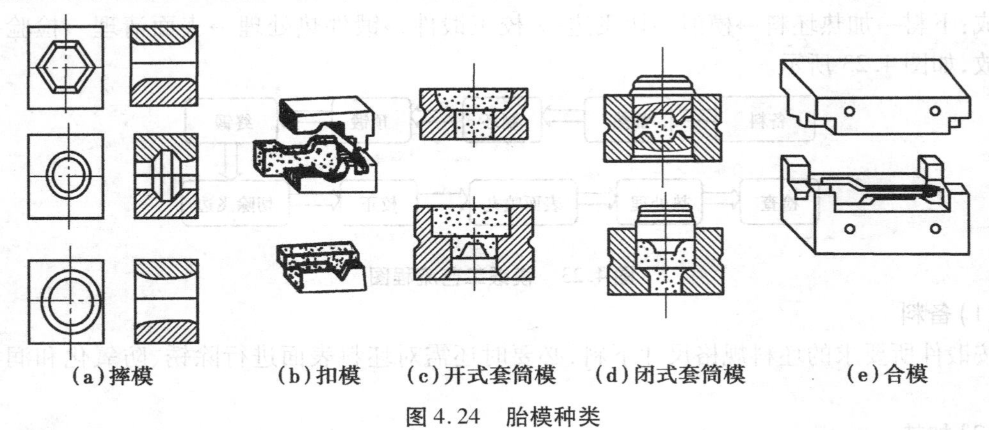

图4.24　胎模种类

(2)锤锻模

在模锻锤上使坯料形成为模锻件或其半成品的模具,称为锤锻模。整体式多模膛锤锻模由上下两个模块组成。上下模的分界面称为分型面,它可以是平面,也可以是曲面。复杂的锻件可以有两个以上的分型面。为了使被锻金属获得一定的形状和尺寸在模块上加工出的成形凹槽称为模膛,是锻模工作部分。如图4.25所示的弯曲连杆多模膛模有拔长、弯曲、预锻及终锻模膛,使坯料逐步成形。

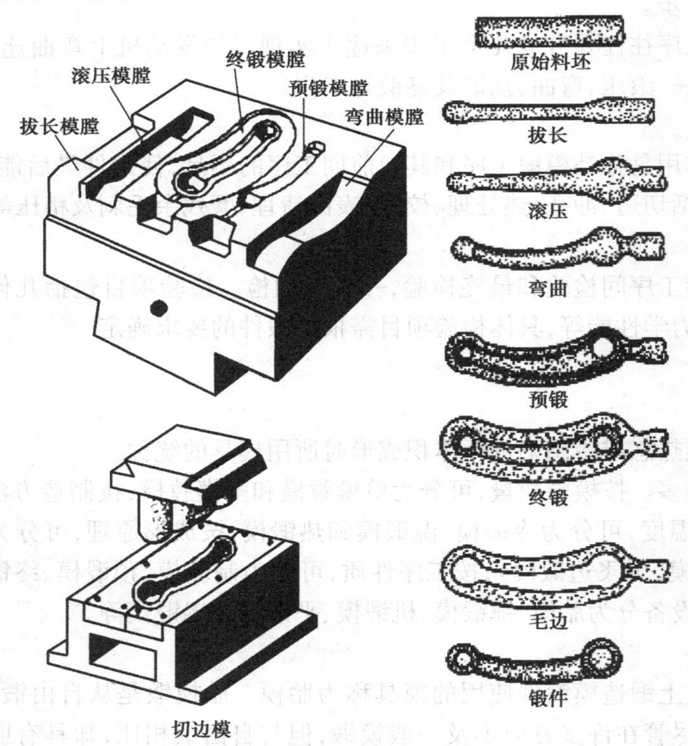

图4.25　弯曲连杆多模膛模生产过程

任务4.5　模锻成形设备的分类、组成及工作原理

将加热后的坯料放到锻模(模具)的模镗内,经过锻造,使其在模镗所限制的空间内产生塑性变形,从而获得锻件的锻造方法称为模型锻造,简称模锻。模锻的生产率高,并可锻出形状复杂、尺寸准确的锻件,适宜在大批量生产条件下,锻造形状复杂的中、小型锻件,如在汽车、拖拉机等制造厂中应用较多。

模锻可以在多种设备上进行。常用的模锻设备有模锻锤(蒸汽-空气模锻锤、无砧座锤、高速锤等)、曲柄压力机、摩擦压力机、平锻机及液压机等。模锻方法也依所用设备而随名,如使用模锻锤设备的模锻方法,统称为锤上模锻,其余可分别称为曲柄压力机上模锻、摩擦压力机上模锻、平锻机上模锻等。其中使用蒸汽-空气锤设备的锤上模锻是应用最广的一种模锻方法。

4.5.1　模锻锤

蒸汽-空气模锻锤的结构,如图4.26所示。它的砧座比自由锻大得多,而且与锤身连成一个封闭的刚性整体,锤头与导轨之间的配合十分精密,保证了锤头的运动精度高。上模和下模分别安装在锤头下端和模座上的燕尾槽内,用楔铁对准和紧固,如图4.27所示。在锤击时能保证上、下锻模对准。

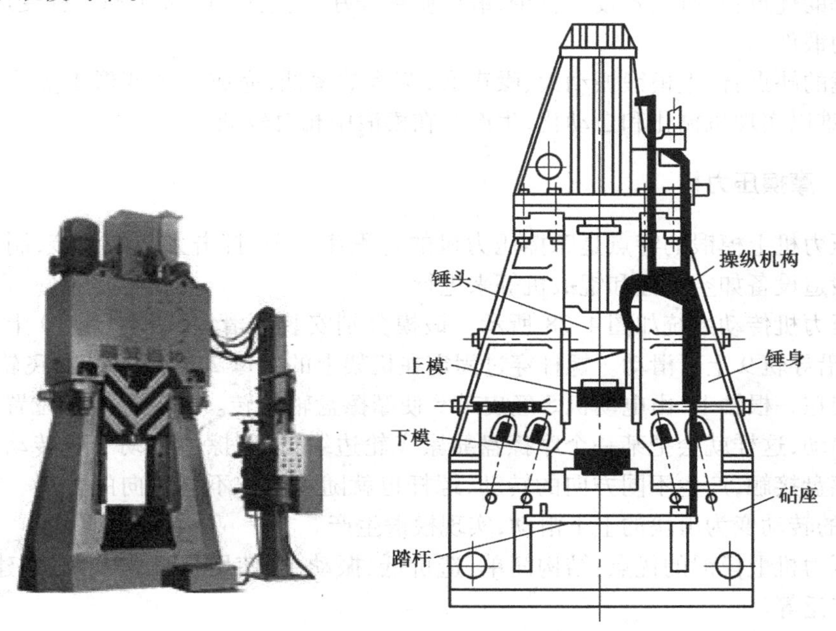

图4.26　蒸汽-空气模锻锤

锻模由专用的热作模具钢加工制成,具有较高的热硬性、耐磨性、耐冲击等特殊性能。锻模由上模和下模组成,两半模分开的界面称分模面,上、下模内加工出的与锻件形状相一致的空腔称模膛,根据模锻件的复杂程度不同,所需变形的模腔数量不等,如有拔长模膛、滚压模

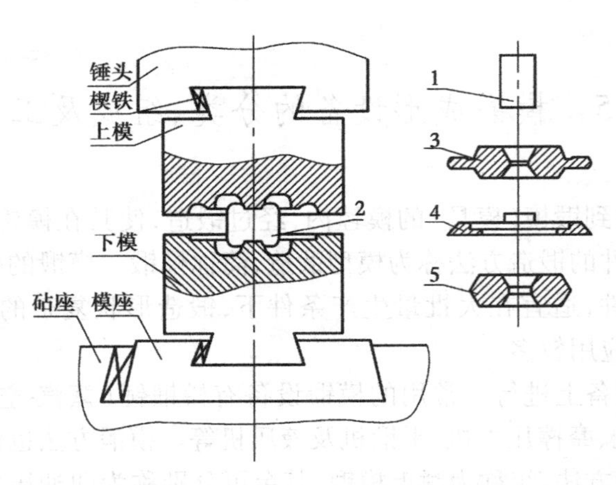

图 4.27　锤上模锻工作示意图

1—坯料;2—锻造中的坯料;3—带飞边和连皮的锻件;4—飞边和连皮;5—锻件

膛、弯曲模膛、切断模膛等。模膛内与分模面垂直的表面都有 5°～10°的斜度,称为模锻斜度,以便于锻件出模。模膛内所有相交的壁都应是圆角过渡,以利于金属充满模膛及防止由于应力集中使模膛开裂。为了防止锻件尺寸不足及上、下模直接撞击,一般情况下坯料的体积均稍大于锻件,故模膛的边缘相应加工出容纳多余金属的飞边槽,如图 4.27 所示。在锻造过程中,多余的金属即存留在飞边槽内,锻后再用切边模膛将飞边切除。带孔的锻件不可能将孔直接锻出,而留有一定厚度的冲孔连皮,锻后再将连皮冲除。

模锻锤的优点:具有设备投资较少,锻件质量较好,适应性强,可实现多种变形工步,锻制不同形状的锻件。

模锻锤的缺点:锤上模锻振动大、噪声大,蒸汽效率低,完成一个变形工步往往需要经过多次锤击,难以实现机械化和自动化,生产率在模锻中相对较低。

4.5.2　摩擦压力机

摩擦压力机上模锻的特点是摩擦压力机的行程速度慢,打击力不易调节,制坯工作必须由另外的锻造设备如空气锤和辊锻机等来进行。

摩擦压力机传动系统如图 4.28 所示。锻模分别安装在滑块 7 和机座 10 上。滑块与螺杆 1 相连,沿导轨 9 上下滑动。螺杆穿过固定在机架上的螺母 2,其上端装有飞轮 3。两个摩擦盘 4 同装在一根轴上,由电动机 5 经皮带 6 使摩擦盘轴旋转。改变操纵杆位置可使摩擦盘轴沿轴向串动,这样就会把某一个摩擦盘靠紧飞轮边缘,借摩擦力带动飞轮转动。飞轮分别与两个摩擦盘接触,产生不同方向的转动,螺杆也就随飞轮作不同方向的转动。在螺母的约束下,螺杆的转动变为滑块的上下滑动,实现模锻生产。

摩擦压力机上模锻的优点:结构简单、造价低、振动小、使用及维修方便、基建要求不高、工艺用途广泛等。

摩擦压力机上模锻的缺点:劳动生产率不如模锻锤,燃料和金属的消耗较多,模锻大型件受限制。

摩擦压力机上模锻的适用范围:摩擦压力机上模锻适合于中小型锻件的小批或中批量生产,如铆钉、螺钉、螺母、配气阀、齿轮及三通阀等。因此我国中小型锻造车间大多拥有这类设备。

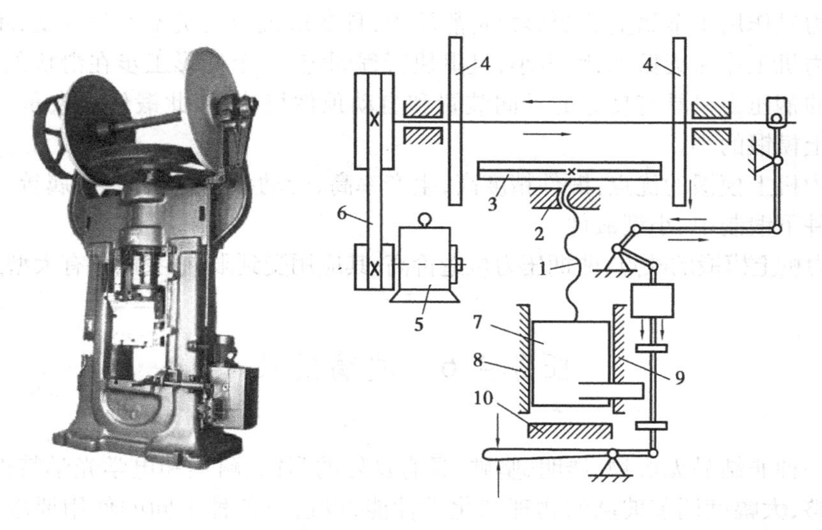

图4.28　摩擦压力机及传动简图

1—螺杆;2—螺母;3—飞轮;4—摩擦盘;5—电动机;6—皮带;7—滑块;8,9—导轨;10—机座

4.5.3　曲柄压力机

曲柄压力机属于3大类锻压设备之一,可用于多种成形工艺,如冲压、挤压、模锻、精压、粉末冶金及剪切等。其运动原理是利用曲柄连杆机构将电动机的旋转运动转变为滑块的往复运动。曲柄压力机传动系统如图4.29所示。当离合器7在结合状态时,电动机1的转动通过带轮2,3,传动轴4和齿轮5,6传给曲柄8,再经曲柄连杆机构使滑块10作上下往复直线运动。曲柄压力机的吨位一般为2 000～120 000 kN。

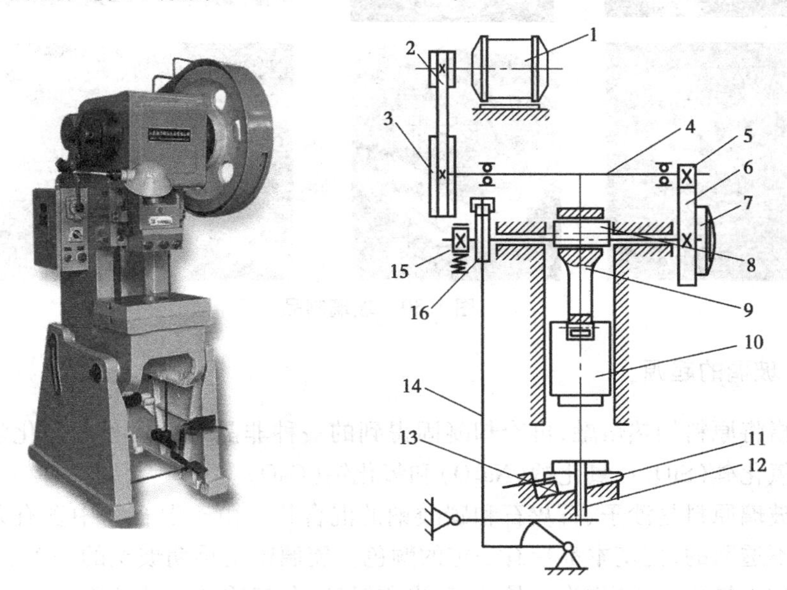

图4.29　曲柄压力机及传动简图

1—电动机;2—小带轮;3—大带轮;4—传动轴;5—小齿轮;6—大齿轮;7—离合器;8—曲柄;9—连杆;10—滑块;11—楔形工作台;12—下顶杆;13—楔铁;14—顶料连杆;15—制动器;16—凸轮

曲柄压力机作用于金属上的变形力是静压力，且变形抗力由机架本身承受，不传给地基。因此曲柄压力机工作时无振动，噪声小，且滑块行程固定，每个变形工步在滑块的一次行程中即可完成。曲柄压力机具有良好的导向装置和自动顶件机构，因此锻件的余量、公差和模锻斜度都比锤上模锻的小。

曲柄压力机上模锻的优点：锻件精度高，生产率高，劳动条件好，节省金属等，故适合于大批量生产条件下锻制中、小型锻件。

曲柄压力机上模锻的缺点：曲柄压力机造价高，其应用受到限制，我国仅有大型工厂使用。

任务4.6　玻璃模具

玻璃是一种非结晶无机物，透明，坚硬，具有良好的耐蚀、耐热和电学光学特性，可通过化学组成的调整，大幅度调节玻璃的物理和化学性能，以适应各种不同的使用要求；可以用吹、压、拉、铸、槽沉、离心浇注等多种成型方法，制成各种形状的空心和实心制品，特别是其原料丰富，价格低廉，因此获得了广泛的应用。如图4.30所示为各种玻璃制品。

图4.30　玻璃制品

4.6.1　玻璃的起源

玻璃是指将原料加热熔融，再冷却凝固得到的一种非晶态无机材料。化学元素上，玻璃主要包含二氧化硅(SiO_2)、氧化钠(Na_2O)和氧化钙(CaO)。

最初的玻璃原料是沙子、石灰石和碳酸钠的混合物。由于混合物中含有杂质，因此最初的玻璃都是不透明的，但基本都带有一定的颜色。琉璃曾是早期玻璃的一个名称。琉璃是在玻璃原料中加入氧化铅，被称为水晶玻璃，也称铅玻璃，实质是一种仿天然水晶人造玻璃。在玻璃原料中加入铅，可增加玻璃的折射率，也可略微降低表面硬度，利于琢磨。如图4.31所示为古代琉璃制品。

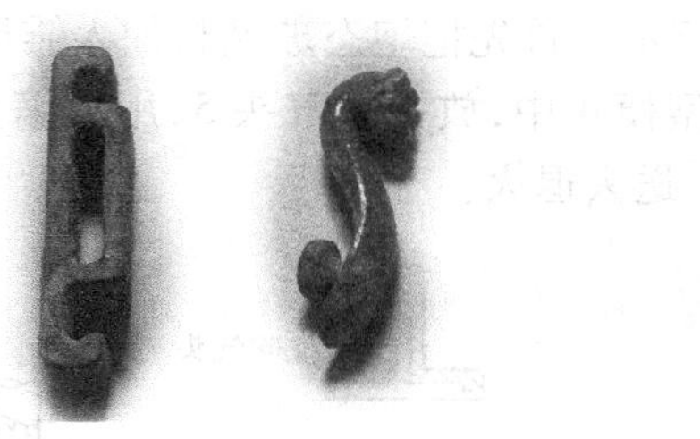

西汉玻璃料器

金星玻璃天鸡式水盂

图4.31　古代玻璃制品

4.6.2　玻璃成型方法

玻璃成型是指将熔化的玻璃转变为具有一定几何形状制件的过程。熔融玻璃在可塑状态下的成型过程与玻璃液黏度、固化速度、硬化速度及表面张力等要素有关。

玻璃成型方法，从生产方面可分为人工成型和机械成型；从加工方面可分为压制法、吹制法、拉制法、压延法、浇铸法及烧结法。

(1)压制法

压制法是将塑性玻璃熔料放入模具，受压力作用而成型的方法，该方法能生产多种多样的空心或实心制件，如玻璃砖、透镜和水杯等。玻璃水杯压制过程如图4.32所示。

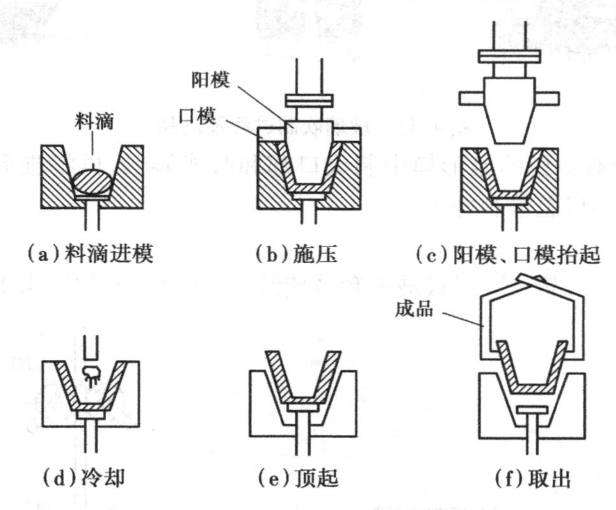

图4.32　玻璃水杯压制过程

压制法特点是制件形状比较精确，能压出外表面花纹，工艺简单，生产率较高。但压制法的应用范围有一定限制，首先压制的内腔形状应能够使冲头从中取出，因此，内腔不能向下扩大，同时内腔侧壁不能有凸、凹部位；其次由于薄层的玻璃液与模具接触会因冷却而失去流动性，因此，压制法不能生产薄壁和沿压制方向较长的制件。另外，压制件表面不光滑，常有斑点和模缝。

(2)吹制法

吹制法又分压-吹法和吹-吹法。压-吹法是先用压制的方法制成制件的口部和雏形，然后移入成型模中吹成制件。

利用压-吹法生产广口瓶，如图4.33所示。首先把熔态玻璃料加入雏形模1中，接着冲头2压下，然后将口模3和雏形一起移入成型模4中，放下吹气头5，用压缩空气将雏形吹制成型。成型后打开口模和成型模，取出制作，送去退火。

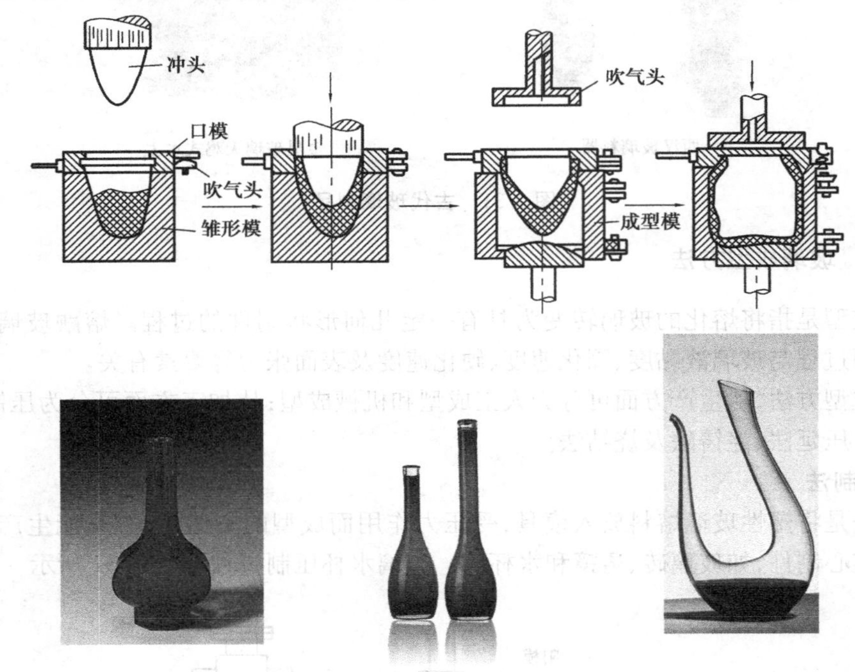

图4.33　玻璃吹制过程及制品

吹-吹法是先在带有口模的雏形模中制成口部和吹成雏形，再将雏形移入成型模中吹成制件。主要用于生产小口瓶等制件。

(3)拉制法

拉制法主要用于玻璃管、棒、平板玻璃和玻璃纤维等的生产，如图4.34所示。

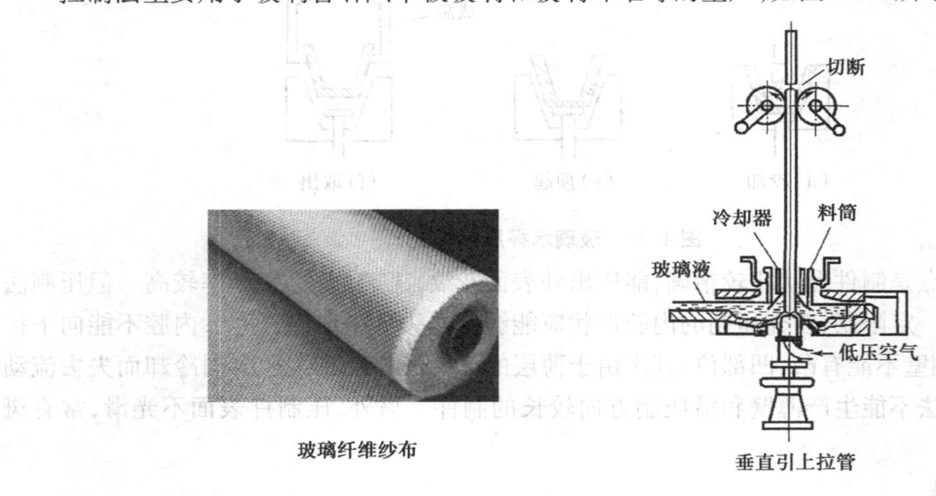

图4.34　玻璃拉制法及拉制制品

(4)压延法

压延法是将玻璃料液倒在浇铸台的金属板上，然后用金属辊压延使之变为平板，然后送去退火。厚的平板玻璃、刻花玻璃、夹金属丝玻璃等，可用压延法制造。玻璃压延法如图4.35所示。

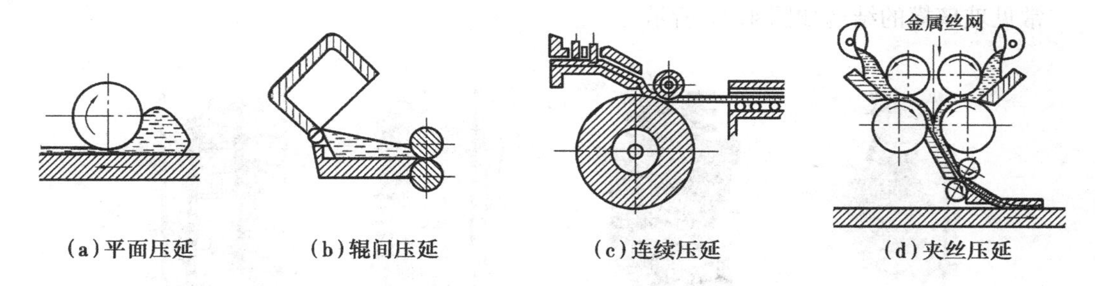

图4.35　玻璃压延法

(5)浇铸法

浇铸法又分普通浇铸和离心浇铸。

普通浇铸法就是将熔好的玻璃液注入模型或铸铁平台上，冷却后取出退火并适当加工，即成制件，常用于建筑用装饰品、艺术雕刻等玻璃生产中。

离心浇铸是将熔好的玻璃液注入高速旋转的模型中，由于离心力作用，使玻璃液体紧贴到模型壁上，直到玻璃冷却硬化为止。离心浇铸成型的制件，壁厚对称均匀，常用于大直径玻璃器皿的生产。

(6)烧结法

烧结法是将粉末烧结成型，用于制造特种制件及不宜熔融态玻璃液成型的制件。这种成型法又可分为干压法、注浆法和用泡沫剂制造泡沫玻璃。

4.6.3　玻璃模的分类

从原材料进厂到玻璃制品出厂的整个工艺流程包括配料、熔制、成型、退火、加工、检验等工序，如图4.36所示。在这样的成型工序中，模具是不可缺少的工艺装备，玻璃制品的质量与产量均与模具直接相关。

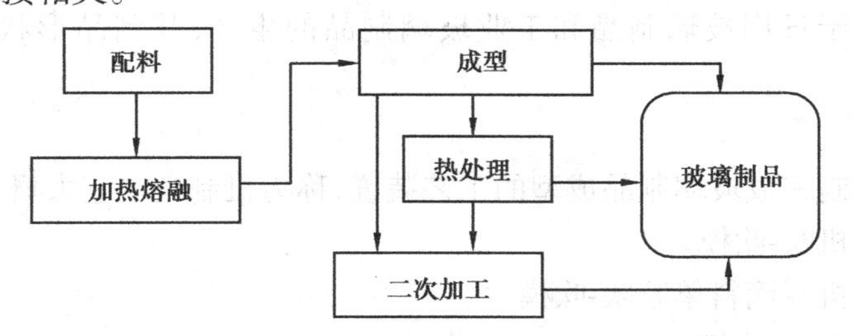

图4.36　玻璃生产工艺流程

用于玻璃制品成型的工艺装置，称为玻璃成型模具，简称玻璃模。玻璃制件成型方法很多，模具种类也很多。按成型方法，可分为压制模和吹制模；按成型过程，可分为成型模和雏形膜；按润滑方式，可分为敷模(冷模)和热模。

敷模模内壁敷有润滑涂层，多用于吹制空心薄壁制品，成型时制品与模具作相对旋转，一般采用水冷却,此模也称冷模。热模多用于空心厚壁制品的成型,模具常采用风冷并用油润滑或加涂润滑涂层。

4.6.4 玻璃模的结构

常见玻璃模的结构如图 4.37 所示。

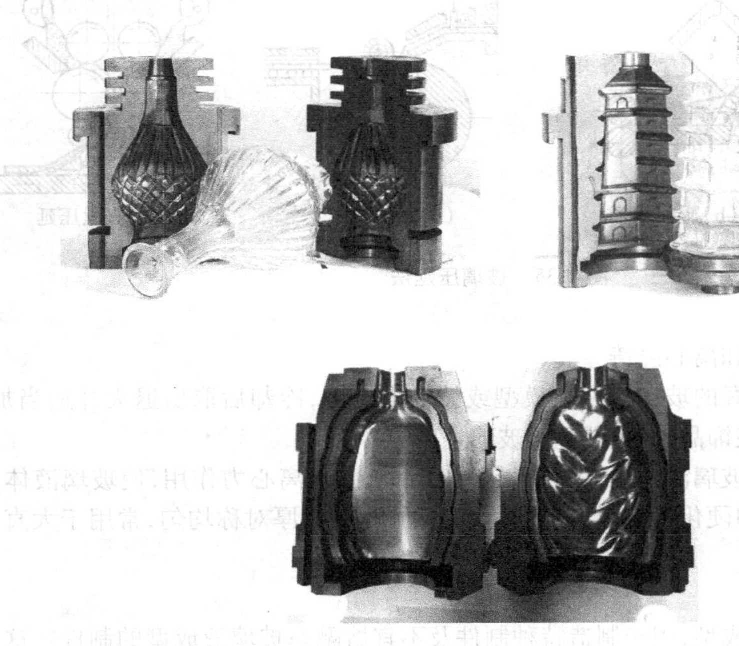

图 4.37 玻璃模具

(1)吹制模

吹制模通常由两瓣组成,如图 4.37 所示,仅用于成型日用玻璃制品。它用于成型形状简单,对尺寸和形状的精度没有特殊要求的瓶罐,是吹制玻璃制品早期延续至今的主要模具。常用木材、塑料制造。只有批量较大时,才用灰铸铁制造。

(2)压制模

压制模主要用于日用玻璃制品和工业玻璃制品的生产,其制品形状复杂,可带有花纹图案。

(3)机制模

全部由机械控制完成玻璃制品成型的工艺装置,称为机制模。它大概有以下 4 种:

①行列式制瓶机吹-吹模。

②行列式制瓶机双滴料单腔吹-吹模。

③行列式制瓶机压-吹模。

④回转式制瓶机滴料压-吹模。

4.6.5 玻璃模具的材料

玻璃成型过程中会发生许多复杂的物理化学和机械过程,对模具材料所提出的要求极其广泛。模具材质应具备以下一些最主要性质:易于机械加工,耐碎裂,耐热冲击,导热性好,线膨胀系数小，抗伸长，耐热，耐磨，组织致密均匀，黏附温度高，耐腐蚀，等等。但是，实际上迄今还没有哪一种金属全部具备这些良好性能。

常用的玻璃模具材质有普通低合金铸铁、球墨和蠕墨铸铁、合金钢、镍基合金、铜基合金等。

铸铁广泛用作模具材料始于19世纪，铸铁具有优良的铸造性能、良好的加工性、成本低、热而不黏的性能，适合中小型铸造厂生产等，目前国内外普遍都采用铸铁作为玻璃模具材料，合金铸铁在可预见的未来仍然是主要玻璃模具材质。

球墨铸铁有较高的强度和韧性，并有良好的抗氧化性能，其抗热疲劳性能优于其他铸铁，但由于其石墨形态呈孤立的球状，导热性较差，不能适应机械化生产要求，限制了它在玻璃模具中的使用，故大多工厂只用它制造小型的瓶模。

蠕墨铸铁机械性能与球墨铸铁相近，具有较高的导热性、抗氧化和抗伸长能力，又有像灰铸铁那样良好的铸造性能和机械加工性能，使蠕墨铸铁具有良好的综合性能，而用于制造玻璃模具材料。

近年来开始采用合金钢制模，合金钢在大多数情况下比铸铁能更好地满足对玻璃模具提出的要求。钢的导热性次于铸铁，因此使用时易出现过热，产生黏附现象。因此，必须采用强制冷却、合理设计模具结构、用硅酮脂润滑等方法。

镍基合金、铜基合金导热性很好，高速成型时仍能保证玻璃制品质量，因此颇受人们的重视。现主要有两类：一类含有Cu，Al，Zn和Ni，这类合金对提高表面光洁度最为有效，这种合金抗氧化、导热性、热稳定性和热塑性都很好，显著改善了成型机的操作条件。另一类含Cu，Al，Ni和Co，不含Zn，同铸铁相比可使机速提高15%～25%，能使模具工作面寿命延长3倍左右，模具易于修复，制品质量好。

现在常在玻璃模具的棱角和冲头与玻璃接触的部分采用热喷涂层，喷焊一层镍铬合金粉末，以提高接触表面的高温耐磨性、耐高温、抗氧化。用灰铸铁制作的玻璃模具，热喷涂镍基自熔合金，可使模具寿命提高5倍以上，主要问题是需要重新加工以及模具成本较高。

任务4.7　橡胶模具

橡胶工业在国民经济中占有极其重要的地位，发挥着十分重要的作用。橡胶具有独特的高弹性，优异的抗疲劳强度，极好的电绝缘性能，良好的耐磨性和耐热性，还有良好的防振性、不透水、不透气和化学稳定性等。因此，橡胶在国防、航海、汽车、机械、化工、医疗和日常生活等各个方面，都得到广泛应用，是一种非常重要的工程材料，橡胶模具也成为模具的一个重要分支。

4.7.1　橡胶模制品

橡胶模制品也称橡胶模型制品，是通过相应的模具来实现的，将胶料装入或注入模具型腔中，进行加压定型、加热硫化，即可得到橡胶模制品。常见的橡胶模制品包括轮胎、胶管（带）、胶鞋、日用品、体育用品、电缆、耐热耐油的密封垫片等，如图4.38所示。

橡胶模制品的特点：制造容易、外形准确、尺寸精度高、表面光洁、质地致密、工艺简单，易

图 4.38　各种橡胶制品(零件)

于机械化和半自动化,生产效率高,成本低。

4.7.2　橡胶模制品的生产工艺

在橡胶模制品零件的生产中,最广泛的生产工艺是模压成型方法(平板硫化机)和注射成型方法(注射机)。橡胶模具及成型设备如图 4.39 所示。

(a)橡胶鞋底模具

(b)子午线轮胎活络模具

(c)平板硫化机

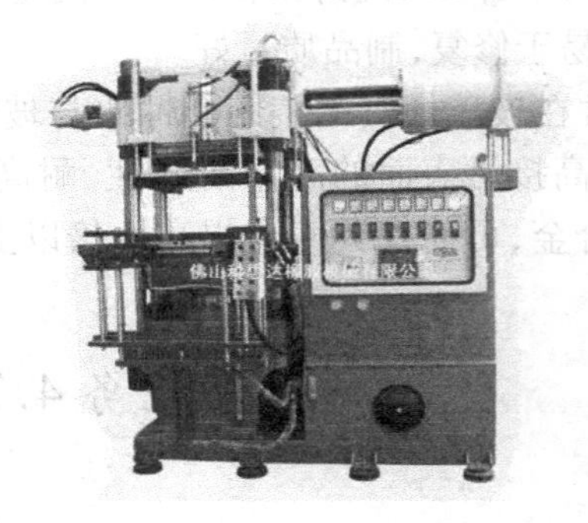

(d)橡胶注射机

图 4.39　橡胶模具及成型设备

(1)模压成型法

模压成型法是将胶料或预成型半成品直接装入模具型腔,然后上机进行压制,同时加热硫化,从而得到制品零件的工艺方法。

生产流程为:胶料—剪切称量或其他预成型—装入模具型腔—加压、硫化—启模取件—修除飞边—成品质量检查。

主要成型设备是平板硫化机,其特点是:结构简单,通用性强,适用面广,操作方便,在生产中占较大的比例。

(2)注射成型法

注射成型法是将胶料通过橡胶注射机直接注入模具型腔而硫化,从而得到制品零件的工艺方法。

生产流程为:胶料预热塑化—注射入模—硫化—启模取件—修除飞边—成品质量检查。

主要成型设备是注射机,其特点是:先闭模,再注胶,胶边少,质量高,自动化程度高,但造价高,结构复杂,适合大型成批生产的厚、薄壁以及几何形状复杂的制品。

4.7.3　橡胶模具结构

橡胶注射成型机具有结构紧凑、注射精确度高、节省能耗、物料塑化性能好等优点。该类成型机包括注射装置、合模装置、液压系统和电气控制系统等部分。其中合模系统的主要作用是保证成型模具系统的锁紧、开启和闭合,取出制品,并确保以准确的数据动作。

(1)直压式合模装置

直压式合模装置的液压油缸活塞杆端部直接与动模板联接,靠油缸内压力油来移动和锁紧模具。当油压撤除后,合模力也随之消失。

1)自吸式

自吸式合模装置结构如图4.40所示。

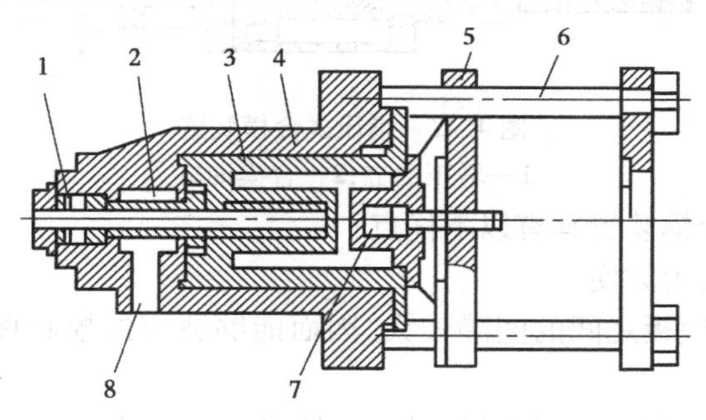

图4.40　自吸式合模装置

1—中心管;2—自吸阀;3—快速油缸(主油缸活塞);4—主油缸(锁模缸);
5—动模板;6—拉杆;7—顶出装置;8—自吸口

压力油从快速柱塞的中心管1进入快速油缸3,由于快速油缸3的内径较小,因此能实现快速移模。这时主油缸4的内腔出现负压,辅油箱中的压力油通过自吸口8向主油缸4充油,当快速油缸给油结束时,动模板停止移动,充油停止。自吸阀2后退,切断自吸口通道,主油缸进高压油,实现高压、大吨位的锁模。当制品硫化结束后,主油缸高压油进口被切断,自吸阀前行,主油缸回油口进油,实现动模板快速退回。接近终止位置时切换成慢速,与此同时顶出装置7动作,顶出制品。

2)辅助油缸式

带辅助油缸的合模装置的结构如图4.41所示。主油缸1的活塞借助两个侧向辅助油缸2实现快速往返运动,最终锁模由主油缸1来进行。这样主油缸1的活塞可制成柱塞形式,主油缸内腔的加工精度可以降低。这类合模装置动作过程与自吸式大致相同。

3)增压油缸式

增压油缸式合模装置是由移模油缸和增压油缸联结而成。其结构原理如图4.42所示,

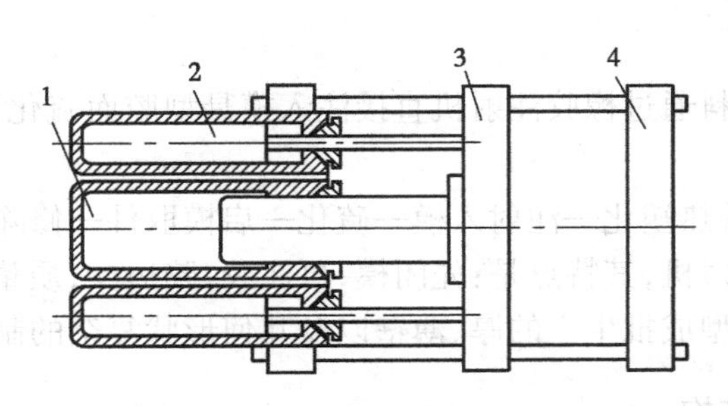

图4.41 带辅助油缸的合模装置

1—主油缸；2—侧向辅助油缸；3—动模板；4—前固定模板

移模油缸主要完成模具的开闭动作，而大的锁模力主要靠增压油缸产生的高压油作用在合模油缸活塞上来实现。增压油缸的活塞头受压面积与活塞杆断面积的比称为增压比，该值一般取5左右。

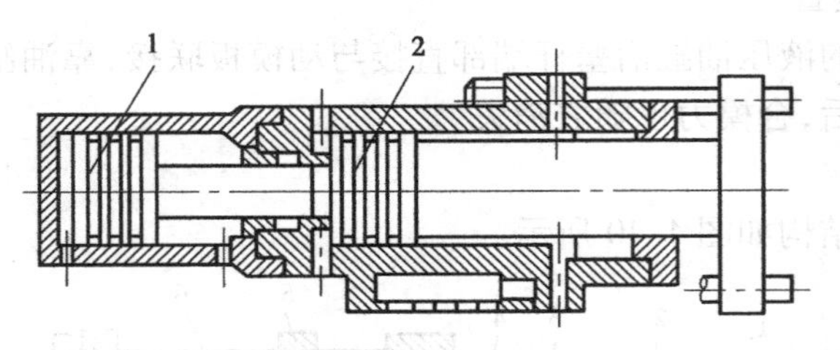

图4.42 增压式合模装置

1—增压油缸；2—合模油缸

综上可知，直压式合模装置具有以下优点：

①结构简单，制造较为方便。

②前固定模板与动模板之间的间隔较大，因而能够适应的模具厚度变化范围大，可以制取比较高的制件。

③动模板可在合模行程的范围内任意停止，便于调整模具。

直压式合模装置的主要缺点如下：

①由于没有力的扩大机构，因此在合模力较大的情况下，需要较大的缸体直径和较高的油压，前者使机器结构庞大，后者对油路系统精度的要求高。

②大直径油缸的密封装置难以精确制造，容易发生泄漏现象。

③开、闭模的速度较慢。

(2)液压机械式合模装置

液压机械式合模装置的原理是通过曲肘连杆机构将合模油缸产生的合模力进行扩大，从而使合模系统承受预紧力(即锁模力)，在该预紧力的作用下，两片模具紧密地贴合在一起。最常见的液压机械式合模装置有单曲肘液压机械式合模机构、双曲肘液压机械式合模机构和曲肘撑杆式合模机构3种，特点是增力大，机械机构杂，模板行程短。

液压机械式合模装置是由固定的尺寸链节所组成，为了适应加工不同高度的制品要求，就必须考虑模板间距的调整环节。因此，在液压机械式合模装置中常设置有调模装置。

4.7.4 橡胶制品的工艺性

①橡胶制品的形状力求简单。为了减少制品的内应力和收缩变形，橡胶制品的壁厚应尽

量设计成等厚或厚度差别不大,不同厚度应缓和过渡。

②为改善胶料在模具中的流动,制品的内圆角半径应不小于1 mm,外圆角半径应不小于2 mm。

③模压制品不宜制出小孔径的孔,一般孔的直径大于深度的1/5～1/2为宜。

④当橡胶制品有适当的凹凸部分时,由于橡胶制品有弹性,压制后脱模和抽芯均较方便,一般无须脱模和抽芯装置,压制软橡胶可以不必考虑脱模斜度。

⑤橡胶制品的粗糙度应由模具来保证。

思考与练习

1. 简述压缩模和压注模的结构特点。
2. 简述压缩模和压注模的工艺特点。
3. 常见压铸成型设备有哪些?
4. 简述模锻工艺过程。
5. 模锻锤有哪些优缺点?
6. 简述玻璃成型的方法。

项目 5
模具制造技术综述

模具制造技术迅速发展，已成为现代制造技术的重要组成部分。模具设计完成后，其制造工艺过程的选择是模具质量保证的关键所在。由于工业生产的发展和金属成形新技术的应用，对模具制造技术的要求越来越高，使之趋之于复杂化和多样化。不再停留于传统的一般机械加工，而是广泛采用电火花成形、激光加工、数控线切割、电化学加工、超声波加工、数控仿形加工等。本项目主要对模具的加工方法、工艺特点、毛坯选用及制造过程进行综述。

任务 5.1　模具的生产过程与特点

现代工业产品的生产过程系统包括生产技术准备过程、基本生产过程、辅助生产过程及生产服务过程。技术准备过程就是指模具制造合同的签订，模具图纸设计、工艺编制、成本估算等；基本生产过程就是直接生产模具的过程；辅助生产过程是生产与模具生产相关的非标工具、检具及其他工艺装备等；生产服务过程是指为模具生产提供的各种服务，包括原材料、工具的采购、保管，零件的检验，以及模具的油漆、包装和为用户服务等。

5.1.1　模具的生产过程

在模具专业生产企业中，模具作为企业的基本产品，模具的生产过程始终贯穿于企业的全部生产过程中。模具的种类很多，包括冲压模、塑料模、锻造模及铸造模。每种模具的结构、要求和用途不同，它们都有特定的生产过程。但是同属模具类，它们的生产过程又具有共同的特点。因此，模具的生产流程分为 5 个阶段，即生产技术准备，材料备料，模具零件、组件加工，装配调试，以及试用验收阶段，如图 5.1 所示。

(1) 技术准备

1) 模具图纸设计

在进行模具设计时，首先要尽量多收集相关信息，并加以研究，然后再进行模具设计。否

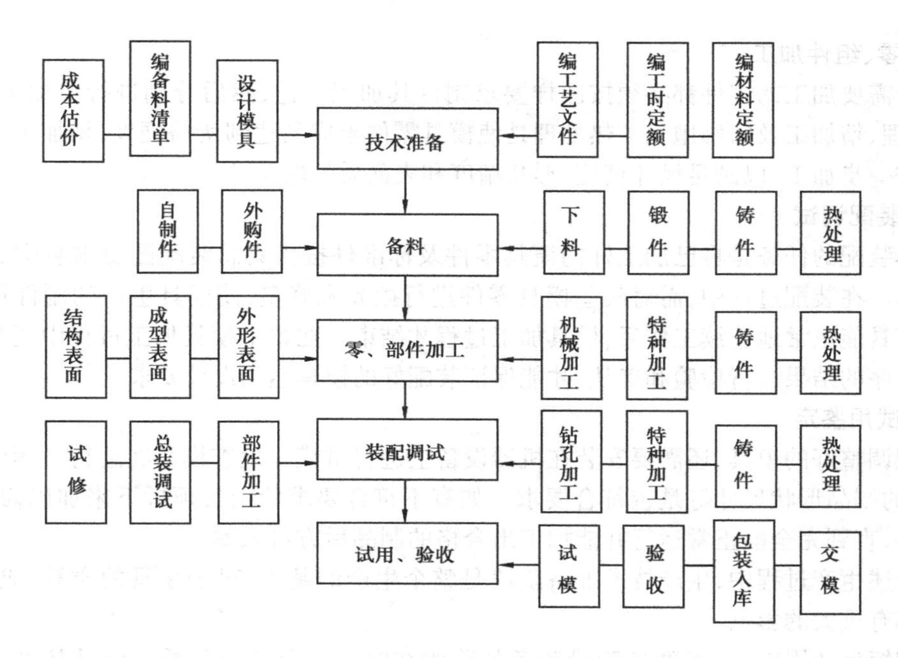

图5.1　模具的生产过程

则，设计出来的模具在功能和精度方面就达不到使用要求。所要收集的信息包括营业方面的信息，加工制品的质量要求、用途方面的信息，生产部门的信息，模具制造部门的信息，等等。设计的图纸包括零件图和装配图。建模过程如图5.2所示。

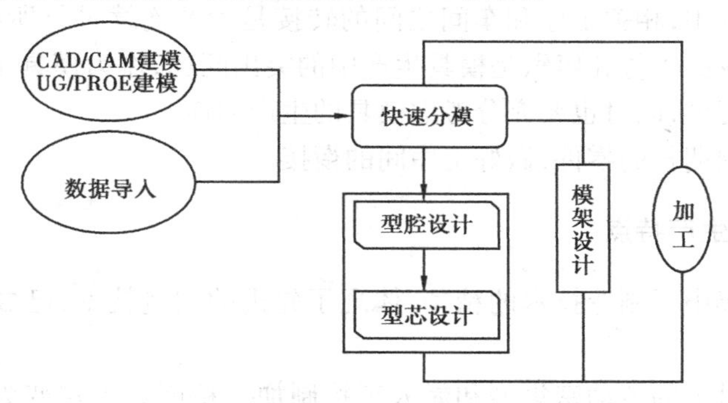

图5.2　建模过程

2）模具工艺路线的制订

根据模具图纸制订合适的工艺路线。

3）估算工时费用与模具价格

在接受模具制造的委托时，首先要根据制品零件图样或实物，分析研究将采用模具的套数、模具结构及主要加工方法，然后进行模具估算。估算的内容包括模具费用、交货期、模具寿命、模具材料的性能、所采用设备的性能规格等。

（2）备料

选定模具生产过程所需的各种原材料、外购件与标准件。配料准备是为各模具零件提供相应的配料。

(3)零、组件加工

每个需要加工的零件都必须按图样要求制订其加工工艺,然后分别进行粗加工、半精加工、热处理、精加工及精修抛光。热处理是使模具零件半成品达到所需硬度,精加工是对半成品进行进一步加工,以满足尺寸精度、形状精度和表面质量的要求。

(4)装配调试

模具装配的任务是将已加工好的模具零件及标准件按模具总装配图要求装配成一副完整的模具。在装配过程中,需对某些模具零件进行抛光和修整,使模具生产的制件符合图样要求。模具能正常地连续工作后,模具加工过程才结束。在整个模具加工过程中还需对每一道加工工序的结果进行检验和确认,才能保证装配好的模具达到设计要求。

(5)试用鉴定

装配调整好的模具,还需要安装在机器设备上进行试模。检查模具在运行过程中是否正常,所得的制品形状尺寸等是否符合要求。如有不符合要求的则必须拆下来加以修正,以便再次试模,直到完全能正常运行并能加工出合格的制品后方可入库。

在上述生产过程中,生产技术准备阶段是整个生产的基础,对于模具的质量、成本、进度和管理都有重大的影响。

为缩短生产周期,技术准备阶段和备料阶段在时间上可部分重叠。模具基本设计完成后,应尽快列出备料清单,备料时应对整套模具的主要零件同时备料。

在模具加工过程中,毛坯、零件和组件的质量保证和检验是必不可少的,在模具生产中通过“三检制”的实施来保证合格零件在生产线上流转。

在模具加工过程中,相关工序和车间之间的转接是生产连续进行所必需的,在转接中间因加工不均衡所造成的等待和停歇是模具生产中的突出问题,作为模具生产组织者应将这部分时间减小到最低程度,同时也要充分考虑模具的生产周期。

优先安排加工周期长的零件,做好工序间的衔接。

5.1.2 模具的生产特点

现代模具制造集中了制造技术的精华,体现了先进的制造技术,已成为技术密集型的综合加工技术。

模具制造正由过去的劳动密集型和靠人工控制加工精度为主转变为现在的技术密集型数控加工为主,模具精度由设备保证,钳工工作量呈减少之势。模具零件具有品种多,形状复杂,精度要求高,材料硬度高,工序多而加工周期要求短。因此,模具生产制造难度大。部分模具工作零件如图5.3所示。

模具作为一种特殊的工艺装备,其生产制造工艺具有以下特点:

(1)模具制造属于单件、多品种生产

每副模具只能生产某一特定的制品,模具一般没有通用性。

(2)客户要求模具生产周期短

由于新产品更新换代快和市场竞争激烈,客户要求模具生产周期短,模具生产应适应该客观要求。

(3)模具生产的成套性

当某个制件需要多副模具来加工时,各副模具之间往往相互牵连和影响。只有最终制件

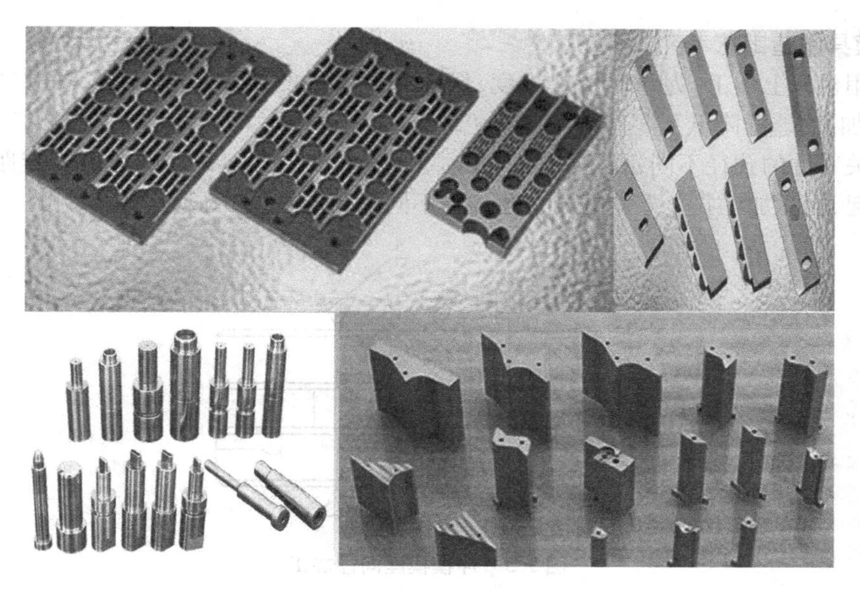

图5.3　翅片模工作零件

合格,这一系列模具才算合格。因此,在生产和计划安排上必须充分考虑这一特点。

(4)模具装配后需试模和试修

由于模具生产的上述特点和模具设计的经验性,模具装配后必须通过试冲裁才能确定模具是否合格。同时有些部位的尺寸需试修才能最后确定。因此,在生产进度安排上必须留有一定的试模时间。

(5)模具制造设备先进

模具精度要求高,模具的加工精度取决于机床精度、加工工艺、测量手段。模具广泛使用数控机床加工,三坐标测量机的使用越来越普遍。

模具制造常用精加工设备有数控铣床、加工中心、线切割机床、慢走丝线切割机床、电火花成形机床、数控成形磨床等,如图5.4所示。

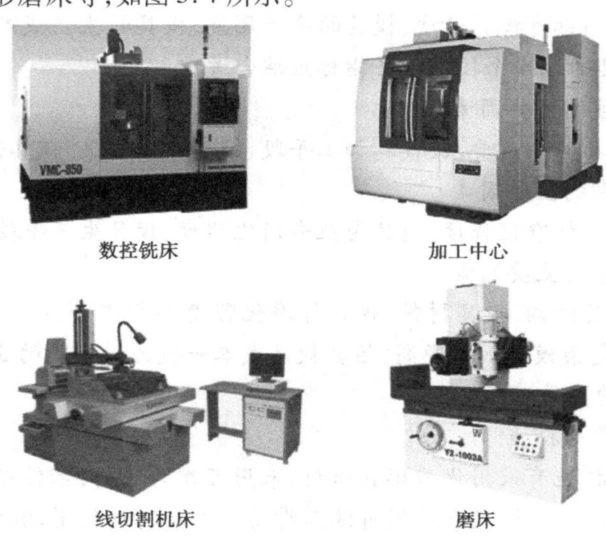

图5.4　模具制造常用设备

(6)模具制造工艺考究

在通用机床上加工,为降低加工难度,保证相关零件的装配关系,较多采用"实配法"和"同镗法"加工,这样降低了零件的互换性。

当相关零件的孔径不同,孔位要求一致时,可采用垫块将相关零件隔开一定距离再装夹固定在一起,同时加工几个零件的同一孔位的不同孔径的孔,如图5.5所示。

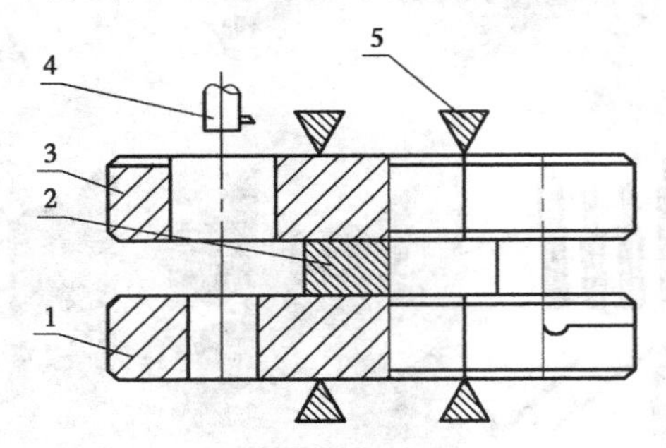

图5.5 冲模模座同镗加工

1—下模座;2—垫块;3—上模座;4—镗刀;5—夹钳

(7)模具制造工序安排紧奏

在制造工序安排上,工序相对集中,以保证模具加工质量和进度,简化管理,减少工序周转时间。

(8)模具制造加工方法独特

模具工作零件形状复杂,材料硬度高,工序中需安排热处理,常用数控加工和特种加工。

综上所述,模具制造的特点是:单件生产,成套生产;零件复杂,精度要求高,材料硬,加工工序多,生产周期短,主要加工手段是数控加工和特种加工。

[阅读链接]

模具的技术经济指标

模具的技术经济指标有模具精度、模具的生产周期、模具的生产成本和模具寿命等4项。模具生产过程中,模具的这4个技术经济指标应综合考虑。

(1)影响模具精度的主要因素

其主要因素有制品的精度要求、模具加工手段、模具钳工水平、模具设计水平。

(2)影响制模周期的主要因素

其主要因素有模具标准化程度、模具企业专门化程度、模具生产手段、模具管理水平。

(3)影响模具成本的主要因素

其主要因素有模具结构、模具材料、模具标准化程度和加工手段。材料费在模具生产成本中占25%~30%,复杂模具加工费高,估算模具成本一般为材料费的3~4倍。模具特别复杂的,成本为材料费的5倍。

(4)提高模具寿命的措施

提高模具寿命的措施有采用优质模具材料,采用可靠的导向,零件结构避免应力集中,避免零件加工缺陷,等等。同时,模具使用时注意滑动部件及材料的滑润,注意模具的日常保养及维护,也能提高模具寿命。模具寿命不是越高越好,应与制品生产批量相适应。

任务5.2　模具零件与毛坯选择

模具零件指的是模具行业专有的用于冲压模具、塑胶模具或FA自动化设备上的金属配件的总称。模具零件包含冲针、冲头、导柱、导套、顶针、司筒、钢珠套、独立导柱、自润滑板、自润滑导套、无给油导套、无给油滑板及导柱组件等。

5.2.1　冲压模具零件

冲压模具零件是由金属和其他刚性材料制成的，组装后用于冲压成形的工具。例如，冲头、凸模、凹模、衬套、高速钢圆棒、超微粒子钨钢圆棒、粉末高速钢圆棒、浮升销、浮料销、止付螺钉、定位销（固定销）、等高套筒、导柱、导套、精密级镀铬导柱、精密级铜钛合金导套、自润滑导套、内导柱组件、模座用滑动导柱组件、模座用滚珠导柱组件、可拆解滚珠导柱组件、外导柱组件、钢珠套（保持架）、独立导柱、六角螺钉及等高螺钉等，如图5.6所示。

图5.6　冲压模具零件

（1）冲压模具零件的分类

1）工艺类零件

工艺类零件是指直接参与完成冲压加工过程，并与坯料直接发生作用的零件。它包括直接对毛坯进行加工成型的工作零件和用以确定加工中毛坯正确位置的定位零件等。

2）结构类零件

结构类零件是指不直接参与完成冲压加工过程，也不与坯料直接发生作用，只对模具完成加工过程起保证作用或对模具的功能起完善作用的零件。它包括保证上、下模运动正确位置的导向类零件，用以承受模具零件或将模具安装固定到压力机上的固定类零件等。

模具零件详细分类如图5.7所示。

冲压模具是冲压生产必不可少的工艺装备，是技术密集型产品。冲压件的质量、生产效率以及生产成本等，与模具设计和制造有直接关系。模具设计与制造技术水平的高低，是衡量一个国家产品制造水平高低的重要标志之一。它在很大程度上决定着产品的质量、效益和新产品的开发能力。

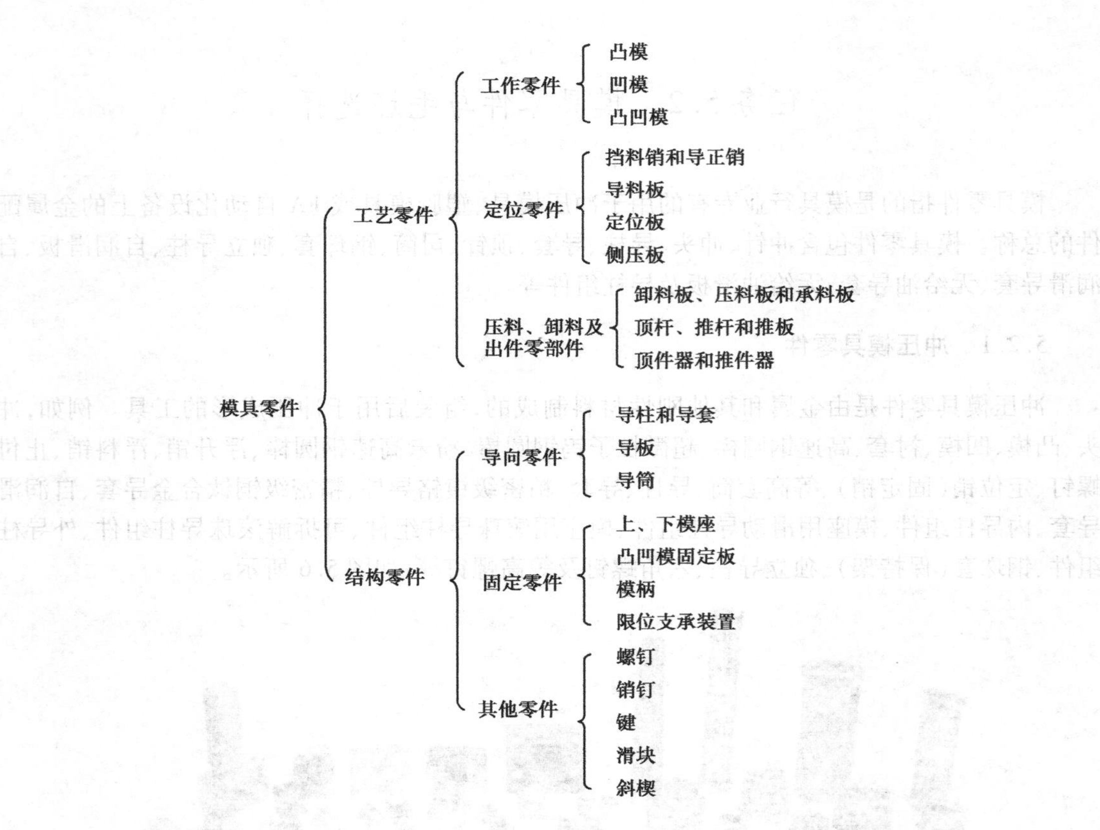

图 5.7　冲压模具零件的分类

[阅读链接]

模具零件的检修方法

(1)模具松动

冲模的移动量超过单边间隙。此时应该调整组合间隙。

(2)冲模倾斜

冲模的角度不正,或模板间有异物,使模板无法平贴。此时应该重新组装或研磨矫正。

(3)模板变形

模板硬度或厚度不够,或受外力撞击变形。应更换新模板或更正拆组工作法。

(4)模座变形

模座厚度不够或受力不均匀,导柱、导套的直线度不符合精度要求。研磨矫正或更换模座使之受力均匀。

(5)冲模干涉

冲模尺寸、位置是否正确,上下模定位有无偏差,组装后检查上下模是否会松动以及冲床精度等。

(6)冲剪偏斜

冲头强度不够,大小冲头太近,侧向力未平衡。此时应加强斜板引导保护作用或冲头加大、小冲头磨短,提早支撑引导,注意送料长度。

(2)冲压模具零件材料分类

制造冲压模具的材料有钢材、硬质合金、钢结硬质合金、锌基合金、低熔点合金、铝青铜、高分子材料等。目前,制造冲压模具的材料绝大部分以钢材为主,常用的模具工作部件材料的种类有碳素工具钢、低合金工具钢、高碳高铬或中铬工具钢、中碳合金钢、高速钢、基体钢以及硬质合金、钢结硬质合金等。

根据材料不同所表现出来的性能也不相同,基本分类如下:

1)碳素工具钢

在模具中应用较多的碳素工具钢为T8A,T10A等。其优点为加工性能好,价格便宜。但淬透性和红硬性差,热处理变形大,承载能力较低。

2)低合金工具钢

低合金工具钢是在碳素工具钢的基础上加入了适量的合金元素。与碳素工具钢相比,减少了淬火变形和开裂倾向,提高了钢的淬透性,耐磨性也较好。用于制造模具的低合金钢有CrWMn,9Mn2V,7CrSiMnMoV(代号CH-1),6CrNiSiMnMoV(代号GD)等。

3)高碳高铬工具钢

常用的高碳高铬工具钢有Cr12和Cr12MoV,Cr12Mo1V1(代号D2),SKD11。它们具有较好的淬透性、淬硬性和耐磨性,热处理变形很小,为高耐磨微变形模具钢,承载能力仅次于高速钢。但碳化物偏析严重,必须进行反复镦拔(轴向镦、径向拔)改锻,以降低碳化物的不均匀性,提高使用性能。

4)高碳中铬工具钢

用于模具的高碳中铬工具钢有Cr4W2MoV,Cr6WV ,Cr5MoV等,它们的含铬量较低,共晶碳化物少,碳化物分布均匀,热处理变形小,具有良好的淬透性和尺寸稳定性。与碳化物偏析相对较严重的高碳高铬钢相比,性能有所改善。

5)高速钢

高速钢具有模具钢中最高的硬度、耐磨性和抗压强度,承载能力很高。模具中常用的有W18Cr4V(代号8-4-1)和含钨量较少的W6Mo5 Cr4V2(代号6-5-4-2)以及为提高韧性开发的降碳降钒高速钢6W6Mo5 Cr4V(代号6W6或称低碳M2)。高速钢也需要改锻 ,以改善其碳化物分布。

6)基体钢

在高速钢的基本成分上添加少量的其他元素,适当增减含碳量,以改善钢的性能。这样的钢种统称基体钢。它们不仅有高速钢的特点,具有一定的耐磨性和硬度,而且抗疲劳强度和韧性均优于高速钢,为高强韧性冷作模具钢,材料成本却比高速钢低。模具中常用的基体钢有6Cr4W3Mo2VNb(代号65Nb),7Cr7Mo2V2Si(代号LD)、5Cr4Mo3SiMnVAL(代号012AL)等。

7)硬质合金和钢结硬质合金

硬质合金的硬度和耐磨性高于其他任何种类的模具钢,但抗弯强度和韧性差。用作模具的硬质合金是钨钴类,对冲击性小而耐磨性要求高的模具,可选用含钴量较低的硬质合金。对冲击性大的模具,可选用含钴量较高的硬质合金。

钢结硬质合金是以铁粉加入少量的合金元素粉末(如铬、钼 、钨、钒等)作黏合剂,以碳化钛或碳化钨为硬质相,用粉末冶金方法烧结而成。钢结硬质合金的基体是钢,克服了硬质合金韧性较差、加工困难的缺点，可以切削、焊接、锻造和热处理。钢结硬质合金含有大量的碳化物，虽然硬度和耐磨性低于硬质合金，但仍高于其他钢种，经淬火、回火后硬度可达68～73HRC。

8）新材料

冲压模具使用的材料属于冷作模具钢，是应用量大、使用面广、种类最多的模具钢。主要性能要求为强度、韧性、耐磨性。目前冷作模具钢的发展趋势是在高合金钢D2（相当于我国Cr12MoV）性能基础上，分为两大分支：一种是降低含碳量和合金元素量，提高钢中碳化物分布均匀度，提高模具的韧性，如美国钒合金钢公司的8CrMo2V2Si、日本大同特殊钢公司的DC53（Cr8Mo2SiV）等。另一种是以提高耐磨性为主要目的，以适应高速、自动化、大批量生产而开发的粉末高速钢，如德国的320CrVMo13等。

（3）冲压模具零件材料选用

制造模具的材料，要求具有高硬度、高强度、高耐磨性、适当的韧性、高淬透性和热处理不变形（或少变形）及淬火时不易开裂等性能。

合理选取模具材料及实施正确的热处理工艺是保证模具寿命的关键。对用途不同的模具，应根据其工作状态、受力条件及被加工材料的性能、生产批量及生产率等因素综合考虑，并对上述要求的各项性能有所侧重，然后作出对钢种及热处理工艺的相应选择。

1）根据批量大小选用材料

当冲压件的生产批量很大时，模具的工作零件凸模和凹模的材料应选取质量高、耐磨性好的模具钢。对于模具的其他工艺结构部分和辅助结构部分的零件材料，也要相应地提高。在批量不大时，应适当放宽对材料性能的要求，以降低成本。

2）根据现有条件选用材料

应考虑工厂现有生产条件和水平，材料供应情况等。

3）根据使用选用材料

选择模具材料要根据模具零件的使用条件来决定，做到在满足主要条件的前提下，选用价格低廉的材料，降低成本。

［阅读链接］

冲压模具发展现状及未来发展趋势

图5.8　汽车车门及内饰模具

改革开放以来，随着国民经济的高速发展，市场对模具的需求量不断增长。近年来，模具工业一直以年均15%左右的增长速度快速发展，以汽车覆盖件模具为代表的大型冲压模具的制造技术已取得很大进步，东风汽车公司模具厂、一汽模具中心等模具厂家已能生产部分轿车覆盖件模具。如图5.8所示为汽车车门及内饰模具。此外，许多研究机构和大专院校开展模具技术的研究和开发。经过多年的努力，在模具CAD/CAE/CAM技术方面取得了显著进步；在提高模具质量和缩短模具设计制造周期等方面作出了贡献。模具技术的发展应该为适应模具产品"交货期短""精度高""质量好""价格低"的要求服务。模具CAD/CAM/CAE技术已成为模具设计制造的发展方向。高速铣削加工技术的发展，对汽车、家电行业中大型型腔模具制造注入了新的活力。模具扫描及数字化系统，大大缩短了模具的研制制造周期。电火花铣削加工技术，替代了传统的成型电极加工型腔技术。模具研磨抛光将实现自动化、智能化，以提高模具表面质量。这些都是模具重要的发展趋势。

5.2.2 塑料模具零件

塑料模具零件由成型零件、固定支承零件、导向零件、抽芯零件和退出零件组成。吹塑模、铸塑模和热成型模的结构较为简单。压塑模、注塑模和传塑模结构较为复杂，构成这类模具的零件也较多。注塑模模具如图5.9所示。

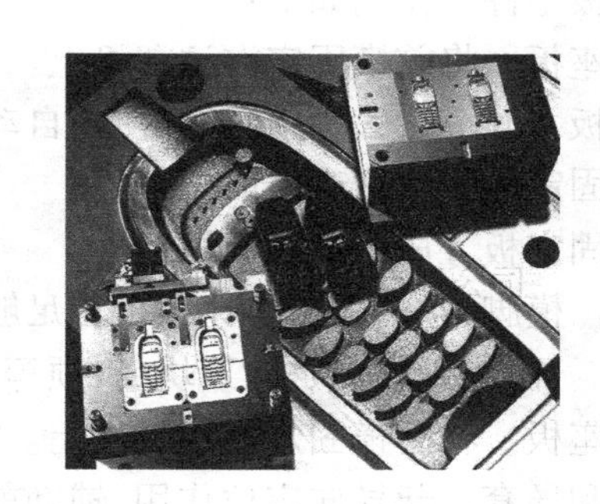

图5.9 注塑模模具

(1)塑料模具零件的分类及作用

1)成型零件

成型零件包括凹模、凸模、各种成型芯。它们都是成型制品内、外表面，或上、下端面，侧孔，侧凹面，以及螺纹的零件。

2)支承固定零件

支承固定零件包括模座板、固定板、支承板、垫块等，用以固定模具或支承压力。如图5.10所示为固定板的固定形式。

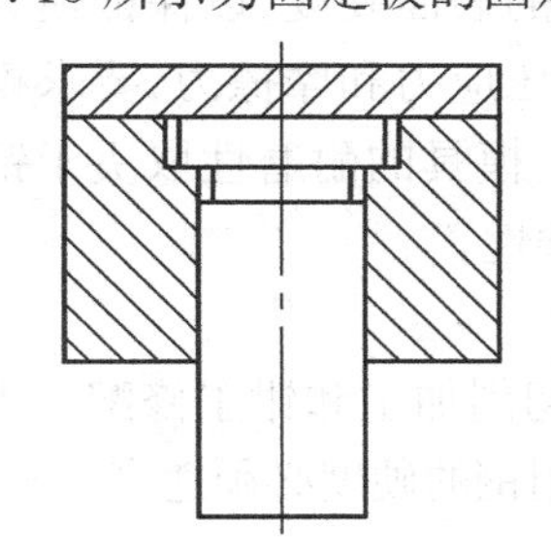
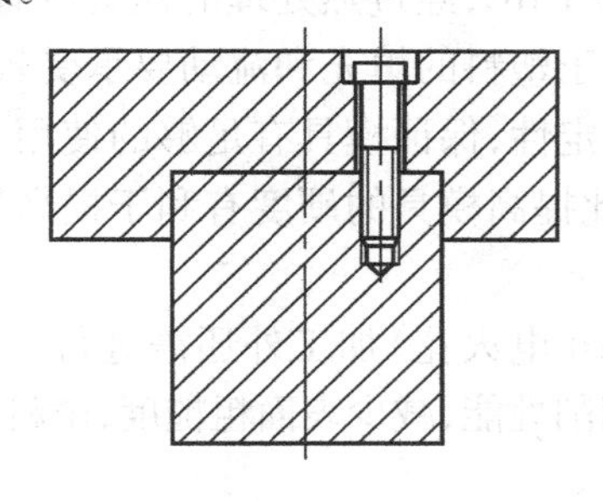
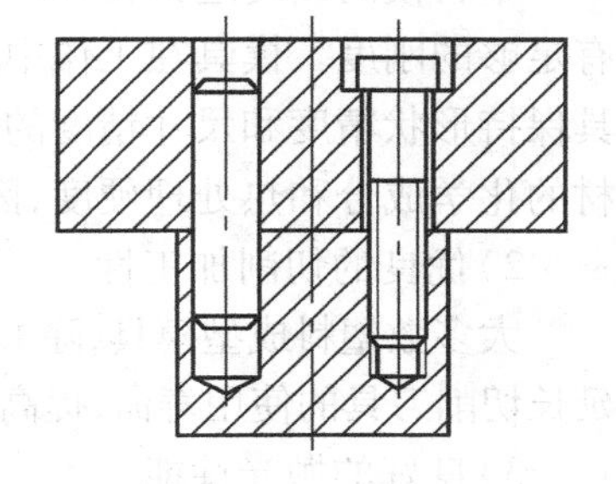

图5.10 固定板的固定形式

3)导向零件

导向零件包括导柱和导套,用以确定模具或推出机构运动的相对位置,如图 5.11 所示。

图 5.11　导柱导套

4)抽芯零件

抽芯零件包括斜销、滑块等,在模具开启时用以抽出活动型芯,使制品脱模。

5)推出零件

推出零件包括推杆、推管、推块、推件板、推件环、推杆固定板及推板等,用以使制品脱模。注塑模多采用标准模架,这种模架是由结构、形式和尺寸都已标准化和系列化的基本零件成套组合而成,其模腔可根据制品形状自行加工。采用标准模架有利于缩短制模周期。

常用模板零件的作用如下:

①定模座板。将前模固定在注塑机上。

②流道板。开模时去除废料柄,使其自动脱落。

③定模固定板。成型产品前模部分。

④动模固定板。成型产品后模部分。

⑤垫块。模脚,它的作用是让顶板有足够的活动空间。

⑥推板。开模时通过顶杆、顶块、斜顶等推出零件将产品从模具中推出。

⑦动模座板。将后模固定在注塑机上。

⑧导柱和导套。起导向定位作用,辅助前后模开模、合模与基本定位。

⑨支撑柱。提高动模固定板的强度,有效避免长期生产导致动模固定板变形。

⑩顶板导柱。导向定位推板,保证顶出顺畅。

(2)塑料模具零件材料

塑料模具的工作条件与冷冲模不同,一般须在 150～200 ℃进行工作,除了受到一定压力作用外,还要承受温度影响。现根据塑料成型模具使用条件、加工方法的不同将塑料模具用钢的基本性能要求分为以下 5 类:

1)足够的表面硬度和耐磨性

塑料模的硬度通常在 50～60 HRC,经过热处理的模具应有足够的表面硬度,以保证模具有足够的刚度。模具在工作中由于塑料的填充和流动要承受较大的压应力和摩擦力,要求模具保持形状精度和尺寸精度的稳定性,保证模具有足够的使用寿命。模具的耐磨性取决于钢材的化学成分和热处理硬度,因此提高模具的硬度有利于提高其耐磨性。

2)优良的切削加工性

大多数塑料成型模具,除 EMD(电火花)加工外还需进行一定的切削加工和钳工修配。为延长切削刀具的使用寿命,提高切削性能,减少表面粗糙度,塑料模具用钢的硬度必须适当。

3)良好的抛光性能

高品质的塑料制品,要求型腔表面的粗糙度值小。例如,注塑模型腔表面粗糙度值 R_a 要求小于0.1～0.25 μm的水平，光学面则要求 $R_a<0.01$ nm，型腔须进行抛光，减小表面粗糙度值。为此选用的钢材要求材料杂质少，组织微细均一，无纤维方向性，抛光时不应出现麻点或橘皮状缺陷。

4）良好的热稳定性

塑料注射模的零件形状往往比较复杂，淬火后难以加工，因此应尽量选用具有良好的热稳定性的材料，当模具成型加工经热处理后因线膨胀系数小，热处理变形小，温度差异引起的尺寸变化率小，金相组织和模具尺寸稳定，可减少或不再进行加工，即可保证模具尺寸精度和表面粗糙度要求。

5）50牌号的碳素钢具有一定的强度与耐磨性，经调质处理后多用于模架材料。高碳工具钢、低合金工具钢经过热处理后具有较高的强度和耐磨性，多用于成型零件。但高碳工具钢因其热处理变形大，仅适用于制造尺寸小、形状简单的成型零件。

此外，在选择材料时还须考虑防止擦伤与胶合，如两表面存在相对运动的情况，则尽量避免选择组织结构相同的材料，特殊状况下可将一面施镀或氮化，使两面具有不同的表面结构。

（3）塑料模具零件材料的选用原则

1）耐热性能

随着高速成型机械的出现，塑料制品运行速度加快。由于成型温度为200～350 ℃，如果塑料流动性不好，成型速度又快，会使模具部分成型表面温度在极短时间内超过400 ℃。为保证模具在使用时的精度及变形，模具钢应有较高的耐热性能。

2）足够耐磨性

随着塑料制品用途的扩大，在塑料中往往需添加玻璃纤维之类的无机材料以增强塑性，由于添加物的加入，使塑料的流动性大大降低，导致磨损加大，故要求其具有良好的耐磨性。

3）优良的切削加工性

大多数塑料成型模具，除电火花加工还需进行一定的切削加工和钳工修配。为延长切削刀具的使用寿命，在切削过程中加工硬化小。为避免模具变形而影响精度，希望加工残余应力能控制在最小限度。这些都需要塑料模具用钢具有优良的切削加工性。

4）良好的热稳定性

良好的热稳定性可保证模具的尺寸精度和表面粗糙度要求。

5）镜面加工性能

型腔表面光滑，成型面要求抛光成镜面，表面粗糙度 R_a 低于0.4 μm，以保证塑料压制件的外观并便于脱模。

6）热处理性能

在模具失效事故中，因热处理造成的事故一般是52.3%，以至于热处理在整个模具制造过程中占有重要的地位，热处理工艺的好坏对模具质量有较大的影响。一般要求热处理变形小，淬火温度范围宽，过热敏感性小，特别是要有较大的淬硬性和淬透性等。

7）耐腐蚀性

在成型过程中由于受热可能释放出具有腐蚀性的气体，如HCl，HF等腐蚀模具，有时在空气流道口处使模具锈蚀而损坏，故要求模具钢有良好的耐蚀性。

5.2.3　模具零件毛坯选择

模具零件的加工工艺过程主要包括工序的数量、材料的消耗、加工工时的长短等。这些因素在很大程度上都取决于所选用的毛坯。零件的毛坯的制备是由原材料转变为成品零件生产过程的第一步。因此,毛坯种类和制造方法的选择在制造和生产中显得尤为重要。

(1)毛坯的种类

模具零件常用的毛坯有铸件、锻件和型材3大类。

1)铸件毛坯

模具零件常用的铸件主要有铸铁件和铸钢件两种。例如,冷冲模的上、下模板、大型拉延模零件、压铸模和塑料膜的模座等,都是由铸件制成的。

铸铁件具有优良的铸造性能、切削性能、耐磨润滑性能,并有一定的强度,而且价格低廉,因此被广泛用于表面承受压力比较低的模板及尺寸大且形状复杂的大型拉延模零件中。

用于单件小批量生产的模具铸件,一般采用手工造型,其铸件的精度和生产率比较低,适用于铸造尺寸大且形状复杂的模具零件。

2)锻件毛坯冷冲模的凸模、凹模;塑料模的型腔及型腔镶块、凸模;压铸模的定模、动模型芯、型腔镶块;锻模的型腔及模具的各种结构零件,如固定板、卸料板、支承垫板等,在加工成形之前,一般都需要先锻造加工成一定的几何形状和尺寸的毛坯,以达到节约原材料和节省加工工时的目的。特别是对成形后需热处理淬硬的零件,如模具的工作零件,应在锻造时经过多次镦粗、拔长,以使材料组织细密,碳化物和流线分布合理,提高其使用性能、质量、延长模具使用寿命。

锻件毛坯在模具生产中分为自由锻造件和模锻件两种。自由锻造毛坯精度较低,表面粗糙、余量较大,适用于单件小批量生产。而模锻件毛坯精度高、表面光整、余量小、纤维组织均匀,并可提高机械强度,生产效率高,适合于模具零件大批量生产。一般模具厂都采用模锻件生产,以便生产出符合模具标准的高质量、高精度的模具。

3)型材毛坯

生产中常用的型材主要有圆形、方形、扁形、六角形和其他断面形状的棒料、条料、管料及不同厚度的板料,以制备模具的辅助零件,如销钉和各种顶杆、推杆、推板、拉料及复位杆、细小凸模、型芯、导向零件等。

市场上供应的钢材棒料一般分为普遍精度的热轧棒料和高精度的冷拉棒料两类。在模具生产中,多数选用冷拉棒料制作零件,因为冷拉圆钢棒料较热轧棒料具有较高的精度及良好的力学性能。

(2)毛坯选择

模具零件毛坯的设计是否合理,对于模具零件加工的工艺性以及模具的质量和寿命都有很大的影响。在毛坯的设计中,首先考虑的是毛坯的形状,在决定毛坯形式时主要考虑以下两个方面:

1)毛坯种类的确定

毛坯的形状和特性,在很大程度上决定着模具制造过程中工序的多少、机械加工的难易程度、材料消耗量的大小及模具的质量和寿命。因此,正确选择毛坯具有重要的技术经济意义。模具加工常用的毛坯种类有铸件、锻件、冲压件、焊接件等。选择毛坯种类时,主要考虑以下因素:

①有些模具零件在图纸设计时就规定了毛坯的种类,如模架采用铸件;碟形弹簧采用冲压件;部分导套、导筒、导板采用冷挤压件,等等。

②模具零件的结构形状和几何尺寸。模具零件的结构特性和尺寸大小决定毛坯的种类，如图纸毛坯直径超过最大型号钢直径或台阶轴毛坯的外圆直径相差悬殊时应采用锻件；模块太厚时也用锻件；大型模具采用合金铸件等。

③生产批量。专业化生产时，为了提高生产效率，降低加工成本，部分标准件（如推杆、卸料螺钉等），可采用一些特殊的手段（如模锻、冷挤压、精铸等）来获得毛坯。

④模具零件的材料及对材料组织和力学性能的要求。在多数情况下，此项要求是决定毛坯种类的主要因素。模具制造时，为了保证模具的质量和使用寿命，往往规定模具的主要零件采用锻造方法获得毛坯，通过锻造，使零件材料内部组织密集、碳化物分布和流线分布合理，从而提高模具的质量和使用寿命。因此，毛坯配备时需要对重要的模具零件材料进行相应的化学成分分析和力学性能测定。

2）毛坯形状的确定

毛坯的形状应尽可能与模具形状一致，以减少机械加工的工作量。但有时为了适应加工过程的要求，在确定毛坯形状时，需作一些小的调整。

因此，合理地选择模具零件毛坯，有利于提高模具的质量和使用寿命，同时也提高了产品的质量以及企业的生产效率。

任务5.3　模具的主要加工方法

模具零件的形状多种多样，而且精度要求高，因此，在加工过程中除了使用车床、铣床、刨床、插床及磨床等常规机械加工设备外，还需要使用各种先进的设备和特种加工设备，如电火花加工机床、电火花线切割加工机床、数控加工机床及精密磨削机床等。近年来，随着模具加工新技术不断发展，先进设备也在逐年增加。尽管如此，常规机械加工方法仍然是模具制造中不可缺少的基本手段。

5.3.1　模具的一般机械加工

模具中的模板、模座及导向零件等多为板类、轴类及套类零件，模具中形状简单的工作零件，如塑料模中的型芯及凹模型腔，冲模中的凸模、凹模等，这些零件的内外表面通常采用传统的切削加工方法（如车削、铣削、磨削、刨削、钻削等）切去多余的金属材料获得所要求的形状、尺寸及表面质量。

（1）车削加工

在模具制造中，车削加工是加工回转体类零件的主要工序，也可加工有回转曲面的凹模等。许多模具零件在结构上都具有外圆柱面，如导柱、导套、顶杆、型芯等。在加工外圆柱面的过程中，除了要保证外圆柱面的尺寸精度以外，还要保证各相关表面的同轴度、垂直度要求。外圆柱面的加工一般是在车床上进行粗加工和半精加工，然后在外圆磨床上进行精加工。精度要求更高的外圆柱面，还需经过研磨。车削加工的生产率高、生产成本低，能进行粗车、半精车、精车，精车的尺寸精度可达IT7—IT6，表面粗糙度值 R_a 为1.6～0.8μm。车削是应用最广泛的金属切削加工方法之一。车削加工零件如图5.12所示。

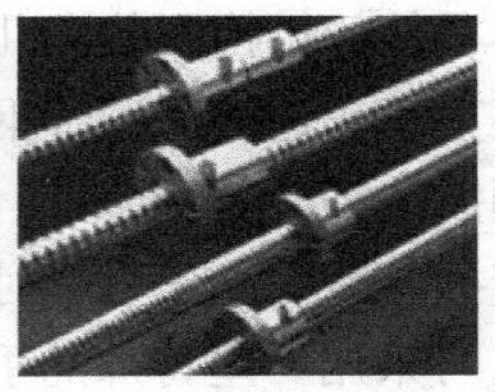

图 5.12　车削加工模具零件

(2)铣削加工

铣削加工具有加工范围广、生产率高等优点。因此,铣削是模具零件加工中常用的切削加工方法之一。在铣床上可对平面、斜面、沟槽、台阶、成形面等表面进行铣削加工。铣削加工成形的尺寸精度为 IT10,表面粗糙度值 R_a 为 3.2 μm;用作精加工时,尺寸精度可到 IT8,表面粗糙度值 R_a 为 1.6 μm。铣削加工零件如图 5.13 所示。

图 5.13　铣削加工模具零件

(3)磨削加工

为了达到模具的尺寸精度和表面粗糙度要求,有许多模具零件必须经过磨削加工。例如,模具的基准面,导柱的外圆表面,导套的内、外圆表面以及模具零件之间的接触面等都必须经过磨削加工。在模具制造中,形状简单的零件可用一般磨削加工,而形状复杂的零件则需使用各种精密磨床进行成形磨削。一般磨削加工是在平面磨床、内外圆磨床、工具磨床上进行的。磨削的加工精度一般可达 IT6—IT5,表面粗糙度 R_a 为 0.2 ~ 0.4 μm。磨削加工零件如图 5.14 和图 5.15 所示。

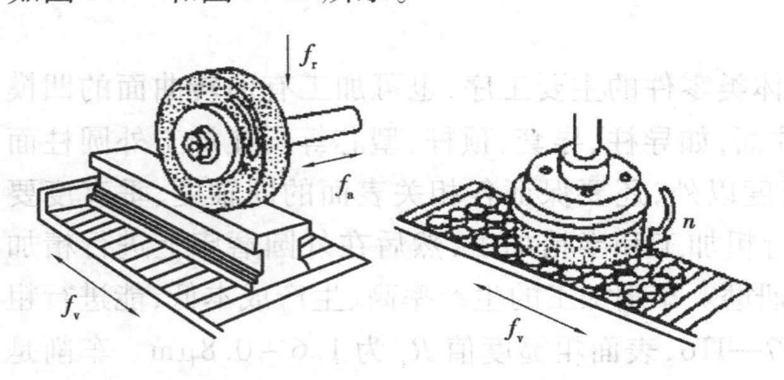

图 5.14　平面磨削工艺

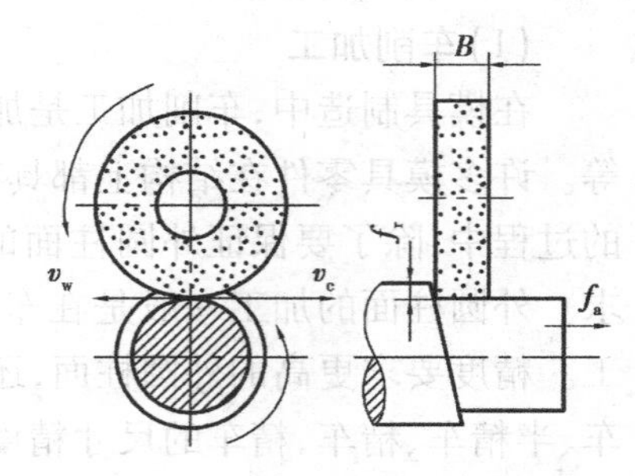

图 5.15　曲面磨削工艺

(4)刨削加工

刨削主要用于模具零件外形的加工。刨削加工中,中、小型平面多采用牛头刨床刨削加工,大型平面多采用龙门刨床刨削加工。一般刨削加工的精度可达IT10,表面粗糙度值为R_a 1.6 μm。刨削加工零件如图5.16所示。

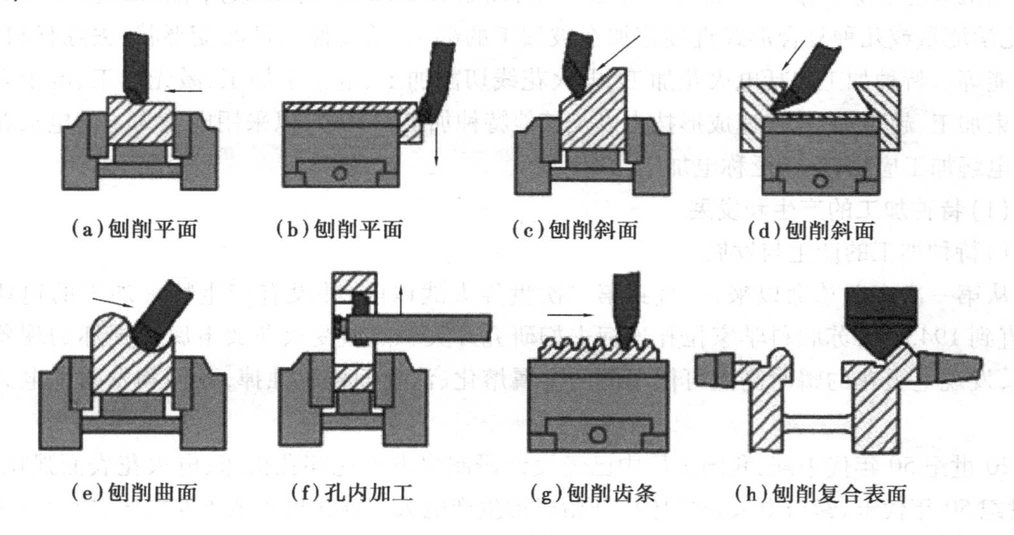

图5.16　刨削零件示意图

(5)钻削加工

钻削是模具零件中圆孔的主要加工方法,所用的设备主要是钻床,所用的刀具是麻花钻、扩孔钻、铰刀等,分别用于钻孔、扩孔、铰孔等钻削工作。在模具制造中常用钻孔对孔进行粗加工,去除大部分余量,钻孔为粗加工,加工范围为ϕ0.1~ϕ80 mm,以ϕ30 mm以下时最为常用。加工精度较低,一般为IT13—IT11,表面粗糙度R_a值一般为50~12.5 μm,一般用作要求不高的孔。然后经扩孔、铰孔,对未淬硬孔进行半精加工和精加工,以达到设计要求。扩孔加工精度一般为IT11—IT10,表面粗糙度R_a值一般为6.3~3.2 μm;铰孔的加工余量小,切削厚度薄,加工精度可达IT8—IT6,表面粗糙度R_a可达1.6~0.4 μm。钻孔零件示意图如图5.17所示。

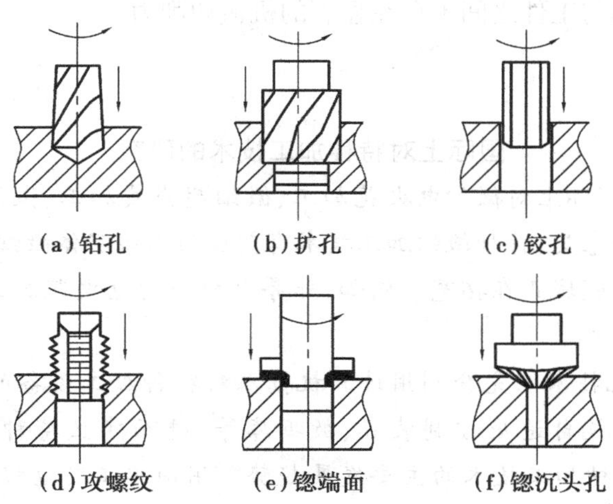

图5.17　钻孔零件示意图

5.3.2 特种加工

特种加工是指那些不属于传统加工工艺范畴的加工方法,它不同于使用刀具、磨具等直接利用机械能切除多余材料的传统加工方法,而是利用电能、光能、化学能、声能、磁能等物理、化学能量或几种复合形式直接施加在被加工的部位,从而使工件改变形状、去除材料、改变性能等。特种加工包括电火花加工、电火花线切割加工、电化学加工、激光加工、电子束和离子束加工、超声加工、快速成形技术以及其他特种加工。其中,以采用电能为主的电火花加工和电解加工应用较广,泛称电加工。

(1)特种加工的产生和发展

1)特种加工的产生与发展

从第一次产业革命以来,一直到第二次世界大战以前,并没有产生特种加工的迫切要求,直到1943年,苏联科学家拉扎连柯夫妇研究开关触点遭受火花放电腐蚀损坏的现象和原因,发现电火花的瞬时高温可使局部的金属熔化、汽化而被腐蚀掉,开创和发明了电火花加工。

20世纪50年代中期,我国工厂中已经设计研制出电火花穿孔机床、电火花表面强化机。20世纪50年代末,营口电火花机床厂开始成批生产电火花强化机和电火花机床,成为我国第一家电加工机床专业生产厂。20世纪60年代初,中国科学院电工研究所研制成功我国第一台靠模仿形电火花线切割机床。20世纪60年代末,上海电表厂张维良工程师发明了我国独创的高速走丝线切割机床,上海复旦大学研制出电火花线切割数控系统。

2)特种加工与切削加工的区别

总体而言,特种加工可以加工任何硬度、强度、韧性、脆性的金属或非金属材料,且专长于加工复杂、微细表面和低刚度的零件。特种加工技术在国际上被称为21世纪的技术,与切削加工有以下区别:

①不是主要依靠机械能,而是主要用其他能量去除金属材料。

②工具硬度可以低于被加工材料的硬度。

③加工过程中工具与工件之间不存在显著的机械切削力。

[阅读链接]

国际上对特种加工技术的研究

①微细化。目前,国际上对微细电火花加工、微细超声波加工、微细激光加工、微细电化学加工等的研究正方兴未艾,特种微细加工技术有望成为三维实体微细加工的主流技术。

②特种加工的应用领域正在拓宽。例如,非导电材料的电火花加工,电火花、激光、电子束表面改性等。

③广泛采用自动化技术。充分利用计算机技术对特种加工设备的控制系统、电源系统进行优化,建立综合参数自适应控制装置、数据库等,进而建立特种加工的CAD/CAM和FMS系统,这是当前特种加工技术的主要发展趋势。用简单工具电极加工复杂的三维曲面是电解加工和电火花加工的发展方向。目前,已实现用四轴联动线切割机床切出扭曲变截

面的叶片。随着设备自动化程度的提高,实现特种加工柔性制造系统已成为各工业国家追求的目标。

(2)特种加工的分类

按能量形式和作用原理分类,特种加工可分为以下7种:

①电能与热能作用方式。包括电火花EDM、线切割WEDM、电子束EBM、等离子PAM。

②电能与化学能作用方式。包括电解ECM、电铸、电刷镀。

③电化学能与机械能作用方式。包括电解磨削ECG、电解研磨ECH。

④声能与机械作用能作用方式。主要是超声波加工USM。

⑤光能与热能作用方式。主要是激光加工LBM。

⑥电能与机械作用能作用方式。主要是离子束加工IM。

⑦液流能与机械作用能作用方式。包括挤压研磨AFH、水射流WJC。

(3)特种加工对材料可加工性和结构工艺性等的影响

①提高了材料的可加工性。

②改变了零件的典型工艺路线。传统工艺路线与特种加工工艺路线如图5.18所示。

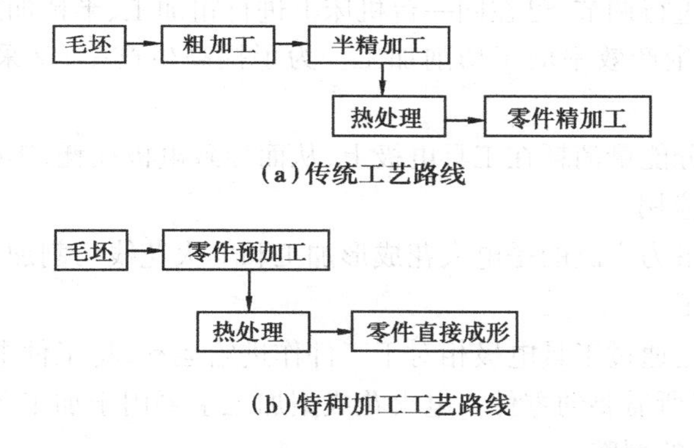

(a)传统工艺路线

(b)特种加工工艺路线

图5.18　传统工艺路线与特种加工工艺路线

③改变了试制新产品的模式。

④特种加工给产品零件的结构设计带来很大的影响。

⑤对传统的结构工艺性的好与坏,需要重新衡量。

⑥特种加工已经成为微细加工和纳米加工的主要手段。

(4)电火花加工

1)电火花加工的原理

电火花加工是在一定的液体介质中,利用正负电极间脉冲放电时的电腐蚀现象对导电材料进行加工,从而使零件的尺寸、形状和表面质量达到技术要求的一种加工方法。在特种加工中,电火花加工的应用最为广泛。电火花加工原理图如5.19所示。

2)电火花加工的特点

①可加工任何高强度、高硬度、高韧性、高脆性以及高纯度的导电材料。

②加工时无明显的机械力,故适用于低刚度工件和微细结构的加工,特别适用于复杂的型孔和型腔加工。

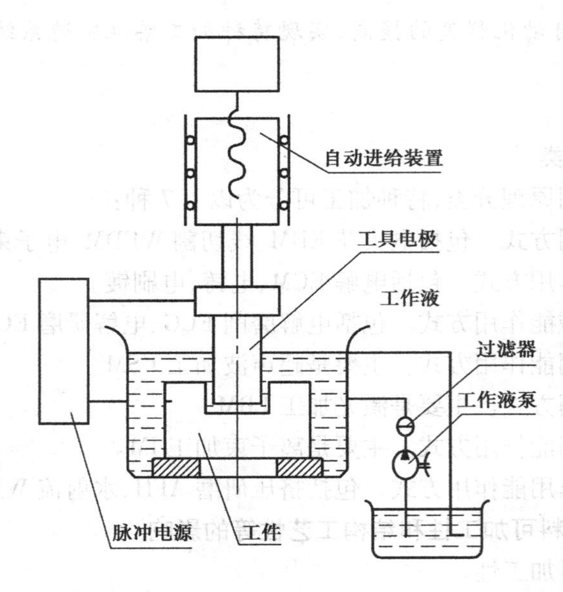

图 5.19　电火花加工原理图

③脉冲参数可以进行调节,可在同一台机床上进行粗加工、半精加工和精加工。

④在一般情况下生产效率低于切削加工。为了提高生产率,常采用切削加工进行粗加工,再进行电火花加工。

⑤放电过程有部分能量消耗在工具电极上,从而导致电极损耗,影响成形精度。

3)电火花加工的应用

电火花加工应用最为广泛的是电火花成形加工和电火花线切割加工。

①电火花成型加工

电火花成型加工是通过工具电极相对于工件作进给运动,将工件电极的形状和尺寸复制在工件上,从而加工出所需要的零件。电火花成型加工主要用于加工各类热锻模、压铸模、挤压模、塑料模及胶木模的型腔。

②电火花线切割加工

电火花线切割加工的基本原理是利用移动的细金属导线(铜丝或钼丝)作电极,对工件进行脉冲火花放电、切割成形,如图 5.20 所示。

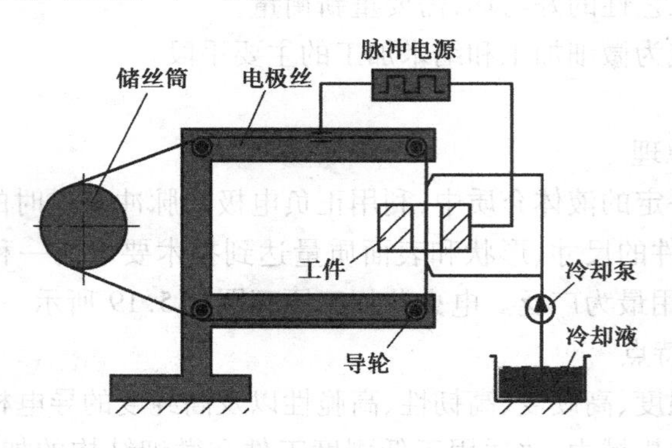

图 5.20　电火花线切割加工原理

目前,电火花线切割广泛用于加工各种冲裁模(冲孔和落料用)、样板以及各种形状复杂的型孔、型面和窄缝等。常用的线切割机如图5.21和图5.22所示。

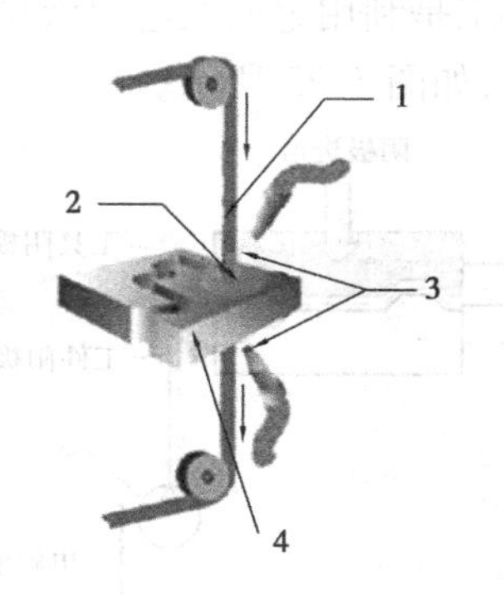

图5.21　高速走丝线切割机床

1—电极丝;2—放电间隙;3—工作液;4—工件

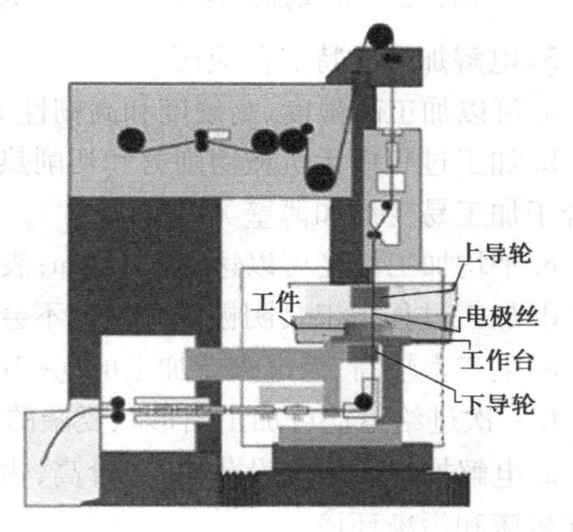

图5.22　慢走丝线切割机床

线切割加工的工艺特点如下:

①采用细金属丝作工具电极,不需要制造特定形状的电极。

②电极丝损耗对加工精度影响较小。

③自动化程度高,柔性大,且操作方便。

④切割缝隙小,故切割余料可以再利用。

⑤加工表面粗糙度值小,但表面有硬化层。

⑥热变形小。

(5)电化学加工

电化学加工(Electrochemical Machining,ECM)包括从工件上去除金属的电解加工和向工件上沉积金属的电镀、涂覆、电铸加工两大类。虽然有关的基本理论在19世纪末已经建立,但真正在工业上得到大规模应用,还是20世纪50年代以后的事。目前,电化学加工已经成为我国民用和国防工业中的一个不可或缺的加工手段。基于电化学原理的微细制造技术已成为国际特种加工领域的研究热点。

这里重点讲电解加工

1)电解加工的原理

电解加工是利用金属在电解液中产生阳极溶解的电化学原理对工件进行成形加工的一种工艺方法,如图 5.23 所示。

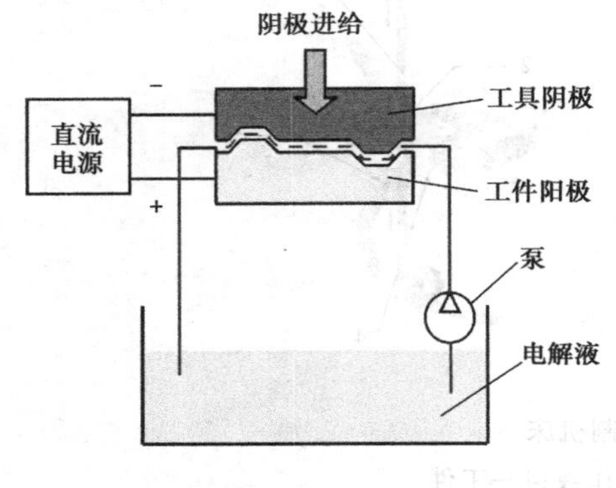

图 5.23 电解加工原理

工件接阳极,工具接阴极,两极间加直流电压6 ~ 24 V,极间保持 0.1 ~1 mm 间隙。在间隙处通以 6 ~ 60 m/s 高速流动的电解液,形成极间导电通路,工件表面材料不断溶解,其溶解物及时被电解液冲走。工具阴极不断进给,保持极间间隙。

2)常用的电解液

电解液可分为中性盐溶液、酸性溶液与碱性溶液 3 大类。中性盐溶液的腐蚀性小,使用时较安全,故应用最普遍。最常用的有 NaCl, $NaNO_3$, $NaClO_3$ 这 3 种电解液。

3)电解加工的特点及应用

a. 可以加工高强度、高硬度和高韧性等难以加工的金属材料。

b. 加工过程中无机械切削力和切削热,工件不会产生残余应力和变形,也没有飞边毛刺,适合于加工易变形和薄壁类零件。

c. 平均加工精度可以达到 0.1 mm;表面粗糙度 R_a 值可达 0.2 ~1.6 mm。

d. 加工过程中工具阴极在理论上不会损耗,可长期使用。

e. 生产率较高,为电火花加工的 5 ~10 倍。

f. 一次进给运动可加工出形状复杂的型腔与型面。

g. 电解加工的附属设备多,造价高,占地面积大,加工稳定性尚不够高。另外,电解液易腐蚀机床和污染环境。

电解加工在各种膛线、花键孔、深孔、内齿轮、链轮、叶片、异形零件及模具等方面获得了广泛的应用。如图 5.24 所示为电解加工切断,如图 5.25 所示为电解加工型腔。

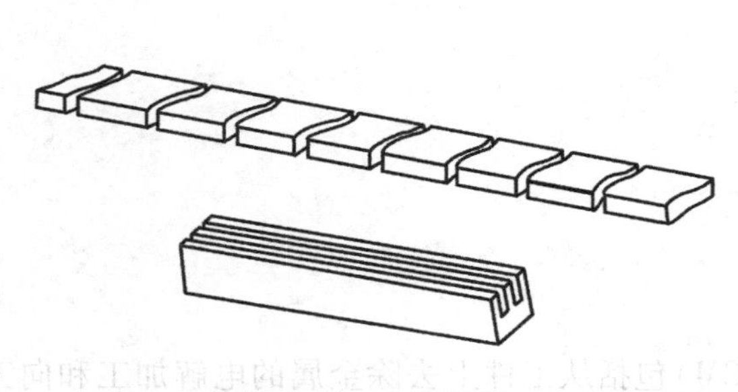

图 5.24 电解切断

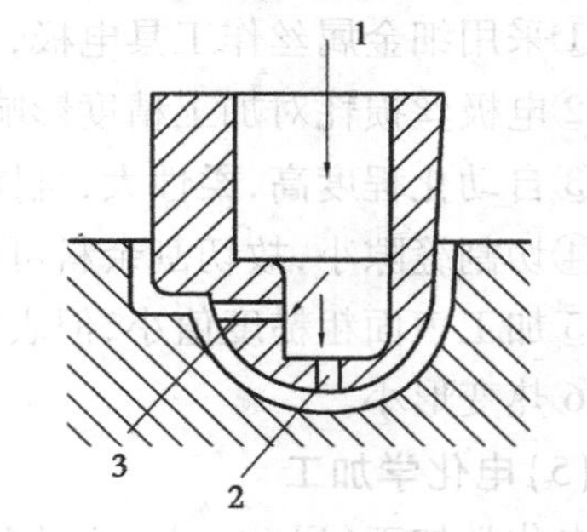

图 5.25 电解加工型腔

1—电解液;2—喷液槽;3—增液孔

(6)激光加工

激光加工技术是利用激光束与物质相互作用的特性对材料(包括金属与非金属)进行切

割、焊接、表面处理、打孔、微加工等的一门技术。激光加工作为先进制造技术已广泛应用于汽车、电子、电器、航空、冶金及机械制造等国民经济重要部门，对提高产品质量、提高劳动生产率、提高自动化水平、减少环境污染、减少材料消耗等起到越来越重要的作用。

1）激光加工原理

激光是一种受激辐射而得到的加强光。当激光束照射到工件表面时，光能被吸收，转化成热能，使照射斑点处温度迅速升高、熔化、汽化而形成小坑，由于热扩散，使斑点周围金属熔化，小坑内金属蒸汽迅速膨胀，产生微型爆炸，将熔融物高速喷出并产生一个方向性很强的反冲击波，于是在被加工表面上打出一个上大下小的孔，如图5.26所示。

2）激光加工特点

激光加工技术与传统加工技术相比具有很多优点，因此应用广泛。尤其适合新产品的开发：一旦产品图纸形成后，立即可进行激光加工，可在最短的时间内得到新产品的实物。

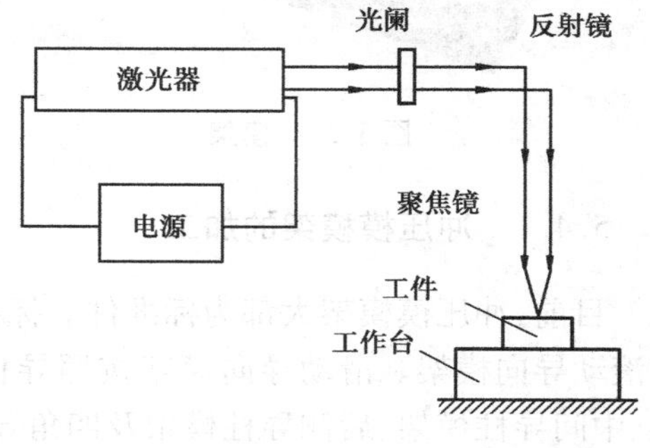

图5.26　激光加工原理图

①加工材料范围广，适用于加工各种金属材料和非金属材料，特别适用于加工高熔点材料，耐热合金及陶瓷、宝石、金刚石等硬脆材料。

②加工性能好，工件可离开加工机进行加工，可透过透明材料加工，可在其他加工方法不易达到的狭小空间进行加工。

③非接触加工方式，热变形小，加工精度较高。

④可进行微细加工。激光聚焦后焦点直径理论上可小至1 μm以下，实际上可实现ϕ0.01 mm的小孔加工和窄缝切割。

⑤加工速度快，效率高。

⑥激光加工不仅可进行打孔和切割，也可进行焊接、热处理等工作。

⑦激光加工可控性好，易于实现自动控制，但加工设备昂贵。

3）激光加工的适用范围

在模具制造中，激光加工主要适用于以下各类加工：

①切割。可对铝、铜、镍、陶瓷等材料进行切割，加工出各种图形，切割深度小于2.5 mm。

②打孔。最小孔径ϕ0.03 mm，并可在其他金属和非金属如铝、铜、金刚石、硬质合金、陶瓷、塑料上打孔。

③标记。能在多种金属材料上制作简单的文字、数字标记。

④焊接。可对铝、铜、金、银、镍等金属材料进行点焊、对焊或密封焊接，焊接熔深小于2.5 mm。

任务5.4　模架的加工

模架的主要作用是安装模具的工作零件和其他结构零件，并保证模具的工作部分在工作时间内具有正确的相对位置。模架一般由上模座、下模座、导柱、导套等零件组成。模架加工就是指组成模架零件的加工。如图5.27所示为模架，如图5.28所示为导柱导套。

图5.27 模架

图5.28 导柱导套

5.4.1 冲压模模架的加工

目前，冲压模模架大都为标准件。标准模架按照导向装置的不同，可分为滑动导向模架和滚动导向模架。滑动导向模架按照导柱在模座上的固定位置不同，又可分为对角导柱模架、中间导柱模架、后侧导柱模架及四角导柱模架，如图5.29所示。

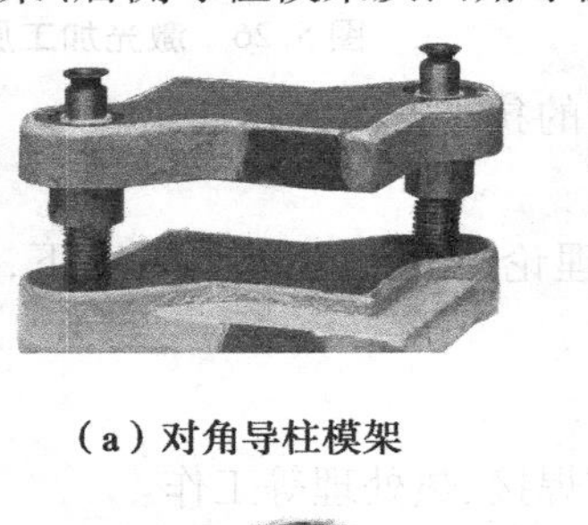

(a) 对角导柱模架

(b) 中间导柱模架

(c) 后侧导柱模架

(d) 四角导柱模架

图5.29 模架

(1)导柱的加工

导柱的作用是在模具中起导向作用，以保证凸模和凹模在工作时具有正确的相对位置。模具应用的导柱结构种类很多，其标准的结构形状如图5.30所示。导柱主要构成的表面为不同直径的同轴圆柱面，根据它们的结构尺寸和材料要求，可直接选用适当尺寸的圆钢作为毛坯料。在机械加工过程中，应保证导柱的技术要求。导柱的尺寸和形状精度要求高，导柱各配合面同轴度要求高，表面粗糙度要求也高。导柱的材料一般有20钢、45钢、T8A和T10A。

1)导柱的技术要求

①导柱与固定模板装配部位直径的同轴度公差，不应超过工作部分直径公差的1/2。

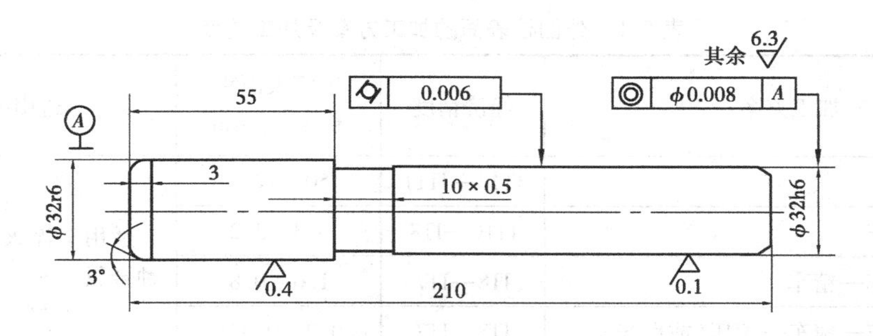

图5.30　导柱零件图

②导柱的工作部分圆柱度公差应满足要求。

③导柱在加工后,其各部分尺寸精度、表面质量及热处理要求都应符合图样要求。在渗碳处理时,其工作表面上的渗碳层应均匀,深度一般为0.8~1.2 mm。

2)导柱加工工艺过程

导柱加工工艺过程如图5.31所示。

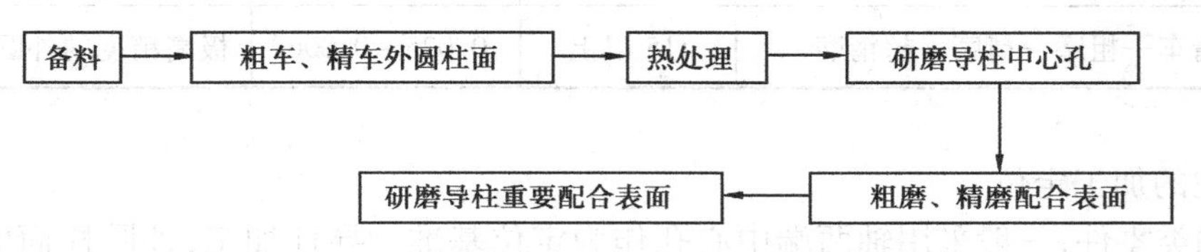

图5.31　导柱加工工艺过程

①备料、切断。导柱的材料一般为20钢(或按图样要求选取材料)。切断后,断面应留有端面车削余量3~5 mm,外圆应留有3~4 mm的切削余量。

②先车削端面再钻中心孔。车削端面,需要留出1.5~2.5 mm车削余量,钻中心孔;调头车削另一端面至尺寸要求,然后钻中心孔。

③车削外圆。按图粗车外圆,两边各留0.5 mm的磨削余量,导柱有槽,切槽至尺寸。

④检验。检验前几道工序的加工尺寸。

⑤热处理。按工艺进行,保证渗碳层深度0.8~1.2 mm,渗碳后的淬火硬度为58~62HRC。

⑥研磨。研磨一端中心孔,然后调头研磨另一端中心孔。

⑦磨削。用外圆磨床及无心磨床磨削外圆。磨削后应留0.01~0.05 mm的研磨余量。

⑧研磨。加工后的导柱,为降低外圆表面粗糙度值,达到表面质量要求,可抛光圆柱面。

⑨检验。检验各工序的加工尺寸。

导柱和导套的基本表面都是回转体表面,其材料采用热轧钢。外圆机械加工方法很多,常用的有车削、钻、铰、磨削等加工方法。车削加工使用最早,应用最广,在机械加工中,其加工量为30%。车削一般分为粗车、半精车和精车。为获得所要求的精度和表面粗糙度,导柱外圆柱面的加工方案可参考表5.1。

表 5.1　外圆柱表面的加工方案及加工精度

加工方案	经济精度	经济表面粗糙度 $R_a/\mu m$	适用范围
粗车	IT13—IT11	50 ~ 12.5	适用于淬火钢以外的各种金属
粗车—半精车	IT10—IT8	6.3 ~ 3.2	
粗车—半精车—精车	IT8—IT7	1.6 ~ 0.8	
粗车—半精车—精车—滚压(或抛光)	IT8—IT7	0.2 ~ 0.025	
粗车—半精车—磨削	IT8—IT7	0.8 ~ 0.4	主要用于淬火钢,也可用于未淬火钢,但不宜加工有色金属
粗车—半精车—粗磨—精磨	IT8—IT7	0.4 ~ 0.1	
粗车—半精车—粗磨—精磨—超精磨	IT5	0.4 ~ 0.012	
粗车—半精车—精车—精细车	IT7—IT6	0.4 ~ 0.025	主要用于要求较高的有色金属
粗车—半精车—粗磨—精磨—超精磨	IT5 以上	0.025 ~ 0.006	极高精度的外圆加工

3)导柱的加工定位

对于轴类零件,一般采用轴两端中心孔作为定位基准。导柱加工,外圆柱面的车削和磨削也以中心孔定位,使设计基准与工艺基准重合。若中心孔有角度的同轴度误差,将使中心孔与顶尖不能良好接触,影响加工精度,如图 5.32 所示。

4)中心孔的修正方法

导柱加工中心孔的修正方法可采用磨、研磨和挤压中心孔。

①磨中心孔

利用车床主轴的旋转运动进行磨削,此方法效率高,磨削质量好,但砂轮易磨损,需经常修整,如图 5.33 所示。

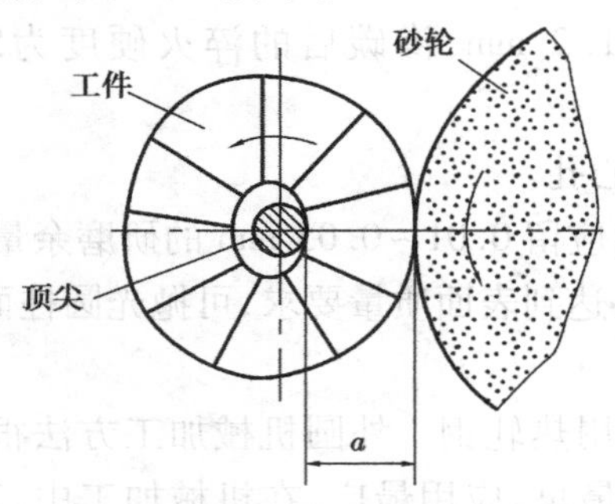

图 5.32　中心孔圆度误差影响工件的圆度误差

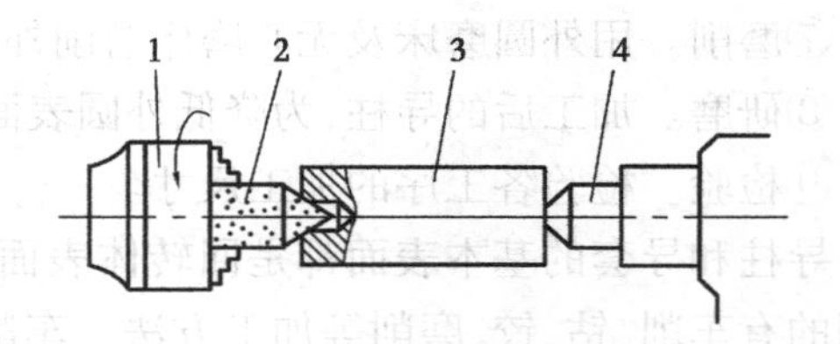

图 5.33　磨中心孔

1—三爪自定心卡盘;2—砂轮;3—工件;4—尾顶尖

②挤压中心孔

采用硬质合金多棱顶尖挤压中心孔,此方法效率高,但质量差,一般用于大批量生产,而且要求不高的中心孔的修整,如图 5.34 所示。

③研磨中心孔

导柱中心孔的研磨加工，其目的在于进一步提高被加工表面的质量，以达到设计要求。在生产数量大的情况下，可在专用研磨机床上研磨；单件小批量生产，可采用简单的研磨工具，在普通车床上进行研磨。一般导柱、导套的研磨余量为0.01～0.02 mm。

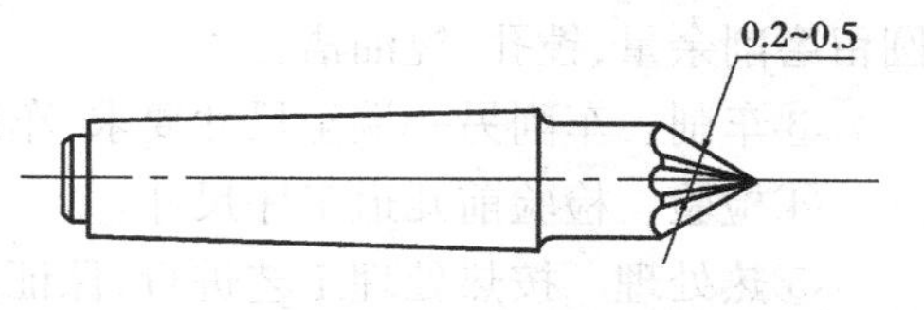

图5.34　硬质合金多棱顶尖

5）导柱加工的注意事项

在各加工阶段中应划分多少工序，零件在加工中应采用什么工艺方法和设备等，应根据生产类型、零件的形状、尺寸大小、零件的结构工艺性以及工厂的设备技术状况等条件综合考虑。在不同的生产条件下，对同一零件加工所采用的加工设备、工序的划分也不一定相同。

（2）导套的加工

导套与导柱一样，都是模具中应用最广泛的导向零件。其常见的标准结构形状如图5.35所示。构成它们的主要表面是内外圆柱面。因此，可根据它们的结构形状、尺寸和材料要求，选用适当尺寸的圆钢作为毛坯。导套的材料有20钢、45钢、T8A和T10A，一般选用20钢。

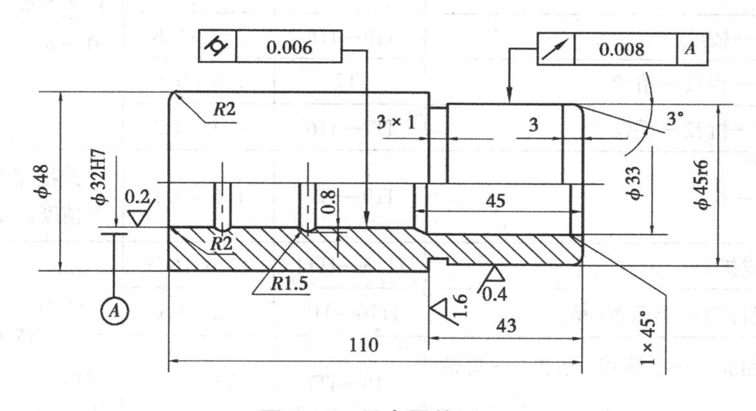

图5.35　导套零件图

1）导套的技术要求

①导套加工后其工作部位圆柱度公差应满足要求。

②导套加工后，应进行渗碳处理，其渗碳后的淬火硬度为58～62 HRC，渗碳层要均匀。

③导套与固定模座配合部位直径的同轴度公差，不应超过工作部分直径公差的1/2。

2）导套加工工艺过程

导套加工工艺过程如图5.36所示。

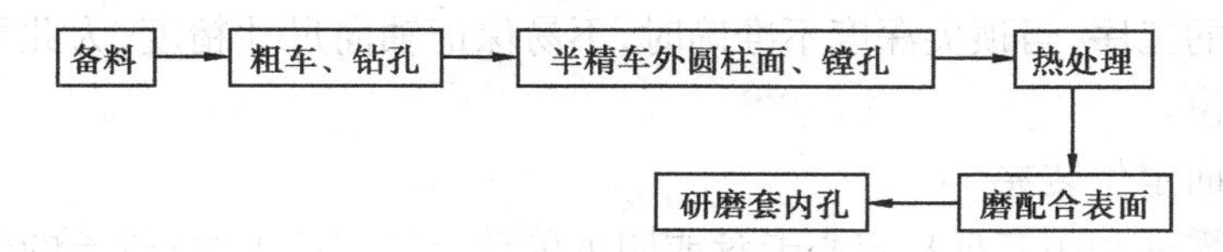

图5.36　导套加工工艺过程

①备料，切断。将圆钢切断，长度范围内应留端面切削余量4 mm（两端），在圆柱直径上应留3～4 mm的车削余量。

②车削。车削端面留 2～3 mm 余量，钻削导套孔时，需留 2 mm 车削、磨削余量，车削外圆留磨削余量，镗孔、镗油槽。

③车削。车削另一端至尺寸要求，车削外圆留磨削余量。

④检验。检验前几道工序尺寸。

⑤热处理。按热处理工艺进行，保证渗碳层深度 0.8～1.2 mm，硬度 58～62 HRC。

⑥磨削。磨削内孔留 0.01 mm 研磨余量，磨削外圆至尺寸。

为获得所要求的精度和表面粗糙度，导套内孔的加工方案可参考表 5.2。

表 5.2　孔的加工精度及方案

序号	加工方案	经济精度	经济表面粗糙度 R_a/μm	适用范围
1	钻	IT13—IT11	12.6	加工为淬火钢及铸铁的实心毛坯，也可用于加工有色金属。孔径大于 15～20 mm
2	钻—铰	IT10—IT8	6.3～1.6	
3	钻—粗铰—精铰	IT8—IT7	1.6～0.8	
4	钻—扩	IT11—IT10	12.6～6.3	
5	钻—扩—铰	IT9—IT8	3.2～1.6	
6	钻—扩—粗铰—精铰	IT7	1.6～0.8	
7	钻—扩—机铰—手铰	IT7—IT6	0.4～0.2	
8	钻—扩—拉	IT9—IT7	1.6～0.1	大批量生产（精度由拉刀精度而定）
9	粗镗（或扩）	IT13—IT11	12.6～6.3	除淬火钢外的各种材料，毛坯有铸出孔或锻出孔
10	粗镗（粗扩）—半精镗（精扩）	IT10—IT9	3.2～1.6	
11	粗镗（粗扩）—半精镗（精扩）—精镗（铰）	IT8—IT7	1.6～0.8	

3）导套的加工定位

套类零件加工一般采用互为基准的原则，即加工内圆表面以外圆为基准，加工外圆表面以内圆为基准。

①用两中心孔定位装夹

加工过程中不仅基准重合，而且基准统一，有利于保证各表面间较高的位置精度。但增加了加工中心孔的工序，当顶尖深度不准确时，不易保证轴向尺寸精度，为此可以同时用中心孔及一个端面定位。

②外圆柱表面定位装夹

较短的轴类零件利用三爪自定心卡盘或四爪单动卡盘定位夹紧；较长的轴类零件则要在另一端钻中心孔，利用后顶尖支撑，以提高工件刚性。

③用两端孔定位装夹

对于粗加工后的孔用有齿的顶尖（菊花顶尖）装夹；当零件两端有锥孔或预先制出了工艺

锥孔,就可用锥心轴或锥形堵头定位装夹。

导套加工,磨削和研磨时常见的缺陷是“喇叭口”,如图5.37所示。

造成这种缺陷的原因来自以下两方面:

①砂轮完全处在孔内,砂轮与孔壁的轴向接触长度最大,磨杆所受的径向推力也最大,径向弯曲位移使磨削深度减小,孔径相应变小。当砂轮沿轴向往复运动到两端孔口部位时,砂轮必将超越两端孔口,使孔径增大。其避免方法是:要减小“喇叭口”,就要合理控制砂轮相对孔口断面的超越距离,以便保证孔的加工精度达到规定的技术要求。

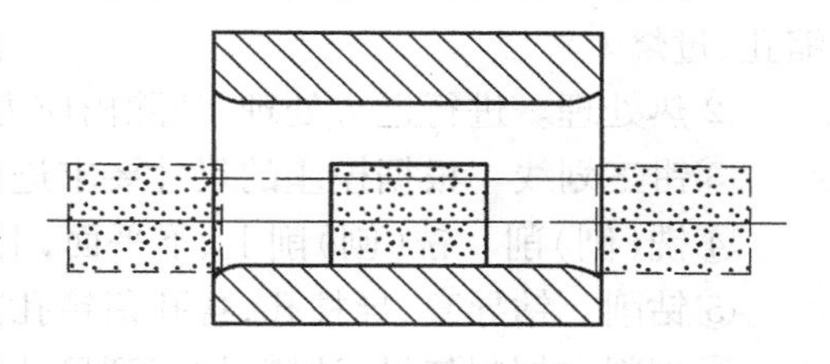
图5.37　磨孔时“喇叭口”的产生

②研磨时工件的往复运动使磨料在孔口处堆积,在孔口处切削作用增强所致。其避免方法是:在研磨过程中应及时清除堆积在孔口处的研磨剂,以防止和减轻这种缺陷的产生。

(3)上、下模座加工

冷冲模的上、下模座是用来安装导柱、导套,联接凸、凹模固定板等零件,并在压力机上起安装作用。目前,其结构、尺寸已标准化。标准冲模模座多用铸铁或铸钢制造。为保证模架的装配要求,使模架工作时上模座沿导柱上、下移动平稳,加工后模座的上、下平面应保持平行,对于不同尺寸的模座其平行度公差见表5.3。

表5.3　模座上下平面的平行度公差

基本尺寸	模架精度等级	
	0Ⅰ、Ⅰ级	0Ⅱ、Ⅱ级
大于40~63	0.008	0.012
大于63~100	0.010	0.015
大于100~160	0.012	0.020
大于160~250	0.015	0.025
大于250~400	0.020	0.030
大于400~630	0.025	0.040
大于630~1 000	0.030	0.050
大于1 000~1 600	0.040	0.060

注:1.滚动导向模架的模座平行度公差采用0Ⅰ,Ⅰ级。
2.其他模座和板的平行度公差采用0Ⅱ,Ⅱ级。

模座主要是平面加工和孔系加工。为了使加工方便和保证模座的技术要求,应先加工平面,再以平面定位加工孔系。模座毛坯表面经过铣(刨)削加工后,再磨上、下平面以提高平面度和上、下平面的平行度,再以平面作主要定位基准加工孔系,从而保证孔加工的垂直度要求。

上、下模座的孔系加工,根据加工要求和生产条件,可在专用镗床、坐标镗床上进行,也可在铣床或摇臂钻床等机床上采用坐标法或利用引导元件进行。有条件的工厂,也可利用加工中心采用相同的坐标程序分别完成上、下模座孔系的钻、扩、铰或镗孔工序。

上、下模座的常用加工工艺过程如下：

①铸造。铸造后的毛坯应留有适当的切削加工余量，并不允许有夹渣、裂纹，以及过大的缩孔、过烧。

②热处理。进行退火处理，消除内应力，以利于后续工序的切削加工。

③钳工划线。根据模座的尺寸要求进行划线。

④铣(刨)削。铣(刨)削上、下平面，上、下各留单面磨削余量0.15～0.20 mm。

⑤钻削。钻导套、导柱孔，各孔留镗孔余量2 mm。

⑥刨削。刨削气槽、油槽，加工到尺寸。

⑦磨削。磨削上、下平面，加工到尺寸要求。

⑧铣削。铣削肩台至尺寸。

⑨镗削。镗削导柱、导套孔。

⑩检验。按图样要求检验。

⑪钳工。加工后的模板应去除未加工表面的毛刺、凸起或对非加工表面涂漆。

5.4.2 注射模模架的加工

注射模具由成型零部件和结构零部件组成。结构零部件部分介绍的内容包括注射模的标准模架、注射模的合模导向机构和支承零部件。支承零部件主要由固定板(动、定模板)、支承板、垫板和动、定模座板等组成。模架结构、形式和尺寸都标准化、系列化。在标准中规定了主要零件的形状与材料。以标准为基础组装各种各样功能零件的模具标准件，近年来已经实现了标准化。标准塑料模具如图5.38所示。

我国已颁布和实施的塑料模具国家标准有以下6种：

①《塑料注射模具零件》(GB/T 4169.1—2006～GB/T 4169.23—2006)。

②《塑料注射模零件技术条件》(GB/T 4170—2006)。

③《塑料成型模具术语》(GB/T 8846—2005)。

④《塑料注射模技术条件》(GB/T 12554—2006)。

⑤《塑料注射模模架》(GB/T 12555—2006)。

⑥《塑料注射模模架技术条件》(GB/T 12556—2006)。

图5.38 标准塑料模具

(1)注射模的结构组成

标准模架一般由定模座板、定模板、动模板、动模支承板、垫块、动模座板、推杆固定板、推板、导柱、导套及复位杆等组成。另外,还有特殊结构的模架,如点浇口模架、带推件板推出的模架。常见的注射模模架如图5.39所示。

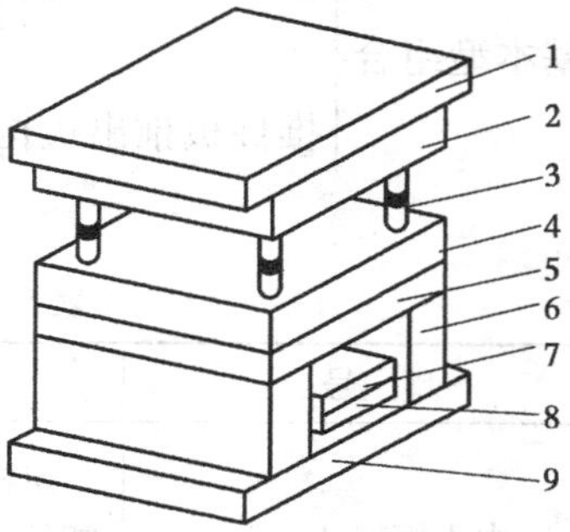

图5.39　最常见的注射模模架

1—定模座板;2—定模板;3—导柱及导套;4—动模板;5—动模支承板;6—垫块;7—推杆固定板;8—推板;9—动模座板

模架是设计、制造塑料注射模的基础部件。我国已完成了《塑料注射模模架》和《塑料注射模模架技术条件》两项国家标准的制订,并由国家技术监督局审批、发布实施。

这里重点讲中小型模架。标准中规定,中小型模架的周界尺寸范围不大于560 mm×900 mm,并规定了其模架结构形式为品种型号。

基本型。基本型分为A_1,A_2,A_3,A_4这4个品种,如图5.40所示。基本型模架的组成、功能及用途见表5.4所示。

派生型。派生型分为P_1—P_9这9个品种。派生型中小模架的组成、功能及用途见表5.5所示。

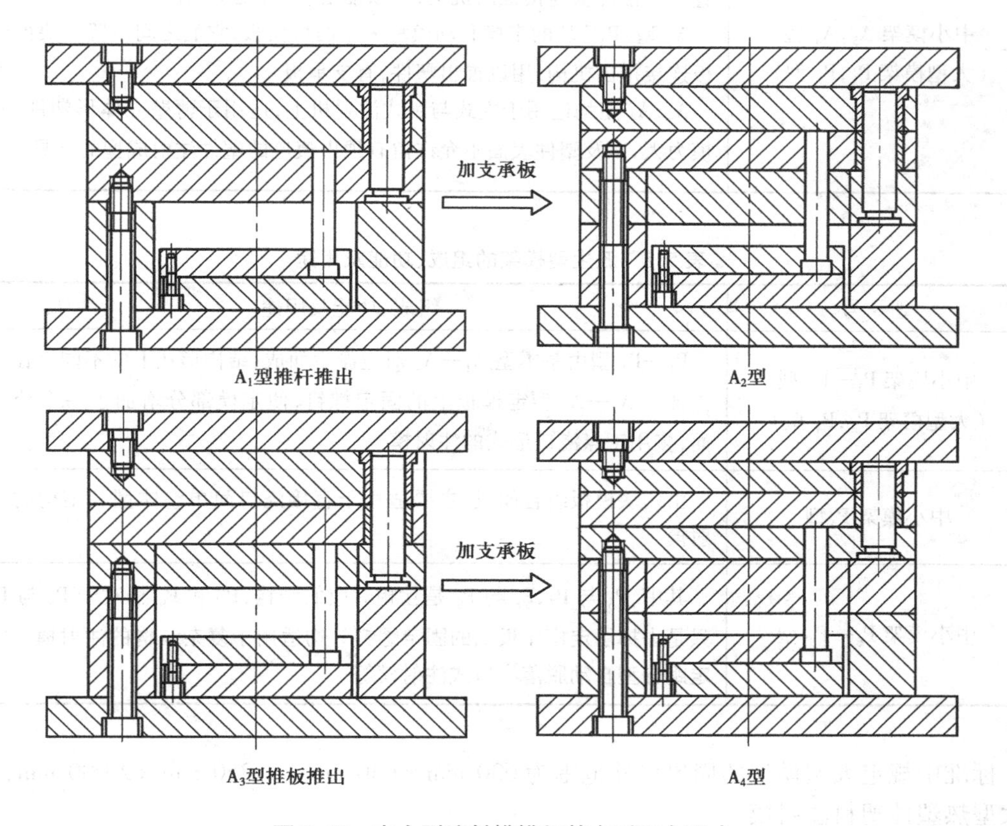

图5.40　中小型注射模模架基本型组合形式

基本型组合
- 推杆推出机构
  - 定模两板，动模一板式　（A_1 型）
  - 定、动模均为两板式　（A_2 型）
- 推件板推出机构
  - 定模两板，动模一板式　（A_3 型）
  - 定、动模均为两板式　（A_4 型）

表 5.4　基本型模架的组成、功能及用途

型　号	组成、功能及用途
中小模架 A_1 型	定模采用两板模板，动模采用一块模板，无支承板，设置以推杆推出塑件的机构组成模架，适用于立式与卧式注射机上，单分型面一般设在合模面上，可设计成多个型腔成型多个塑件注射模
中小模架 A_2 型	定模和动模均采用两板模板，有支承板，设置以推杆推出塑件的机构组成模架，适用于立式与卧式注射机上，用于直浇道，采用斜导柱侧向抽芯、单型腔成型，其分型面可在合模面上，也可设置斜滑块垂直分型脱模式机构的注射模
中小模架 A_3，A_4 型 （大型模架 P_1，P_2 型）	A_3 型（P_1 型）的定模采用两板模板，动模采用一块模板，它们之间设置一块推件板连接推出机构，用以推出塑件，无支承板 A_4 型（P_2 型）的定模和动模均采用两板模板，它们之间设置一块推件板连接推出机构，用以推出塑件，有支承板 A_3，A_4 型均适用于立式与卧式注射机上，适用于薄壁壳体形塑件，脱模力大，以及塑件表面不允许留有顶出痕迹的塑件注射成型的模具

表 5.5　派生型模架的组成、功能及用途

型　号	组成、功能及用途
中小模架 P_1—P_4 型 （大型模架 P_3，P_4 型）	P_1—P_4 型由基本型 A_1—A_4 对应派生而成，结构形式上的不同点在于去掉了 A_1—A_4 型定模板上的固定螺钉，使定模部分增加了一个分型面，多用于点浇口形式的注射模
中小模架 P_5型	由两块模板组合而成，主要适用于直接浇口简单整体型腔结构的注射模
中小模架 P_6—P_9 型	其中，P_6 与 P_7，P_8 与 P_9 是互相对应的结构，P_7 和 P_9 相对于 P_6 与 P_8 只是去掉了定模座板上的固定螺钉。均适用于复杂结构的注射模。如定距分型自动脱落浇口式注射模等

标准中规定大型模架的周界尺寸范围为 630 mm × 630 mm ~ 1 250 mm × 2 000 mm，适用于大型热塑性塑料注射模。

(2)注射模模架的加工要求与加工工艺过程

1)模架的技术要求

模架组合后其安装基准面应保持平行,导柱、导套和复位杆等零件装配后要运动灵活、无阻滞现象,模具主要分型面闭合时的贴合间隙值应符合模架精度要求,Ⅰ级精度模架为0.02 mm;Ⅱ级精度模架为0.03 mm;Ⅲ级精度模架为0.04 mm。

2)模架零件的加工

模架的基本组成零件有导柱、导套和各种模板。导柱、导套的加工主要是内、外圆柱面加工,与冷冲模模架的导柱、导套的加工类似。

各种模板主要是平面加工和孔系加工。对模板进行平面加工时,应特别注意防止变形,保证装配时有关结合平面的平面度、平行度和垂直度要求。

动、定模板上导柱、导套的安装孔,精度要求较高时,可采用坐标镗床、双轴镗床或数控坐标镗床进行加工,如果精度要求较低且无上述设备时,也可在卧式镗床或铣床上,将动、定模板重叠在一起,一次装夹,同时镗出导柱、导套的安装孔。

任务5.5 凸凹模的加工

凸模和凹模是冲裁模的主要工作零件,凸模的刃口轮廓和凹模的型孔,有着较高的加工要求。

5.5.1 凸模的加工

凸模是冲裁模的工作零件,其工作表面的加工方法与形状、尺寸及精度有关,由于冲裁件的形状繁多,凸模刃口轮廓也多种多样。

凸模的分类:从工艺角度考虑,凸模大致可分为圆形凸模(圆柱形凸凹模零件如图5.41)和非圆形凸模两类;按刃口形状分有平刃凸模和斜刃凸模;按结构形式分为整体式、镶拼式、阶梯式、直通式及带护套式凸模等。

图5.41 圆柱形凸凹模零件

(1)圆形凸模的结构形式及加工

圆形凸模结构比较简单,它的工作表面和固定端一般都是圆形,其结构主要由外圆柱面和端面及过渡圆角组成,如图5.42所示。圆形凸模的加工比较简单,其工艺路线一般为:毛坯→车削加工(留磨削余量)→热处理→磨削。

圆形凸模有3种形式:如图5.42(a)所示为用于较大直径的凸模;如图5.42(b)所示为用于较小直径的凸模;如图5.42(c)所示为用于快换式的小凸模。其中,前两种凸模适用于冲裁力和卸料力较大的场合,而第三种凸模便于维修更换。

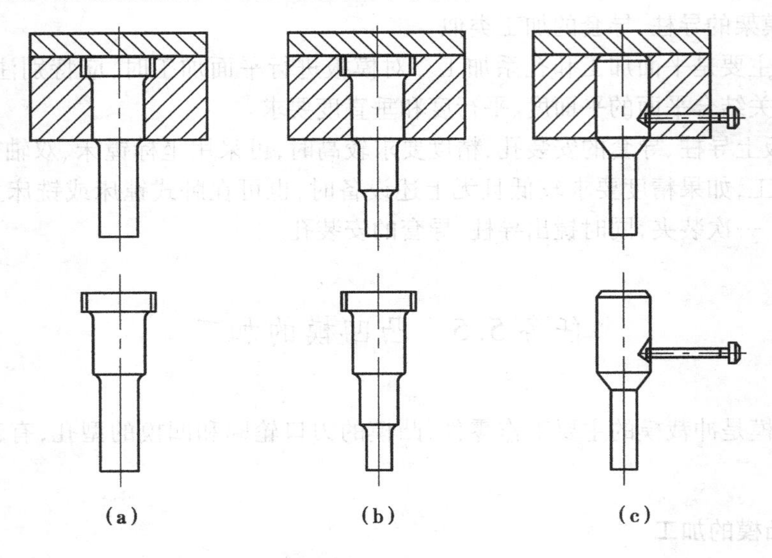

图5.42 圆形凸模

1)圆形凸模的特点

圆形凸模的制造方法比较简单,强度和钢性较好,容易安装,便于维修。台肩的作用是便于安装与固定,保证工作时凸模不脱落。

2)圆形凸模加工的装夹方法

圆形凸模加工时,一般可通过一次装夹或采用同一定位基准安装加工的工艺措施来保证。常见的工艺方案有双顶尖法和工艺夹头法。

①双顶尖法

双顶尖法是先车削出圆形凸模的两个端面,钻两端中心孔,再用双顶尖装夹圆形凸模毛坯,车削及磨削圆柱面。这种方法可保证车削、磨削外圆时安装定位基准相同,适用于细长圆形凸模的加工。

②工艺夹头法

工艺夹头法是先车削出圆形凸模两端面、外圆及工艺夹头,然后用三爪自定心卡盘,一次装夹磨削3个台阶圆。这种方法适用于长径比不大的圆形凸模加工。

(2)非圆形凸模的加工

1)非圆形凸模固定部分的截面形状及固定方法

非圆形凸模固定部分的截面形状一般是比较简单的圆形或矩形,如图5.43所示。其中,如图5.43(a)所示为采用台肩进行固定,如图5.43(b)所示为铆接固定。但必须注意,如果工作部分的截面是非圆形的，而固定部分是圆形的，都必须在固定端接缝处加防转销。如图5.43(c)和图5.43(d)所示为直通式凸模。直通式凸模可采用线切割、成形磨削或成形铣削加工，但是固定板型孔的加工较复杂。这种凸模的工作端面应进行淬火，淬火长度约为全长的1/3。

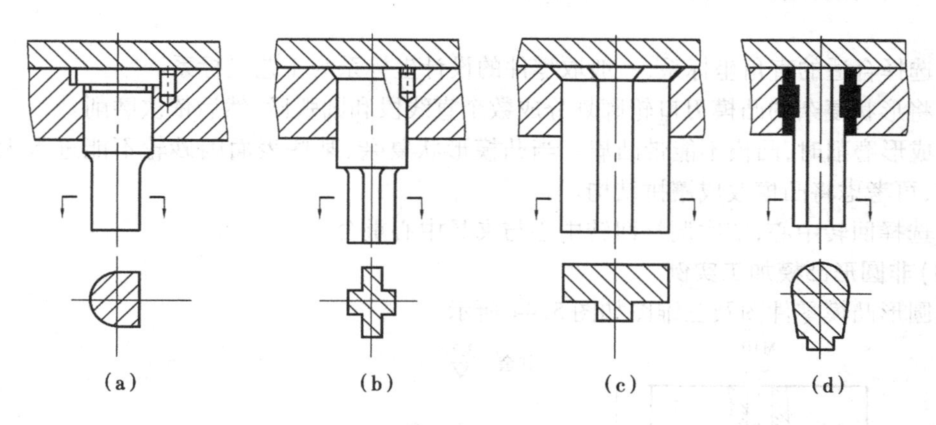

图5.43　非圆形凸模

如图5.43(d)所示为用黏结方法进行固定。常用的黏结剂有低熔点合金、环氧树脂及无机黏结剂等。用低熔点合金等黏结剂固定凸模方法的优点在于当多凸模冲裁时，可以简化凸模固定板的加工工艺；便于在转配时保证凸模和凹模之间有较合理且均匀的间隙。

2）非圆形凸模的加工方式

对于非圆形凸模的加工，常采用刨削、铣削、磨削、压印锉修及线切割等加工方式。

①压印锉修

压印锉修是一种钳工加工方法。压印时，在压力机上将粗加工后的凸模毛坯垂直压入已淬硬的凹模型孔内。通过凹模型孔的挤压和切削作用，凸模毛坯上多余的金属被挤出，并在凸模毛坯上留下了凹模的印痕，钳工按照印痕锉去毛坯上多余的金属，然后再压印，再锉修，反复进行，直到凸模刃口尺寸达到图样要求为止。

②仿形刨床切削加工

仿形刨床主要用于加工刃口轮廓有圆弧和直线组成的形状复杂的带有台肩的凸模和型腔冷挤压冲头。加工表面粗糙度 $R_a = 1.6 \sim 0.8$ μm，尺寸精度可达 ±0.02 mm。刨削前，毛坯各表面先在普通机床上加工，然后在端面上划出刃口轮廓线，按线铣削加工，留单边刨削余量0.2～0.3 mm，在仿形刨床上精加工，并留研磨余量0.01～0.02 mm。

③电火花线切割加工

凸模的电火花线切割工艺过程如下：

a. 准备毛坯，将圆形棒料锻造成六面体，并进行退火处理。

b. 在刨床或铣床上加工六面体的6个面。

c. 钻穿丝孔。

d. 钻孔、攻螺纹，加工出固定凸模用的两个螺钉孔。

e. 将工件进行淬火、回火处理，要求表面硬度达到58～62 HRC。

f. 磨削上、下两平面，表面粗糙度 $R_a < 0.8$ μm。

g. 去除穿丝孔内杂质，并进行退磁处理。

h. 线切割加工凸模。

i. 研磨。线切割加工后，钳工研磨凸模工作部分，使工作表面粗糙度降低。

④成形磨削

成形磨削是目前常用的加工凸模的最有效方法。用万能夹具成形磨削凸模的工艺要点如下：

a. 选择合适的直角坐标系，一般取零件的设计坐标系为工艺坐标系。

b. 将形状复杂的凸模刃口轮廓划分成数个直线段和圆弧段，然后依次磨削。

c. 成形磨削时，凸模不能带凸肩。当凸模形状复杂，某些表面因砂轮不能进入无法直接磨削时，可考虑将凸模改成镶拼结构。

d. 选择回转中心，依次调整回转中心与夹具中心重合。

(3)非圆形凸模加工实例

非圆形凸模零件图及三维图如图 5.44 所示。

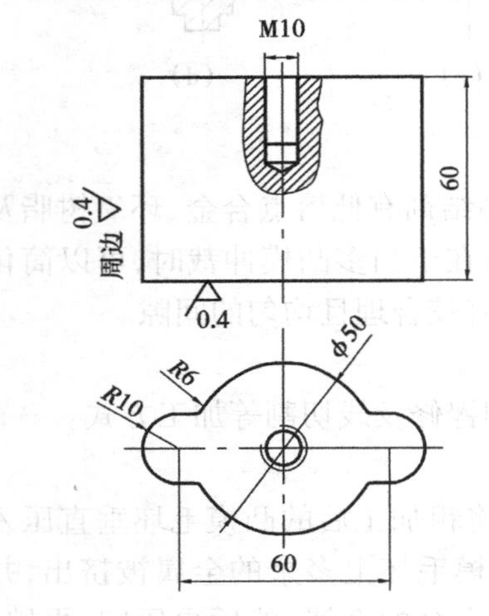

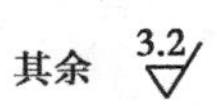

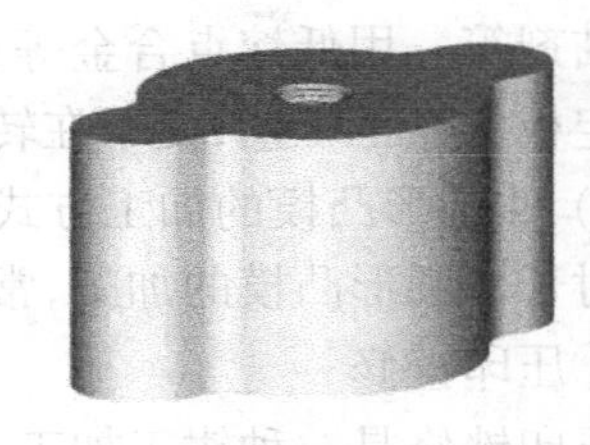

图 5.44　非圆形凸模零件图及三维图

1)零件工艺分析

①零件材料

CrWMn 是冷作模具钢，淬火、回火后，可以获得高耐磨性、基体有较高强度和硬度，淬透性好，能满足凸模实际工作的力学性能要求。切削加工性较差。

②零件组成表面

非圆形刃口表面和紧固螺钉孔。

③主要表面分析

板类零件加工，以毛坯的上、下表面及相邻两侧面作为工艺基准。

④主要技术条件

刃口表面 R_a 为 0.4 μm，与凹模配作，尺寸精度为 IT6。零件需要经过热处理，保证硬度为 58 ~ 64 HRC。

2)零件制造工艺

①毛坯选择

根据零件特点，以及凸模的高硬度、高耐磨性，足够的强度和韧性的力学性能要求，应选锻件。

②主要表面加工方法

要到达凸模刃口表面 R_a 为 0.4 μm，尺寸精度为 IT6,有以下两种方案可供选择:

方案一:粗铣—精铣—成形磨削。

方案二:线切割—研磨。

从现阶段模具制造特点来看,优先选择线切割加工。

③零件制造工艺路线

零件制造工艺路线为:备料—锻造—退火—铣六面—磨六面—划线/攻螺纹孔/钻穿丝孔—热处理—磨六面—线切割—研磨。

④计算工序尺寸及公差

确定各工序余量,计算工序尺寸及公差。

⑤热处理工序的安排

锻造后经过退火,消除应力,改善切削加工性;零件最终热处理为淬火、低温回火,保证硬度为 58~64 HRC。

⑥设备、工装的选择

设备选择有铣床、平面磨床、线切割机床等,加工过程采用通用夹具虎钳、磁力吸盘等,刀具有面铣刀、ϕ8.5 mm 钻头、M10 丝锥等,量具选用游标卡尺。

⑦工艺过程卡

工艺过程卡见表 5.6。

表 5.6　工艺过程卡

零件工艺过程卡		模具名称	垫片落料模	零件编号		材料编号	CrWMn
		零件名称	凸模	零件件数	1	毛坯种类	锻件
工序号	工序名称	工序内容		设　备	工艺装备		
					刀具		量、夹具
1	下料			锯床	锯条		钢直尺
2	锻造	锻成 85 mm×55 mm×65 mm					游标卡尺
3	热处理	退火					
4	铣削	铣六面留单面余量 0.4 mm		立铣床	面铣刀		虎钳
5	磨削	上、下平面及相邻两侧		平面磨床	平面砂轮		平口钳
6	钳工	划线、钻/攻螺纹,钻穿丝孔			钻头、丝锥		
7	热处理	淬火加低温回火					

续表

工序号	工序名称	工序内容	设　备	工艺装备	
				刀具	量、夹具
8	磨削	磨削六面至尺寸要求	平面磨床	平面砂轮	
9	线切割	切割内、外刃口面	快走丝线切割	ϕ0.18 钼丝	
10	研磨	研磨内、外刃口面			
11	检验				

5.5.2　凹模的加工

(1)凹模的工艺特点

在多孔冲裁模中,凹模上孔系的位置精度通常要求在±(0.01～0.02) mm 以上,加工较困难;凹模在镗孔时,孔与外形有一定的位置精度要求,加工时要求准确确定孔的中心位置,这给加工带来很大难度;凹模型孔加工的尺寸往往直接取决于刀具的尺寸,因此刀具的尺寸精度、刚度及磨损将直接影响内孔的加工精度;凹模型孔加工时,切削区在工件内部,排屑、散热条件差,加工精度和表面质量不容易控制。

(2)凹模的分类

凹模根据其外部形状不同可分为圆形凹模和方形凹模。如果按凹模孔口形式分类,则可分为柱形凹模、锥形凹模和过渡柱形凹模。柱形凹模刃口强度高,刃磨后尺寸不变,制造方便,但在工件或废料向下落出的模具结构中,工件或废料会积存在刃口内,凹模的胀力大,增大了冲压力和刃壁的磨损;适用于冲裁件形状复杂、精度高的上出件。锥形凹模能自动向下出件,工件或废料不会积存在刃口孔内,但刃口强度不高,刃磨后尺寸会变,制造较困难;适用于形状简单、尺寸小、精度不高,向下出件的冲裁件。过渡柱形凹模刃口强度高,刃磨后尺寸不变,可以上、下出件,制造容易,缺点与柱形凹模相同,适用于形状复杂、上下出件、精度高的冲裁件。

(3)凹模的加工方法

凹模型孔为单个圆孔或一系列圆孔(孔系)时,加工方法在项目 2 已经叙述,这里不再重复。下面主要介绍凹模非圆形型孔的加工方法。

非圆形型孔的加工比较复杂,首先要去除非圆形型孔中心的废料,然后进行精加工。非圆形型孔的凹模通常是将毛坯锻造成矩形,加工各平面后进行划线,再将型孔中心的余料去除而成的。

当凹模尺寸较大时,也可以用氧-乙炔火焰气割的方法去除型孔内部的废料。切割时型孔应留足加工余量。切割后的模坯应进行退火处理,以便进行后续加工。

去除余料后,生产中常用的型孔精加工方法有压印锉修、仿形铣削、电火花线切割和电火花加工。

(4)凹模加工实例

凹模零件图及三维图如图 5.45 所示。

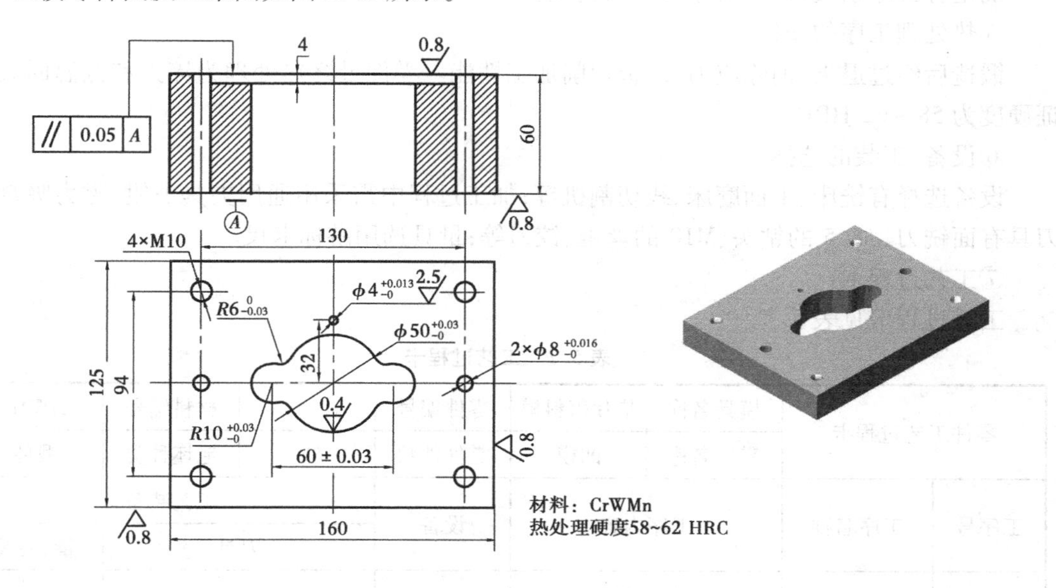

图 5.45　凹模零件图及三维图

1)零件工艺分析

①零件材料

CrWMn 是冷作模具钢,淬火、回火后,可获得高耐磨性,基体有较高强度和硬度,淬透性好,能满足凹模实际工作的力学性能要求。切削加工性较差。

②零件组成表面

非圆形刃口表面,漏料孔,4 × M10 螺钉孔,2 × ϕ8 的销孔和 ϕ4 的挡料销。

③主要表面分析

板类零件加工以上、下表面及相邻两侧面作为工艺基准。

④主要技术条件

内形刃口表面 R_a 为 0.4 μm,尺寸精度为 IT6,外形表面 R_a 为 0.8 μm。上、下表面有平行度要求,零件需要经过热处理,保证硬度为 58 ~ 62HRC。

2)凹模制造工艺

①毛坯选择

根据零件特点,以及凹模的高硬度、高耐磨性,足够的强度和韧性的力学性能要求,应选锻件。

②主要表面加工方法

内形采用线切割加工刃口和挡料销孔,再研磨;外形采用粗铣—精铣—磨削。

③凹模制造工艺路线

凹模制造工艺路线为:备料—锻造—退火—铣六面—磨六面—划线/钻螺纹孔及销孔/穿丝孔—热处理—磨六面—线切割挡料销孔及型孔—研磨型孔。

④计算工序尺寸及公差

确定各工序余量,计算工序尺寸及公差。

⑤热处理工序的安排

锻造后经过退火,消除应力,改善切削加工性能。零件最终热处理为淬火和低温回火,保证硬度为58 ~62 HRC。

⑥设备、工装的选择

设备选择有铣床、平面磨床、线切割机等;加工过程中需采用通用夹具虎钳、磁力吸盘等;刀具有面铣刀、ϕ8.5 的钻头、M10 的丝锥、铰刀等;量具选用游标卡尺。

⑦工艺过程卡

工艺过程卡见表5.7。

表5.7 工艺过程卡

零件工艺过程卡	模具名称	垫片落料模	零件编号		材料编号	CrWMn
	零件名称	凹模	零件件数	1	毛坯种类	锻件

工序号	工序名称	工序内容	设备	工艺装备	
				刀具	量、夹具
1	备料	将毛坯锻成平行六面体尺寸 166×130×65			游标卡尺
2	热处理	退火			
3	铣平面	铣平面,留磨削余量0.6 mm,侧面留磨削余量0.4 mm	立铣床	面铣刀	虎钳
4	磨平面	磨上下平面,留磨削余量0.3 ~0.4 mm,磨相邻两侧面保证垂直度	平面磨床	平面砂轮	平口钳
5	钳工划线	划出对称中心线,固定孔及挡料销孔线,穿丝孔			
6	钳工	钻/攻螺纹孔,钻铰销孔及钻穿丝孔		钻头、铰刀、丝锥	
7	检验				
8	热处理	按热处理工艺保证58 ~62 HRC			
9	磨平面	磨上下面及基准面达要求	平面磨床	平面砂轮	
10	线切割	切割挡料销孔及型孔,留研磨余量0.01 mm	快走丝线切割	ϕ0.18 钼丝	
11	研磨	研磨型孔达规定技术要求			
12	检验				

任务5.6　成形磨削

成形磨削是指工件成品需依赖研磨将之加工为特定形状，成形磨削加工中心不同于一般的平面、外圆、无心及内径研磨。成形磨削工艺多用于模具刃口形状以及凸、凹模拼块型面的成形加工。模具刃口形状的磨削，如图5.46所示。

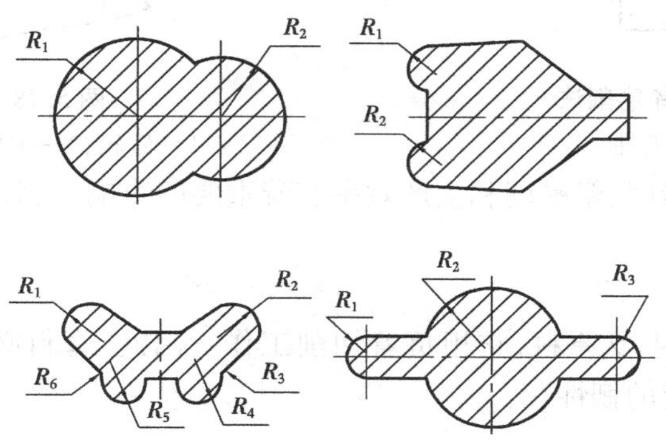

图5.46　模具刃口形状的磨削

5.6.1　成形磨削概述

成形磨削可在平面磨床上采用成形砂轮或利用专用夹具改变运动轨迹进行磨削，也可在专用的成形磨床上进行磨削。进行磨削时，需将外形轮廓分为若干直线或圆弧段，然后按一定顺序逐段磨削成形，以达到图样的尺寸、形状及其精度要求，这样的加工方式称为成形磨削。成形磨削加工精度可达IT5，粗糙度 R_a 可达0.1 μm；成形磨削可加工淬硬件及硬质合金材料。

(1)磨削方法

常用的成形磨削方法按加工原理不同可分为成形砂轮磨削法（也称仿形法）和夹具磨削法（也称范成法）。成形砂轮磨削法是将砂轮修整成与工件型面完全吻合的相反型面，再用砂轮去磨削工件，如图5.47所示。夹具磨削法是加工时将工件装夹在专用夹具上，通过有规律地改变工件与砂轮的位置，实现对工件型面的加工，从而获得所需的形状与尺寸，如图5.48所示。范成法是目前齿轮加工中最常用的一种方法。它是根据一对齿轮啮合传动时，两轮的齿廓互为共轭曲线的原理来加工的。

(2)成形磨削的主要特征

①可加工高精度的形状和尺寸。

②表面变质层极少，零件耐磨性好。

③可加工淬硬钢及硬质合金。

④表面光洁度好。

(3)砂轮的特性及种类

砂轮是磨削的主要工具，是由磨料和结合剂构成的多孔物体。其中，磨料、结合剂和孔隙是砂轮的3个基本组成要素。随着磨料、结合剂及砂轮制造工艺等的不同，砂轮特性可能差

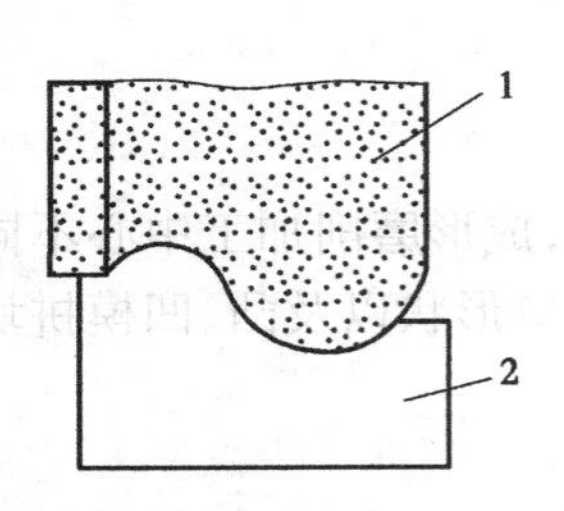

图 5.47　成形砂轮磨削法

1—砂轮；2—工件

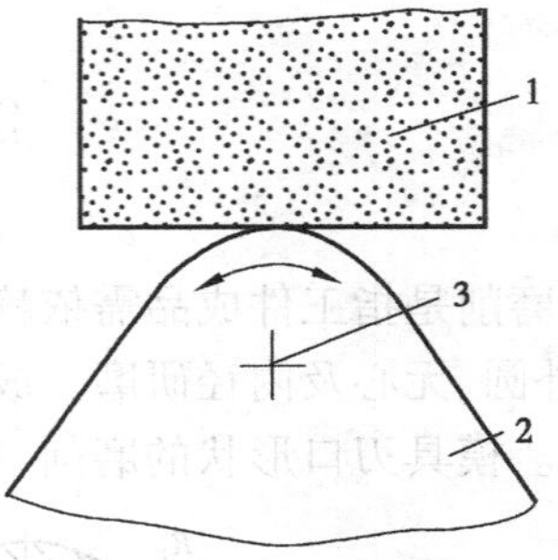

图 5.48　夹具磨削法

1—砂轮；2—工件；3—夹具回转中心

别很大，对磨削加工的精度、粗糙度和生产效率有着重要的影响。因此，必须根据具体条件选用合适的砂轮。

1）磨料及其选择

磨料是制造砂轮的主要原料，它担负着切削工作。因此，磨料必须锋利，并且具有高硬度、良好的耐热性和一定的韧性。

2）结合剂及其选择

砂轮中用以黏结磨料的物质称为结合剂。砂轮的强度、抗冲击性、耐热性及抗腐蚀能力主要决定于结合剂的性能。

3）硬度及其选择

砂轮的硬度是指砂轮表面上的磨粒在磨削力的作用下脱落的难易程度。砂轮的硬度软，表示砂轮的磨粒容易脱落；砂轮的硬度硬，表示磨粒较难脱落。砂轮的硬度和磨料的硬度是两个不同的概念，同一种磨料可以制成不同硬度的砂轮，它主要取决于结合剂的性能、数量以及砂轮制造的工艺。

选择砂轮硬度的一般原则：加工软金属时，为了使磨料不至于过早脱落，则选用硬砂轮。加工硬金属时，为了能及时使磨钝的磨粒脱落，从而露出具有尖锐棱角的新磨粒，选用软砂轮。

4）砂轮的形状及其选择

砂轮的种类很多，并有各种形状和尺寸，由于砂轮的磨料、结合剂材料以及砂轮的制造工艺不同，各种砂轮就具有不同的工作性能。每一种砂轮根据其本身的特性，都有一定的适用范围。因此，磨削加工时，必须根据具体情况，综合考虑工件的材料、热处理方法、加工精度和粗糙度、形状尺寸、磨削余量等要求，选用合适的砂轮。否则会因砂轮选择不当而直接影响加工精度、表面粗糙度及生产效率。常用砂轮外径一般不小于 150 mm，最大可至 200 mm，厚度应根据工件形状决定。

5.6.2　成形砂轮磨削法

成形砂轮磨削法的难点与关键点是砂轮的修整。常用的方法有砂轮修整器修整、样板刀挤压、数控机床修整和电镀法。在一些中小企业由于设备条件的限制，利用一般平面磨床并借助专用夹具及成形砂轮进行成形磨削的方法，此方法在模具零件的制造中占有很重要的地位。而在一般大中型工厂及专业模具工厂，常利用成形磨床进行磨削，即在成形磨床的夹具工作台上，安装有万能夹具，必要时再配合成形砂轮，可磨削由圆弧及直线组成的复杂模具零件表面，其加工精度高、表面粗糙度低。

(1)砂轮修整器修整

1)砂轮角度的修整

在磨削工件的斜面时，采用角度砂轮。角度砂轮是由平砂轮修整而成的圆锥部分。修整时，砂轮由磨头带动转动，角度修整器上的金刚石刀相对于砂轮轴线倾斜一定的角度来回往复移动对砂轮修整，直至修成所需的锥面。角度修整砂轮夹具如图5.49所示，它可以修整0～100°的各种角度砂轮。主要由机座、倾斜机构、滑块导轨机构组成。来回旋转手轮10，通过齿轮5和齿条4的啮合，将旋转运动转换成直线运动，装有金刚石刀2的滑块3沿着正弦尺座1的导轨往复移动。根据砂轮所需修整的角度，可在正弦圆柱9与平板7之间垫块规使正弦尺座绕心轴转动一定的角度。

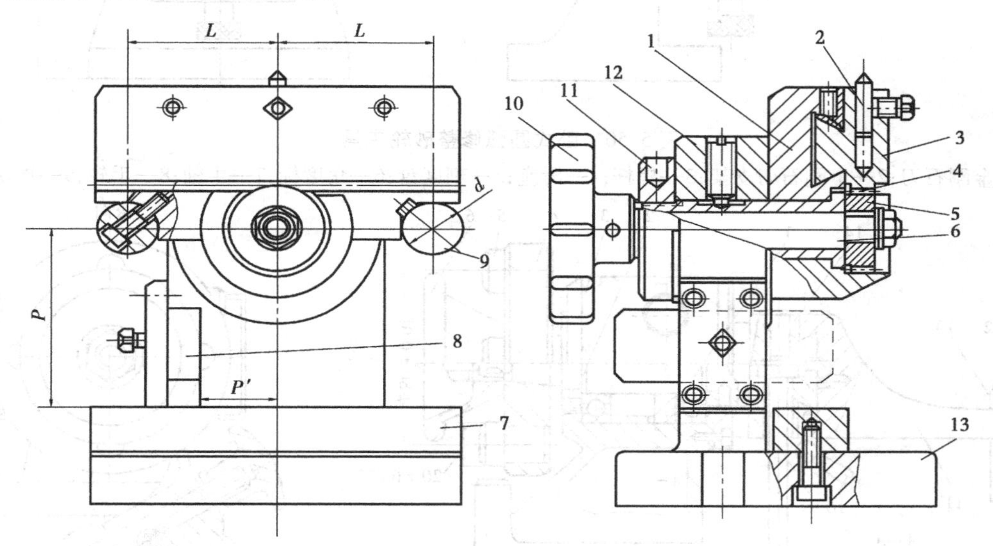

图5.49　角度修整砂轮夹具结构

1—正弦尺座；2—金刚石刀；3—滑块；4—齿条；5—齿轮；6—轴；7—平板；8—垫板；9—正弦圆柱；10—手轮；11—螺母；12—支架；13—底座

2)圆弧砂轮的修整

修整圆弧砂轮工具的结构虽有多种方法，但其原理都相同。圆弧修整砂轮夹具有卧式圆弧修整砂轮夹具、立式圆弧修整砂轮夹具、摆动式圆弧修整砂轮夹具等。卧式圆弧修整砂轮夹具如图5.50所示，它由摆杆、滑座和支架等组成。转动手轮8可使固定在主轴7上的滑座等绕主轴中心回转，其回转的角度用固定在支架上的刻度盘5、挡块9和角度标6来控制。金刚石刀1固定在金刚石刀支架2上，通过螺杆3，摆杆便在滑座4上移动，在底座与金刚石刀尖之间垫块规可调节金刚石刀尖至回转中心的距离，以保证砂轮圆弧半径值达到较高的精度。该夹具可修整各种不同半径的凹、凸圆弧，或由圆弧与圆弧相连的型面。万能修整砂轮夹具如图5.51所示，可修整凸、凹圆弧及角度砂轮，并可修整由圆弧与圆弧或直线相连的型面砂轮。

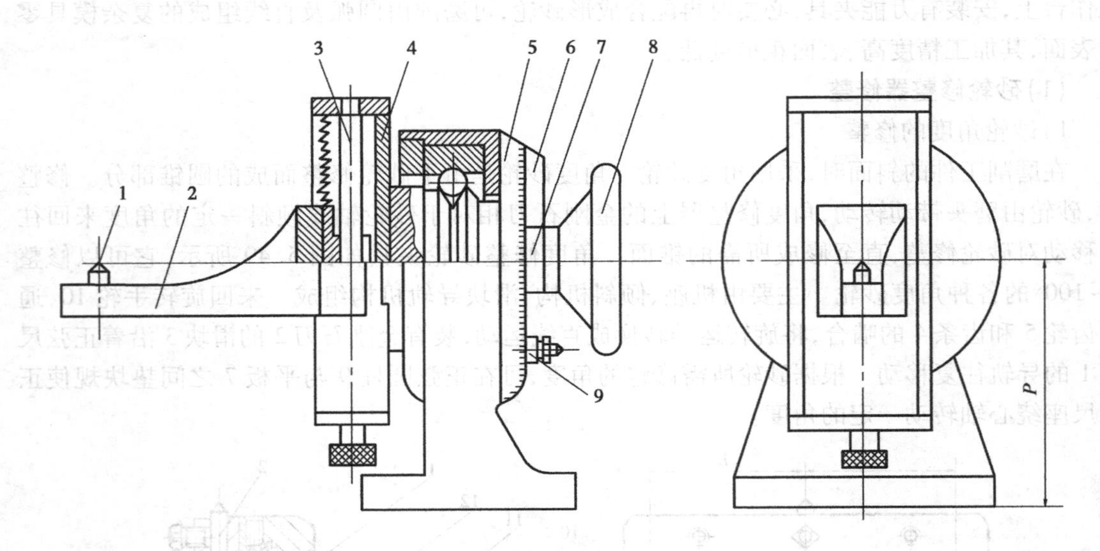

图 5.50　卧式圆弧修整砂轮夹具

1—金刚石刀；2—金刚石刀支架；3—螺杆；4—滑座；5—刻度盘；6—角度标；7—主轴；8—手轮；9—挡块

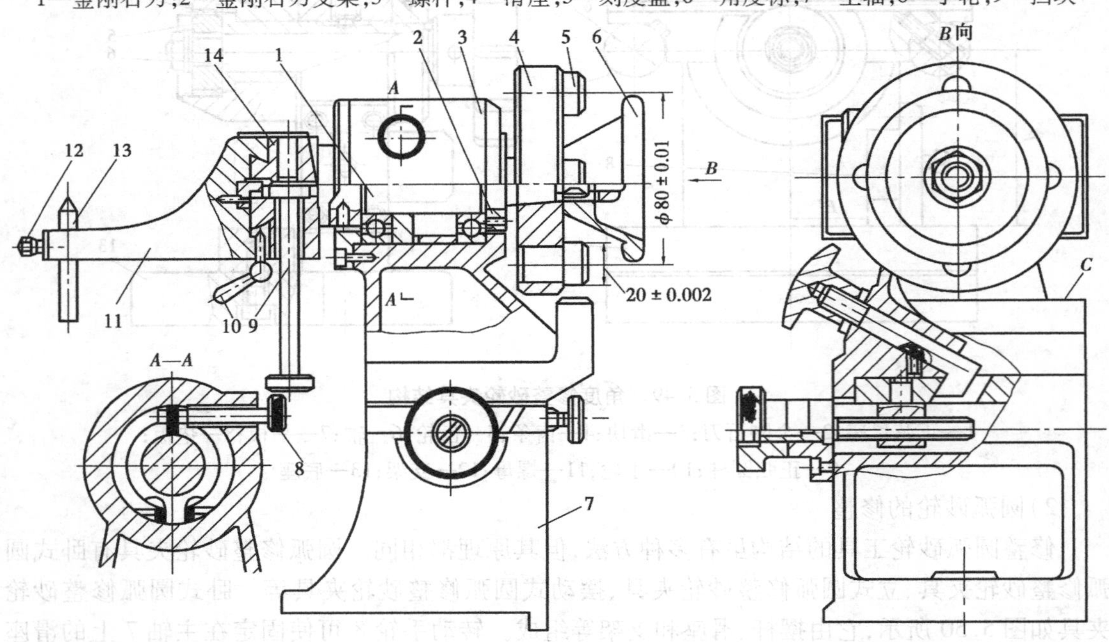

图 5.51　万能修整砂轮夹具结构

1—主轴；2—调整螺母；3—主体；4—正弦分度盘；5—正弦圆柱；6—手轮；7—底座；8—紧定螺钉；9—正齿轮杆；10—锁紧手柄；11—刀杆滑板；12—螺钉；13—金刚石刀杆；14—横滑板

(2)样板刀挤压

利用成形车刀挤压慢速旋转的砂轮将砂轮修整成所需形状与尺寸。此方法的关键是利用电火花线切割机先加工出成形车刀，然后再用车刀对慢速旋转的砂轮挤压，修整出所需砂轮。

(3)数控机床修整

将砂轮安装在数控机床主轴上,金刚石刀固定在刀架(车床)或工作台(铣床)上,利用数控指令使金刚石刀相对于砂轮进给修整出成形砂轮。

(4)电镀法

电镀法与金刚石锉刀的制造方法相同,先加工钢的轮坯,再用电镀法在轮坯表面镀一层金刚砂。这种方法比较简单,但所得砂轮的耐用度比较低,精度也不高。

5.6.3 夹具磨削法

夹具磨削法的核心是依据成形面的复杂程度选用不同的夹具,使工件相对于高速旋转的砂轮移动,从而加工出所需形面。加工平面或斜面可用磁性吸盘、导磁体、正弦精密平口虎钳和正弦精密磁力台;加工具有一个回转中心的工件可用正弦分中夹具、旋转夹具;加工具有多个回转中心的工件可用万能夹具。

5.6.4 成形磨削的顺序

模具凸模、凹模拼块一般由多圆弧面和多角度平面相互平滑、光顺地连接成封闭的柱状、型孔等,即构成凸模、凹模的刃口。如图5.52所示,成形磨削时,根据工件形状与技术要求,采用分段磨削,并在实际加工中,有时会仿形法、范成法混合使用。

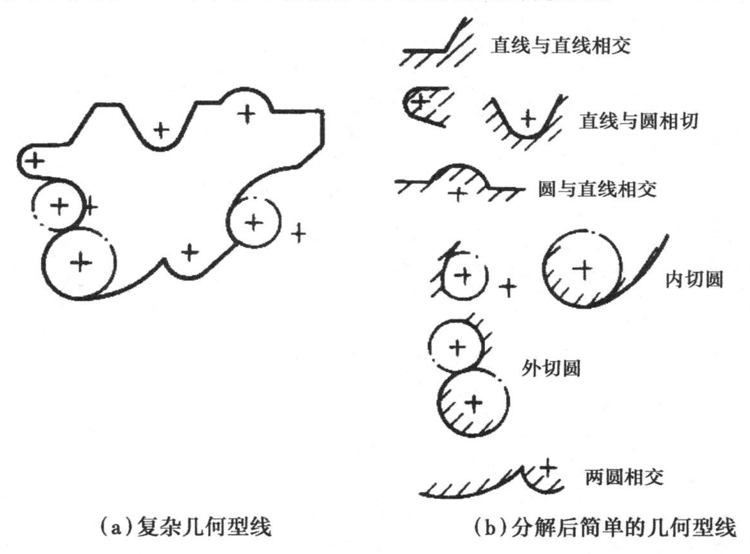

图5.52 复杂几何型线的分解磨削

凸凹模拼块成形磨削时应遵循以下规则:先确定磨削水平与垂直方向的基准面;再顺次磨削与基准面相平行的加工面,以及精度高或较大的加工面。当平面与凹圆弧面相连接时,需先磨削凹圆弧面,再顺次磨削平面;当平面与凸圆弧面相连接时,需先磨削平面,再顺次磨削凸圆弧面。两凸圆弧面相连接时,应先磨削半径较大的凸圆弧面;两凹圆弧面相连接时,应先磨削半径较小的凹圆弧面。总之,在磨削过程中应先磨削形状简单、操作方便的面。

思考与练习

1. 简述模具制造流程的 5 个阶段。
2. 简述模具制造的特点。
3. 模具的技术经济指标有哪几项？
4. 影响模具寿命和精度的因素有哪些？
5. 塑料模常用的材料有哪些类型？举出 2 ~ 3 个钢的牌号。
6. 冲压模具零件应具备什么特点？
7. 简述注塑模排气槽的功能。
8. 特种加工与传统切削加工方法在加工原理上的主要区别有哪些？
9. 电火花加工的优缺点有哪些？
10. 实施模具标准化有什么好处？
11. 加工导柱、导套的注意事项是什么？
12. 什么是冲裁间隙？为什么说冲裁间隙是重要的？
13. 凸凹模加工工艺有哪些不同？

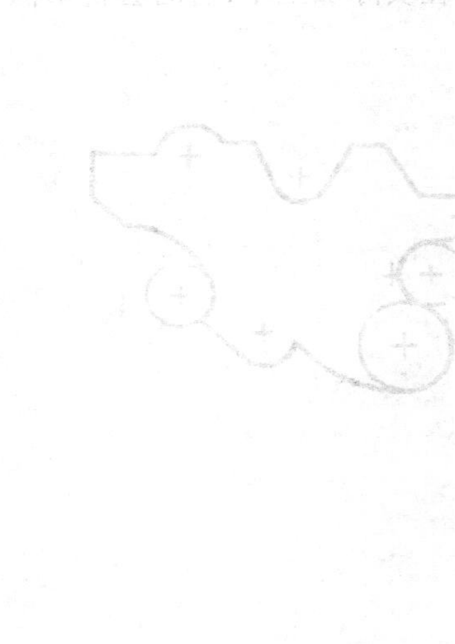

项目 6 模具装配与生产

企业生产的核心是提高经济效益,即以尽量低的成本获取最大的利润。要提高效益,一靠技术,二靠管理。在模具生产中,靠技术能生产出优质的模具;靠管理,通过提高工作效率、设备利用率等来缩短模具制造周期,通过减少原材料消耗和科学的管理来降低模具成本,从而可获得更高的经济效益。因此,在模具生产中技术和管理同等重要。

本项目,在讲装配技术的同时,重点将讲模具生产中的管理问题。

任务 6.1 模具装配概述

模具装配是控制模具质量的关键步骤,也是模具制造中技术含量最高的环节,对员工的技能、经验、手工操作能力都有很高的要求。

6.1.1 基本概念

模具装配就是根据模具装配图样和技术要求,将模具的零部件按照一定工艺顺序进行配合、定位、联接与紧固,使之成为符合设计、生产要求的模具。模具的装配过程必须严格按照一定的工艺路线和技术要求进行。

模具装配的依据是装配图及验收技术条件,模具装配的基础是组成模具的各类部件符合技术要求。

6.1.2 模具装配的内容及特点

(1)模具装配的内容

模具装配主要有两方面内容:一是将加工好的零部件按图纸要求进行组装、部装、总装;二是在装配过程中进行一些补充加工,如调试、修正等。

模具装配过程主要包括选择装配基准、组件装配、调整、修配、总装、研磨抛光、检验和试模、修模等工作。

(2)模具装配的特点

①模具装配属单件装配(不是批量生产),工艺灵活性大。

②模具装配大都采用集中装配(不是分散装配)。

③模具装配一般都是由一个工人或一组工人在固定的地点完成。

④模具装配中手工操作比重大,工人要有较高的技术水平、多方面的工艺知识和一定的熟练程度。

6.1.3 模具装配工艺规程

模具装配工艺规程是指导模具装配的技术文件,也是制订模具生产计划和进行技术准备的依据。

模具装配工艺规程包括模具零件和组件的装配顺序、装配基准的确定、装配工艺方法和技术要求、装配工序的划分以及关键工序的详细说明、必备的工具和设备、检验方法和验收条件等。

6.1.4 模具装配精度的要求

①相关零件的位置精度满足设计要求。例如,定位销孔与型孔的位置精度,上下模之间、动定模之间的位置精度等。

②相关零件的运动精度满足设计要求。其中,包括直线运动精度、圆周运动精度及传动精度。例如,导柱和导套之间的配合状态。

③相关零件的配合精度满足设计要求。例如,相互配合零件的间隙或过盈量是否符合技术要求。

④相关零件的接触精度满足设计要求。例如,模具分型面的接触状态如何,间隙大小是否符合技术要求,等等。

任务6.2 模具装配尺寸链与装配工艺方法

模具装配的重点有两个:一是尺寸精度,二是位置精度。装配尺寸链主要是控制模具的尺寸精度,装配工艺方法则偏重于对位置精度的控制。

6.2.1 装配尺寸链

在模具的装配中,各零部件需要按照一定的顺序关系和联接关系组装在一起,组装时相关零件的尺寸或相互位置关系(同轴度、平行度和垂直度等)必须满足一定的要求,如果把这些尺寸和位置关系按照一定的顺序首尾相连就会组成一个尺寸链条,称为装配尺寸链。如图6.1所示的A_1,A_2,A_3就组成了一个装配尺寸链。

(1)装配尺寸链的封闭性

组成尺寸链的有关尺寸按一定顺序首尾相连接构成封闭图形,没有开口,就是尺寸链的封闭性。简单地说,就是一部分尺寸之和必须等于另一部分尺寸之和(见图6.1)。

$$A_1 = A_2 + A_3$$

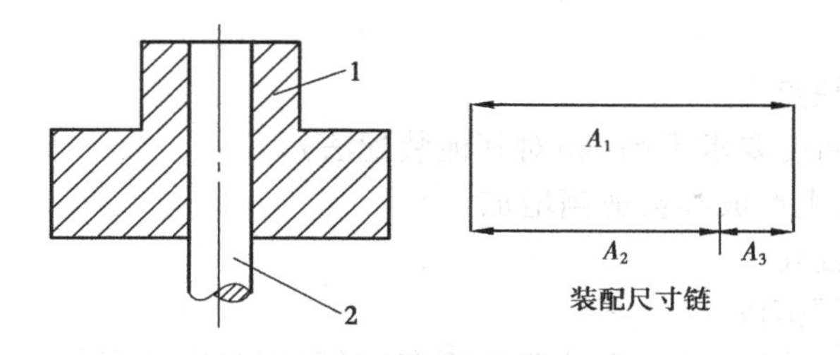

图6.1　导柱与导套装配图

1—导套;2—导柱;A_1—导套内径;A_2—导柱外径;A_3—装配间隙

(2)封闭环和组成环

组成装配尺寸链的每一个尺寸称为装配尺寸链环,尺寸链环可分为封闭环和组成环两大类。

1)装配尺寸链的封闭环

封闭环是模具零部件装配后形成新整体的精度和技术要求,是通过将零件、部件等装配好以后才得到的,是一个结果尺寸或位置关系,如图6.1所示的A_3。

2)组成环

在装配关系中,直接影响装配精度的那些零件、部件的尺寸和位置关系,是装配尺寸链的组成环,如图6.1所示的A_1,A_2。

组成环分为增环和减环。

当某个组成环尺寸增大(其他组成环尺寸不变),封闭环尺寸也随之增大时,则该组成环为增环。如图6.1所示的A_1。

当某个组成环尺寸增大(其他组成环尺寸不变),封闭环尺寸随之减小时,则该组成环称为减环。如图6.1所示的A_2。

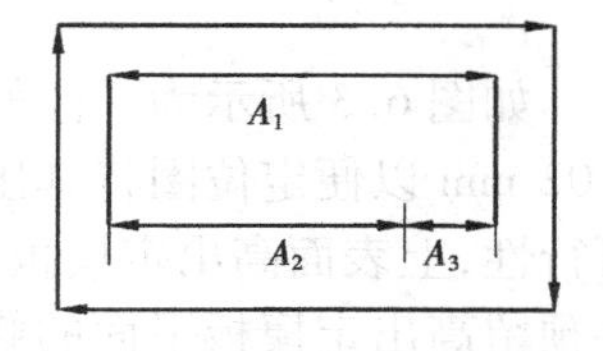

图6.2　增环、减环判别

判别增环、减环的方法:如图6.2所示,在尺寸链图上平行于封闭环,沿任意方向画一箭头,然后沿此箭头方向环绕尺寸链一周,平行于每一个组成环尺寸依次画出箭头,箭头指向与封闭环相反的组成环为增环(A_1与A_3方向相反,因此A_1为增环),箭头指向与封闭环相同的为减环(A_2与A_3方向相同,因此A_2为减环)。

6.2.2　模具装配的工艺方法

模具装配的工艺方法可分为互换装配法和非互换装配法两种。非互换装配法又分为修配装配法和调整法。

目前,我国模具装配以非互换装配法为主,逐渐向互换装配法过渡。

(1)互换装配法

装配时,各个配合的模具零件不经选择、修配、调整,组装后就能达到预先规定的装配精度和技术要求,这种装配方法称互换装配法。它是利用控制零件的制造误差来保证装配精度的方法。其原则是各有关零件公差之和小于或等于允许的装配误差。

1)互换装配法的优点

①装配质量稳定,装配过程简单,生产率高。

②对工人技术水平要求不高,模具维修方便,易于流水作业和自动化装配。

③容易实现专业化生产,降低成本。

④备件供应方便。

2)互换装配法的缺点

①对零件的加工精度要求更高(相对其他装配法)。

②加工难度更大,生产成本会适当增加。

③管理水平要求较高。

3)互换装配法适用范围

生产批量较大和尺寸链较短(尺寸要求不多)时可用互换装配法。

(2)修配装配法

修配装配法是在某零件上预留修配量,装配时根据实际需要修整预修面来达到装配要求的方法。

例如,浇口套组件修配装配。

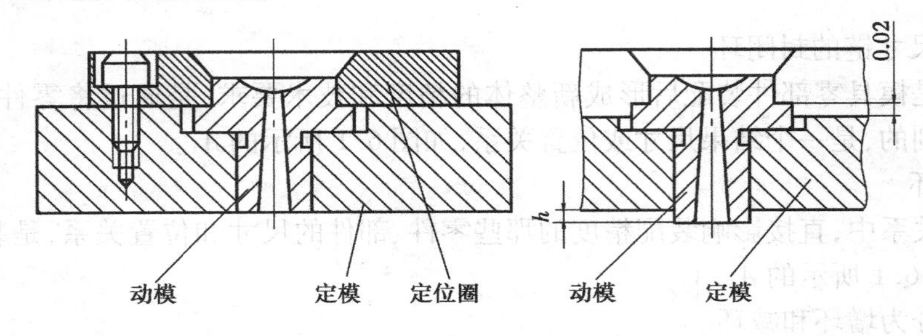

图 6.3 浇口套组件修配装配

如图 6.3 所示为一注射模具的浇口套组件。浇口套装入定模板后要求上面高出定模板 0.02 mm 以便定位圈将其压紧。下表面则与定模板平齐。为了保证零件加工和装配的经济可行性,上表面高出定模板平面的 0.02 mm 由加工精度保证,下表面则选择浇口套为修配零件预留高出定模板平面的修配余量 h,将浇口套压入模板配合孔后,在平面磨床上将浇口套下表面和定模板平面一起磨平,使之达到装配要求。

1)修配装配法的优点

①能够获得很高的装配精度。

②零件的制造精度可以适当放宽。

2)修配装配法缺点

①装配中增加了修配工作量,工时多且不易预先确定。

②装配质量与工人的技术水平有关。

③生产效率低。

3)修配装配法适用范围

修配装配法适用于小批量生产或单件生产的模具装配。在单件小批生产中,当装配精度要求高时,如果采用互换装配法,就会对相关零件的要求很高,增加加工难度,从而增加加工成本。因此,在这种情况下常常采用修配装配法。

4)采用修配装配法注意事项

①正确选择修配对象。首先选择那些只与本装配精度有关,而与其他装配精度无关的零件作为修配对象,再选择其中易于拆装且修配面不大的零件作为修配件。

②通过尺寸链计算,合理确定修配件的尺寸和公差,既要保证它有足够的修配量,又不要使修配量过大。

③尽可能用机械加工方法代替手工修配。如用手持电动或气动修配工具。

(3)调整装配法

调整装配法就是将组成模具的相关零件按经济加工精度制造，在装配时通过改变一个零件的位置或选定适当尺寸的调节件(如垫片、垫圈、套筒等)进行补偿，以达到规定的装配精度的装配方法。

如图6.4所示为塑料注射模滑块型芯水平位置的装配调整示意图。根据预装配时对间隙的测量结果，从一套不同厚度的调整垫片中选择一个适当厚度的调整垫片进行装配，从而达到所要求的位置精度。

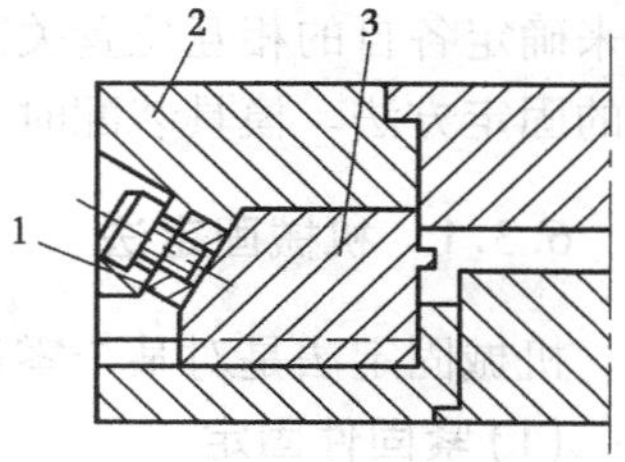

1)调整装配法的优点

①在零部件按经济加工精度制造的条件下，能获得较高的装配精度。

②不需要做任何修配加工，还可以补偿因磨损和热变形对装配精度的影响。

2)调整装配法的缺点

①需要增加尺寸链中零件的数量(如垫片)。

②装配精度依赖工人的技术水平。

图6.4 调整装配法

1—调整垫片；2—紧楔块；3—滑块型芯

6.2.3 模具装配工艺过程

(1)模具装配工艺过程

模具装配工艺过程一般由研究图样、零部件检查清理、组件装配、总装配及检验调试5个步骤组成。

1)研究图样

主要是研究装配图，装配图是装配的主要技术依据。通过对装配图的分析研究，弄清要装配模具的结构特点和技术要求、各零部件的安装部位、功能要求和加工工艺过程，与相关零件的联接方式和配合性质，在此基础上确定合理的装配基准、装配方法和装配顺序。

2)零部件清理检查

根据总装配图零件明细表，清点、清理所有零部件，一检查数量，二检查零部件的尺寸精度和形位公差，三检查各部分配合面的间隙、加工余量，四检查零部件的外观，看有无变形、裂纹等明显缺陷。

3)组件装配

按照零件功能分类进行部件组装，如模架、动模和定模等。

4)总装配

将零件和组装好的部件按一定顺序装配在一起，形成一副完整的模具。

5)检验调试

按模具验收的技术要求对完成总装的模具进行全面检验，如果合格，则在实际生产条件下进行试模，并调整、修理模具，直至生产出合格的制件。

(2)模具装配的注意事项

在总装前应选好装配的基准件，安排好动、定模(上、下模)装配顺序。在总装时，当模具零件装入上下模板时，先装作为基准的零件，检查无误后再拧紧螺钉，打入销钉。其他零件以基准件配装,但不要拧紧螺钉,待调整间隙试冲合格后再紧固。

任务6.3 模具工作零件的固定方法

一副模具是由若干零部件组装在一起形成的,而这些零部件是通过定位和固定联接在一起来确定各自的相互位置关系的。装配中,根据不同的具体情况,如材料、技术要求等选择不同的固定方法。模具装配时,通常采用下面3种零件的固定方法。

6.3.1 机械固定法

机械固定法是对某个零件施加机械力而使其固定的方法,主要有以下3种:

(1)紧固件固定

紧固件是一种可固定机械零件的零件,如螺钉、螺栓和销钉等。用紧固件固定,易于拆卸,简单方便,是最常用的固定法。例如,凸模、型芯、型腔的固定多用此法,如图6.5所示。

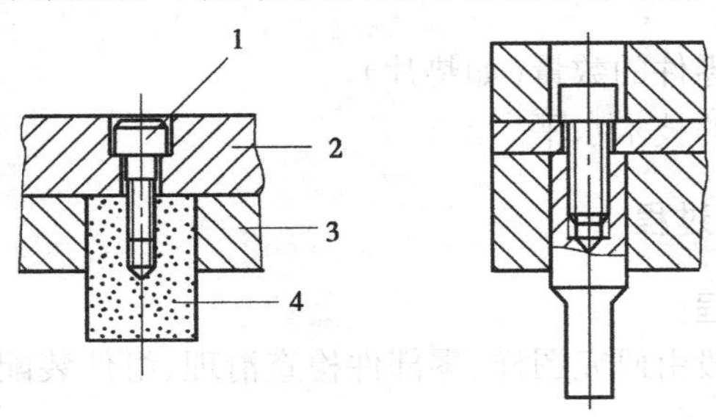

图6.5 紧固件固定法示意图

1—螺钉;2—垫板;3—固定板;4—凸模

(2)压入固定

对于过盈配合的零件,可以采用压入固定,如图6.6所示。压入固定一般在压力机上进行,压入时要注意过盈量、表面粗糙度、导入圆角及导入斜度等。压入固定的特点是联接牢固可靠,但对压入型孔的配合精度要求较高。

(3)铆接固定

铆接固定是采用铆钉将零件固定的方法;或者对固定板型孔处进行局部敲击,使固定板的局部材料被挤向中心,将轴固定。此法操作简单,但承受的扭矩不能太大,如图6.7所示。

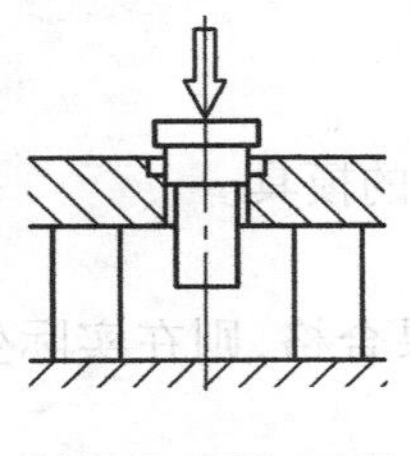

图6.6 压入固定法示意图

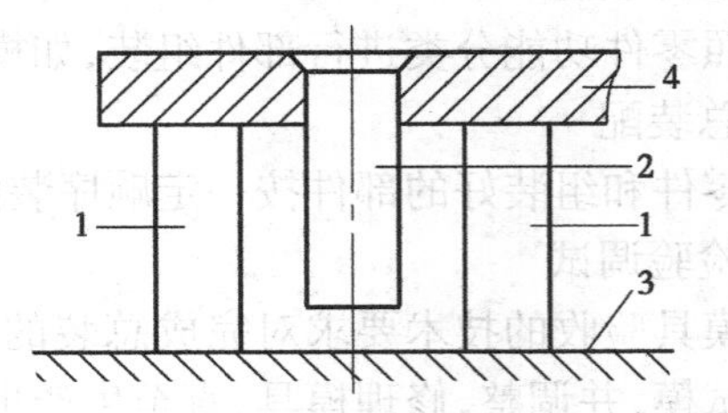

图6.7 铆接固定法示意图

1—等高垫块;2—凸模;3—平板;4—凸模固定板

6.3.2　物理固定法

物理固定法是采用物理的方法使相关零件进行固定的方法，主要有以下3种：

(1)热套固定

热套固定是对过盈配合进行装配的一种方法，它是将型孔零件加热到一定温度，使内孔胀大，然后趁热套于轴上，冷却后即将轴紧紧套住而固定。此法对中性较好，但操作起来较麻烦，承受的扭矩较小，如图6.8所示。

(2)冷胀固定

冷胀固定是利用某些低熔点合金冷凝时体积膨胀的特性来紧固零件。此法可减少模具装配中凸、凹模的位置精度和间隙均匀性的调整工作量，但其操作过程较复杂。

(3)焊接法

焊接法是利用焊接技术将零部件连接在一起的方法，在生活中比较常见，如图6.9所示。

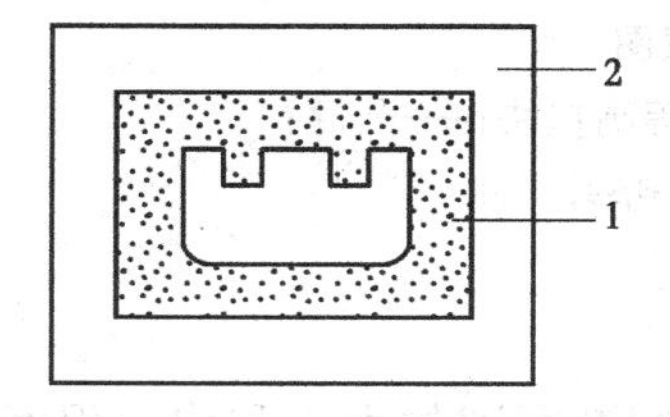

图6.8　热套法示意图
1—凸模；2—模套

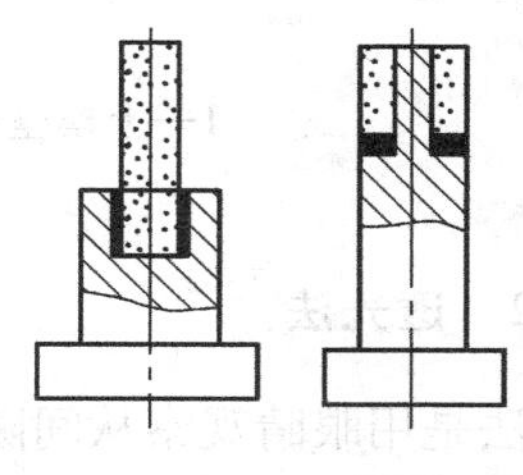

图6.9　焊接法示意图

6.3.3　化学固定法

化学固定法是利用某些化学物质的黏结性能使零件结合起来而固定的方法，主要有以下两种：

(1)环氧树脂黏结固定

环氧树脂对各种金属和非金属表面的附着力非常强，加之机械强度高、收缩率小、化学稳定性好和工艺性能好，使其在模具装配中得以广泛应用。在黏结时，应将黏结部分弄粗糙，使其黏结牢固。环氧树脂黏结的主要缺点是不耐高温、硬度不高。

(2)无机黏结剂固定

无机黏结剂是由氢氧化铝的磷酸溶液与氧化铜粉末定量混合而成，用其来黏结相关零件。此法黏结简便，不变形，可耐600 ℃的高温，但承受冲击能力差，不耐酸、碱腐蚀。

任务6.4　冲压模具装配间隙控制方法

为了保证冲压模具的装配质量和精度，装配时必须控制凸、凹模的正确位置，保证间隙均匀，常用的控制方法有下列几种。

6.4.1 垫片法

垫片法是在凹模刃口周边适当部位放入金属垫片，其厚度等于单边间隙值。该方法常用于间隙偏大的冲模，如图6.10所示。

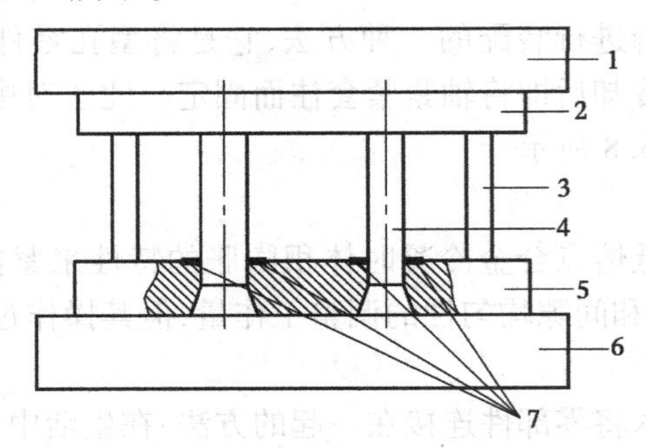

图6.10 垫片法示意图

1—上模座垫片;2—凸模固定板;3—等高垫块;4—凸模;
5—凹模;6—下模座;7—垫片

6.4.2 透光法

透光法是用眼睛观察从间隙中透过光线的强弱来判断间隙的大小和均匀程度。装配时，用手电筒或手灯照射初装的凸、凹模，然后观察透过的光线，边看边用锤子敲击凸模固定板，进行调整，直到合适，再将模具紧固，如图6.11所示。

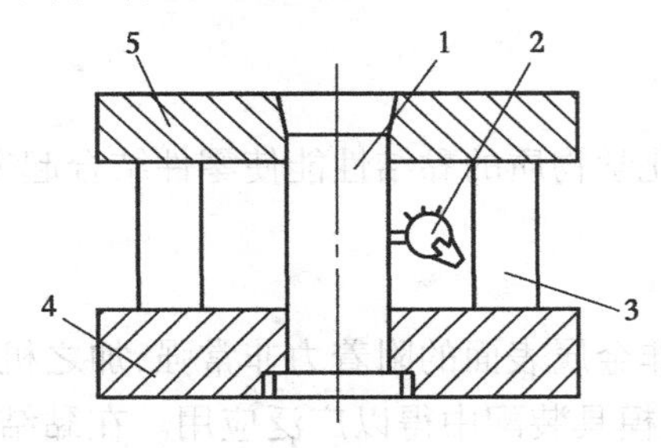

图6.11 透光法示意图

1—导柱;2—灯光;3—等高垫块;4—下模座;5—上模座

6.4.3 测量法

测量法是利用塞尺片检查凸、凹模之间间隙的大小和均匀程度。装配时将凹模紧固在下模座上，上模安装后不固紧，合模后用塞尺在凸、凹模刃口周边检测，并进行适当调整，直到间隙均匀后再固紧上模，穿入销钉。

6.4.4 镀铜(锌)法

镀铜(锌)法是在凸模的工作段镀上一层厚度为单边间隙值的铜(或锌)来代替垫片，镀层比垫片能更好地控制装配间隙的均匀性。装配后，镀层在冲压时会自然脱落。该方法效果较好，但增加工序。

6.4.5　涂层法

涂层法与镀铜法相似，就是在凸模工作段涂以厚度为单边间隙值的漆层（磁漆或氨基醇酸绝缘漆），不同间隙值，可用不同黏度的漆或涂不同的次数来达到。涂完漆后，随之放入恒温箱内烘干，保温约1 h，冷却后即可装配。涂层在冲压中会自然脱落。

6.4.6　定位器定位法

定位器定位法是在装配时用一个工艺定位器来保证凸模与凹模间隙均匀程度的方法，这种方法不仅能使间隙均匀，而且能起到稳定作用。该定位器是按凸、凹模配合间隙为零来配作的，在一次装夹中成形，因此对位置精度要求较高时，是一种简单实用的方法，如图6.12所示。

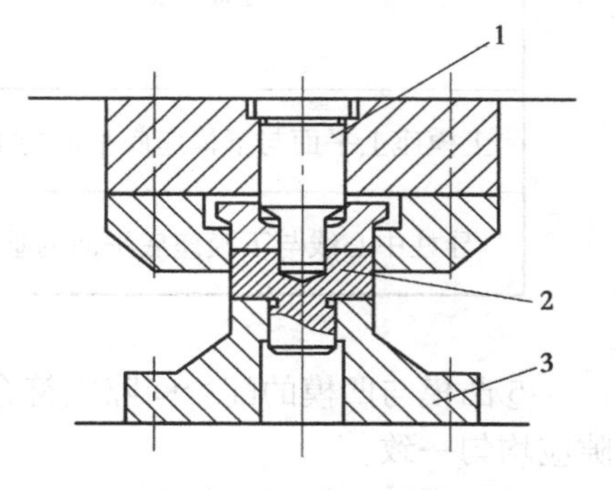

图6.12　定位器调整间隙
1—凸模；2—定位器；3—凹模

任务6.5　冲压模具的装配

冲压模必须装配在冲压机上，依靠冲压机的运动才能对金属制品进行冲压、冲裁加工。冲压模在生产中运用非常广泛，因此这里作重点介绍。冲压模具结构示意图如图6.13所示。

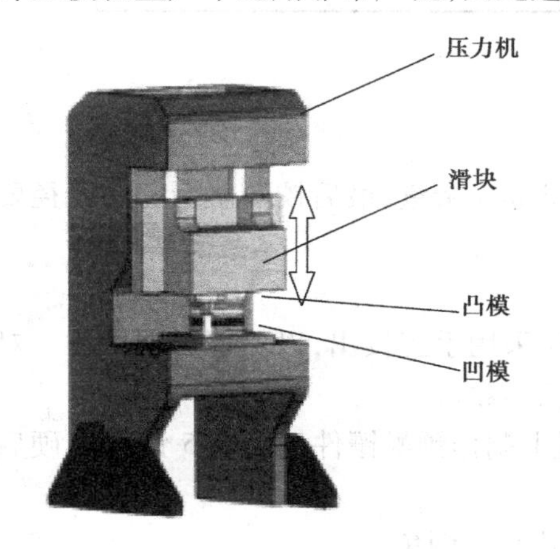

图6.13　冲压模具结构示意图

6.5.1　冲压模具装配工艺规范

(1) 技术要求

在冲压模具的装配过程中，既要保证模具本身装配的技术要求，也要保证加工出来的制件达到设计的精度要求，具有较高的技术含量，操作者必须受过冲压模具装配的专业培训，才能进行冲压模具装配。在模具装配的过程中必须遵守以下规程：

①装配好的模具其外形尺寸、闭合高度应符合设计要求。

②上模座的上平面与下模座的底平面必须达到一定的平行度（见表6.1），一般要求在300 mm长度上误差不大于0.02 mm。

③上模沿导柱上下滑动应平稳、灵活、无阻滞现象。

④装配好的导柱与导套配合良好，其轴线应分别垂直于上模座的上平面与下模座的底平面，垂直度误差符合相应规定（见表6.1）。

表 6.1　冲压模具模架技术指标

检查项目	被测尺寸/mm	模架精度等级	
		Ⅰ级	Ⅱ级
		公差等级(IT)	
上模座上平面与下模座底平面的平行度	≤400	5	6
	>400	6	7
导柱中心线与下模座底平面的垂直度	≤160	4	5
	>160	5	6

⑤凸模与凹模的配合间隙应符合设计要求，凸凹模的工作行程应符合技术要求，周围间隙应均匀一致。

⑥装配好的模具落料孔或出屑槽应畅通无阻，保证制件或废料能自由排出。

⑦模柄的圆柱部分应与上模座上平面垂直。

⑧导柱与导套之间的相对滑动平稳而均匀，无歪斜和阻滞现象。

⑨定位装置要保证定位准确可靠。

⑩钻孔、铰孔、攻丝符合技术要求。具体应注意以下两方面：

第一，对需要进行镗削加工的精密孔，在钻预孔时应按表 6.2 留镗削余量。

表 6.2　钻削加工留镗削余量(单边)

孔直径/mm	$<\phi 20$	$\phi 20 \sim \phi 35$	$\phi 35 \sim \phi 50$	$>\phi 50$
余量/mm	1 ~ 1.5	1.5 ~ 2	2 ~ 3	<4

第二，制作固定销孔时，应按以下的要求执行：

A. 加工程序

先钻预孔，留 1 ~ 2 mm 余量；然后扩孔，留 0.2 ~ 0.3 mm 余量；最后铰削至所需的孔径要求，包括精度和粗糙度。

B. 加工原则

a. 对于定位要求较高的模具，其固定销孔钻、扩后应采用手工铰出，以保证精度要求。对于其他模具，可采用机铰方式铰出，但应选择合适的加工参数。

b. 对于淬硬件的固定孔，应在淬硬前在相应的位置上制作预配镶件(材料 45 钢)，淬硬后将其装上，然后再在镶件上制出销孔，要保证对中。

⑪各零件外形棱边(工作棱边除外)、销孔、螺钉沉孔必须倒角。

⑫冲裁模具的凸凹模具在装配前必须先用油石进行修磨。

⑬各种附件应按图纸要求装配齐备。

⑭模具在压力机上的安装尺寸应符合选用设备要求，起吊零件应安全可靠。

⑮模具应在生产现场或符合生产的条件下试模，试模所得制件应符合设计要求。

(2)装配程序

1)组件装配

组件装配是把两个或两个以上的零件按照装配要求组合成一个组件的装配工作，简称组装。例如，冲模中的凸(凹)模与固定板的组装，顶料装置的组装，等等。这是根据模具结构复杂的程度和精度要求进行的，组装可分解装配难度，提高装配精度。

2）总体装配

总体装配是把零件和组件通过联接或固定成为完整模具的装配工作，简称总装。总装要根据装配工艺规程安排，严格按照装配顺序和方法进行，保证装配精度，达到规定技术指标。

3）装配注意事项

①装配前必须仔细分析研究图纸，根据模具的结构特点和技术要求确定合理的装配程序和装配方法。

②装配前必须认真按照设计图纸检查模具零件的加工质量，合格的投入装配，不合格返工或重做。

③装配过程中不能用手锤直接敲打模具零件，而应用较软的紫铜棒进行。

4）装配步骤

①模柄装配

模柄是中、小型冲压模具用来装夹模具与压力机滑块的连接件，它是装配在上模座板中。装配时先将模柄按 H7/m6 过盈配合要求压装在上模座上，并用精密直角尺检查模柄相对上模座上平面的垂直度，其公差应不大于 0.05 mm，然后钻定位销孔并装配定位销。车模柄时应控制好尺寸，保证模柄端面与上模座持平或低 0.1 ~ 0.2 mm。常用装配方式如下：

A. 压入式模柄装配

如图 6.14 所示，模柄与上模座孔采用 H7/m6 过盈配合并加销钉（或螺钉）防止转动，装配完后将端面在平面磨床上磨平。该模柄结构简单、安装方便、应用较广泛。

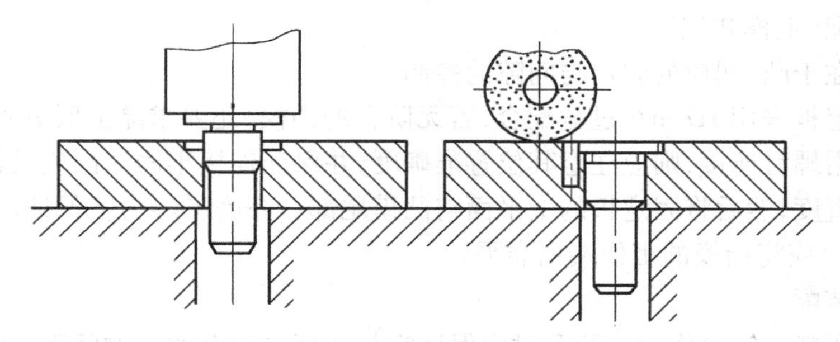

图 6.14　压入式模柄装配

B. 旋入式模柄装配

如图 6.15 所示，模柄通过螺纹直接旋入上模座板上而固定，用紧固螺钉防松。该装配方式装卸方便，多用于一般冲模。

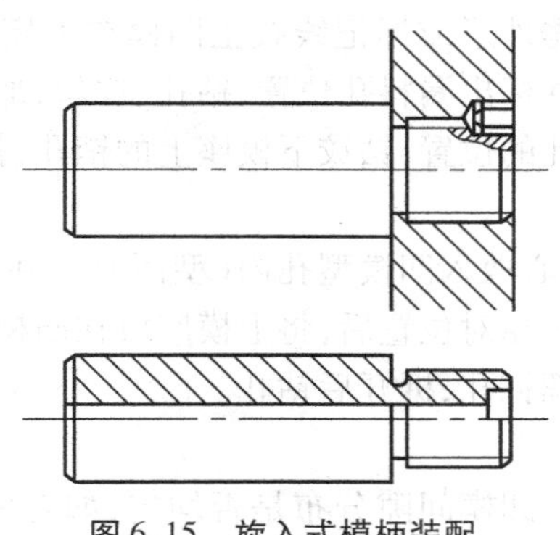

图 6.15　旋入式模柄装配

C. 凸缘模柄装配

如图 6.16 所示,利用 3 ~4 个螺钉将模柄固定在上模座的窝孔内,其螺帽头不能外凸,它多用于较大的模具。

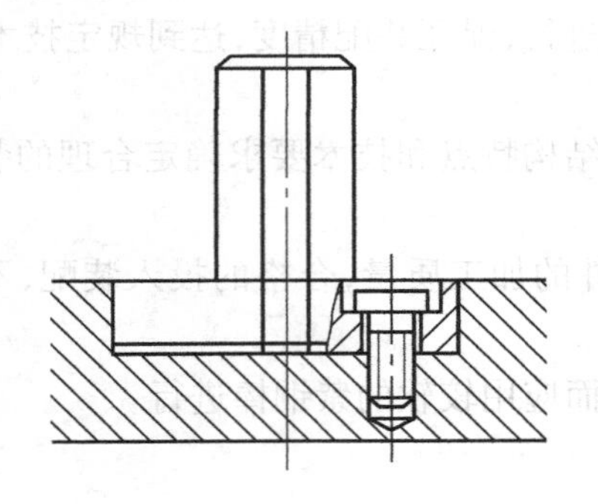

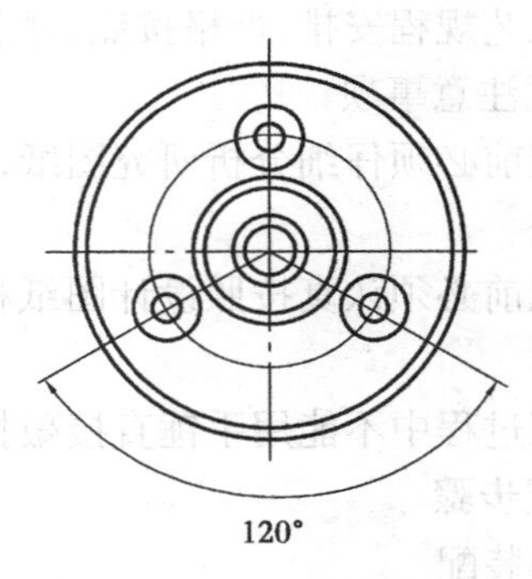

图 6.16　凸缘模柄装配

以上 3 种模柄装入上模座后必须保证模柄圆柱面与上模座上平面的垂直度,其误差不大于 0.05 mm。

②导柱、导套装配

导柱、导套装配有压入式装配和螺钉紧固式装配两种方式。导柱、导套与下模座、上模座均采用基孔制 H7/m6 过盈配合装配,装配时用手锤垫着铜棒分别将导柱、导套打入下、上模座上,装配后检查其垂直度,若不符合要求则应重新配制。

③凸模装配(上模装配)

装配关键在于凸、凹模的固定与间隙的控制。

凸模与固定板采用 H7/m6 过盈配合,若无阶台的凸模,还要求涂上环氧胶以增强其结合力。如果直接用螺钉连接,则应注意其位置准确度,并保证连接牢固。凸模装配好后,应检查其相互间的垂直度,然后将固定板的上平面与凸模尾部一齐磨平。为了保证凸模刃口锋利和平齐(指冲裁模)应将凸模的工作端面磨平。

④卸料板装配

卸料板起压料和卸料作用。装配时应保证它与凸模之间有适当的间隙,装配方法是将卸料板套入已装在固定板上的凸模内,在固定板之间垫上平行垫块并用平行夹将它夹紧,然后按卸料板上的沉孔在固定板上投窝,拆开后钻、攻固定板上的螺孔。

⑤凹模装配

将凹模放在下模座上,根据外形或标记线找正凹模在下模座上的位置,将凹模上的螺栓通过孔位置投影在下模座上,并标出漏料孔位置,钻孔、攻丝,加工出漏料孔,将凹模用螺钉固定在下模座上,按凹模上的销孔的位置,钻铰下模座上的销孔,打入定位销。

⑥装配凸模固定板

将压在固定板上的凸模小心放入凹模型孔内(型面上),并在固定板与凹模间垫上适当高度的等高铁。粗调凸、凹模间的相对位置后,将上模座放在凸模固定板上,并将上模座和固定板夹紧,然后在上模座上投影螺钉孔,拆开后钻孔。

⑦调整模具间隙

用透光法或垫片法检查凸、凹模间隙分布是否均匀,如有偏差可用手锤轻敲固定板的侧面，调整凸模相对位置，使间隙趋于均匀，然后拧紧螺钉。

⑧装配附件

装配橡胶或弹簧等附件。

⑨对一些加工时难于倒角的异形边或装模后方能倒角的拼装件，由钳工在装配后进行倒角。

（3）试模

1）模具的退磁

试模前必须对模具退磁。

2）设备的选择

尽可能按工装总图所指明的规格选定试模用冲床，如不满足，应根据设备标准检查装夹位置是否合适。

3）模具的安装

将模具装上冲床，安装时应保证模具上模座的上平面和下模座的下底平面分别与冲床滑块及工作台紧贴平整，并装夹牢固。

4）调整试模

将滑块行程调到合适程度，放上材质及尺寸规格均符合要求的板料，然后试冲，并根据试冲出的制件尺寸情况、毛刺情况精调模具，直至将合格的制件冲出为止。

（4）其他

①试模合格后，拆下模具，配钻、铰各个销孔，安装定位圆柱销。

②对试模时修磨过的定位钉车圆，并进行热处理再装上。

③对模具进行防锈处理，凡是与空气能直接接触的部位均要涂上防锈油。

④外露侧面涂上防锈漆，打钢印，打模具编号及名称，装铭牌。

⑤装上合模垫块，复模交检出厂。

⑥在装配过程中的各个环节都应进行自检，并按要求填写“装配自检卡”，自检合格后上交检验员确认，待检验员确认“装配自检卡”后方能进行模具的专检验收。

（5）自检内容及自检要求

在装配及试模过程中，各个环节都应自检。自检范围和要求包括以下方面：

1）划线

各工件划线后应按图自检一次，然后进入下一工序，对于重要零件，如凸模、凹模、凸凹模固定板等，自检后还应交由质检员专检。

2）钻、铰孔

钻铰完孔后，应按要求对尺寸精度、粗糙度进行自检，有的孔还应由质检员确认后方能配装销钉。

3）关键件

对于凸模、凹模、凸凹模、凸凹模固定板、导柱导套等有关重要零件在装配前应对其外观、重要尺寸要素、粗糙度等进行复检，合格的投入装配，不合格的反馈给工艺员作具体处理。

4）拼模尺寸

拼模时应按装配图、工序图对各个相关尺寸进行自检，自检合格后报专检验收。

5)配合间隙

必须按要求对凸凹模间隙、导柱导套配合间隙进行自检。

6)漏料孔

检验冲裁模相关部件,确保漏料孔漏料顺畅。

7)紧固性

检查各螺钉是否收紧。

8)完善性

检查各零件是否装配完善、齐全,各外形棱边是否倒角。

9)动合

检查上、下模和导向件的配合动作是否协调合理。

10)制件

检查制件尺寸是否符合工序图的相关要求,检查毛刺是否超差。

11)定位

检查定位块、定位销是否安装合理,并方便定位。

12)退料

检查弹簧、橡胶弹顶力是否合适,退料是否顺利。

以上各项自检情况应填写在"装配自检卡"上,交检验员确认合格后方能进行模具总验收。

6.5.2 典型模具装配

(1)一般装配程序

一般装配程序如图6.17所示。

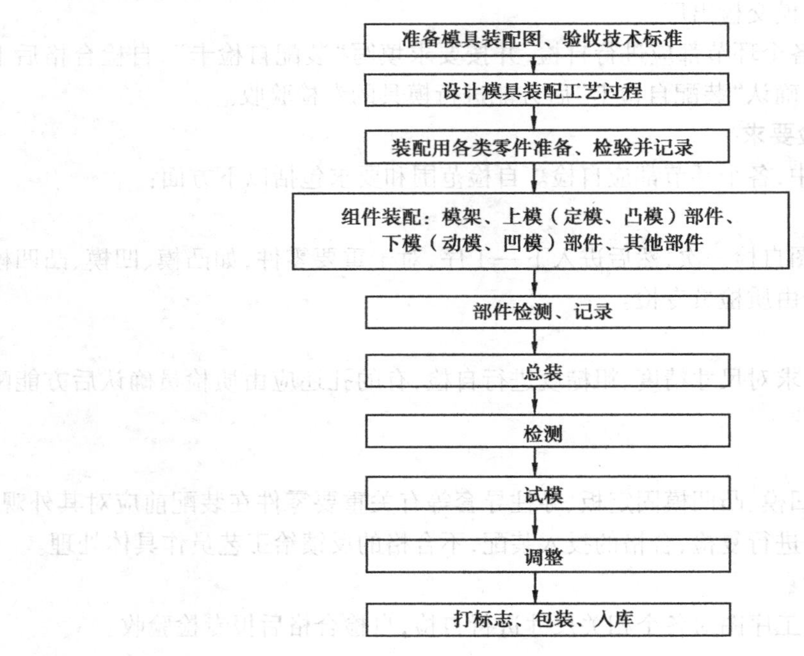

图6.17 装配程序

(2)单工序冲裁模装配

单工序冲裁模装配示意图如图6.18所示。

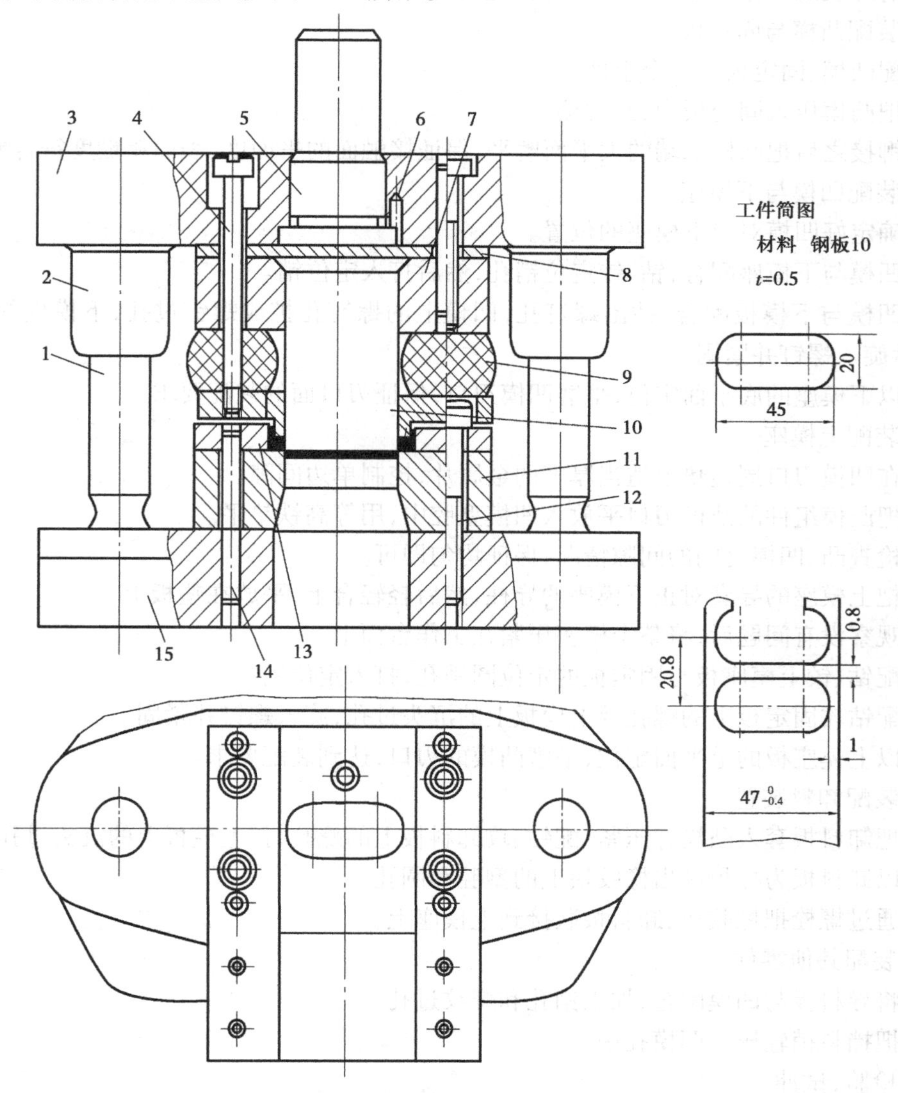

图6.18　单工序冲裁模装配示意图

1—导柱;2—导套;3—上模座;4—卸料螺钉;5—模柄;6—销钉;7—凸模固定极;8—垫板;9—橡胶;10—凸模;11—凹模;12—定位销;13—卸料板;14—定位销;15—下模座

1)装配前准备工作

装配前分析阅读装配总图。

①通过读图领取或整理所需要的标准模架、标准件。

②通过读图明确各零件的联接关系,确定凹模在模架上的装配位置,保证压力中心位置在冲压中心。

③确定装配时保证凸模与凹模间隙均匀程度的办法。

④按明细表清点装配零件,并对凸、凹模等主要零部件进行直观检查,确保装配质量;领

取其他辅助物料、标准件。

⑤清理装配工作台面、各类工具及工艺装备等。

2)装配凸模与固定板

装配凸模、固定板为一个组件。

①把凸模压入固定板中,并铆接。

②铆接之后把凸模末端的大平面磨平,保证接触面的平面度、表面粗糙度符合要求。

3)装配凹模与下模座

①确定好凹模对应下模座的位置。

②凹模与下模座配合,钻、铰定位销孔,然后打入定位销。

③凹模与下模板配合,钻出螺钉孔,凹模上的螺钉孔扩成螺钉过孔,下模板的螺钉孔攻丝,然后旋入螺钉并紧固。

④以下模座的底平面定位,平磨凹模刃口,保证刃口面的装配要求。

4)装配上模座

①在凹模刃口周边垫上适当厚度的金属片,控制单边间隙。

②把凸模组件的凸模刃口平放入凹模型腔中,用等高铁垫平。

③检查凸、凹模之间的间隙情况,保证均匀即可。

④把上模座的导套对正下模座的导柱,然后轻轻合上,平放在垫板上。

⑤观察没有问题后,将整个模座压紧在工作台面上。

⑥配钻、铰上模座板与固定板的定位圆销孔,打入定位销。

⑦配钻攻固定板上的螺孔及上模板上的沉头过孔,旋入螺钉并紧固。

⑧以上模座板的上平面定位,平磨凸模的刃口,达到装配要求。

5)装配卸料装置

①把卸料板套入凸模并压紧,配钻、攻卸料板上的螺孔,扩上模板上的沉头过孔。

②以卸料板为样板制出橡胶块上的型腔和圆孔。

③通过螺栓把橡胶块、卸料板联接到上模座上。

6)装配其他零件

①将导料板与凹模配合,加工销孔和螺纹过孔。

②把挡料销轻压入凹模孔中。

7)检验,试冲

将装配好的模具检验,并通过试冲生产出合格制件。

(3)复合冲裁模装配

复合冲裁模就是在压力机的一次行程中,在模具的同一位置上,完成两个或两个以上冲压工序的模具。

复合冲裁模的结构比单工序模更复杂,因此装配过程中更要注意各部件的位置关系,确保位置精度和运动精度。

(4)级进冲裁模装配

级进模是多工序冲裁模,在一副模具内,可完成冲裁、弯曲和拉伸等多道工序,比单工序模、复合模具有更高的劳动效率,能生产出更复杂的冲件。

级进模的装配更复杂,关键是同时保证多个凸、凹模的工作间隙和位置要求。模具装好后，在试冲时可能会出现一些故障，应逐个工位分析原因，找出调整办法进行调整，再试冲，直到获得合格的冲压件为止。

任务6.6　塑料模具的装配

塑料模具种类很多，由于成型塑料材料不同、精度要求不同等原因，导致装配方法各有不同。因此，在组装前应仔细分析总装图、零件图，了解各零件的作用、特点及其技术要求，确定装配基准，确保装配成形的模具全面达到各项质量指标。

6.6.1　装配工艺规范

(1)装配基准

确定装配基准一般有以下两种方法：

①以塑料模中的主要零件如定模、动模的型腔、型芯为装配基准。先将型腔、型芯分别装入定模和动模内，合模后镗制导柱和导套孔，最后安装动模和定模上的其他零件。此法适用于大中型塑料模。

②以已有标准模架的模板相邻两侧面作为装配基准，将已有导向机构的动模和定模合模后，磨削模板相邻两侧面呈90°，然后以侧面为基准分别安装定模和动模上的其他零件。

(2)装配精度

模具装配精度包括以下方面：

①各零、部件的相互位置精度，如距离尺寸精度、同轴度、平行度及垂直度等。

②运动精度，如传动精度、直线运动和回转运动精度等。

③配合精度和接触精度，如配合间隙、过盈量和接触状况等。

④塑料成型件的壁厚状况，新制模具的成型件壁厚应偏向尺寸的下限。

(3)装配要求

①模具上下平面的平行度偏差符合要求，一般应不大于0.05 mm。

②塑料模闭合后要求分型面均匀密合。

③导柱、导套滑动灵活，推件(顶件)时推杆(顶杆)和卸料杆(卸料板)动作必须保持同步。

④合模后，动模(上模)部分和定模(下模)部分的型芯必须紧密接触。

⑤总装前，必须完成模具导柱、导套等零件的装配并检查合格。

⑥各密封件装配前必须浸透油。

⑦进入装配的零部件，包括外购件、外协件，均必须具有检验部门的合格证方能进行装配。

⑧零件在装配前必须清理和清洗干净，不得有毛刺、飞边、氧化皮、锈蚀、切屑、油污、着色剂和灰尘等。

⑨螺钉、螺栓和螺母紧固时，严禁敲击或使用不合适的工具。紧固后的螺钉槽、螺母和螺钉、螺栓头部不得有损坏。

⑩圆锥销装配时应与孔进行涂色检查，其接触率不应小于配合长度的60%，并分布均匀。

⑪规定拧紧力矩的紧固件,必须采用力矩扳手,并按规定的拧紧力矩紧固。

(4)装配工艺

①按图样要求检验各零件尺寸。

②修磨定模与卸料板分型曲面的密合程度。

③将定模、卸料板和支承板叠合在一起并用夹板夹紧,镗导柱、导套孔,在孔内压入工艺定位销,加工侧面的垂直基准。

④利用定模的侧面垂直基准确定定模上实际型腔中心,以此作为以后加工基准,分别加工定模上的线切割穿丝孔和镶块台肩面。修磨定模型腔部分,压入镶块组件。

⑤利用定模型腔的实际中心,加工型芯固定型孔的线切割穿丝孔。

⑥在定模卸料板和支承板上分别压入导柱、导套,并保持导向可靠,滑动灵活。

⑦将定位型芯紧固在支承板上。

⑧过型芯引钻、铰支承板上的顶杆孔。

⑨过支承板引钻顶杆固定板上的顶杆孔。

⑩加工限位螺钉孔、复位杆孔,并组装顶杆固定板。

⑪组装模脚与支承板。

⑫在定模座板上加工螺孔、销钉孔和导柱孔,并将浇口套压入定模座板上。

⑬装配定模部分。

⑭装配动模部分,并修正顶杆和复位杆长度。

⑮装配完毕进行试模,试模合格后打标记并交验入库。

(5)修配原则

①修配脱模斜度,原则上型腔应保证大端尺寸在制件尺寸公差范围内,型芯应保证小端尺寸在制件尺寸公差范围内。

②角隅处圆角半径,型腔应偏小,型芯应偏大。

③如果模具既有水平分型面又有垂直分型面,修正时应使垂直分型面接触水平分型面稍稍留有间隙。小型模具只需涂上红粉后相互接触即可,大型模具间隙约为0.02 mm。

④对于用斜面合模的模具,斜面密合后,分型面处应留有0.02~0.03 mm的间隙。

⑤修配表面的圆弧与直线连接要平滑,表面不允许有凹痕,锉削纹路应与开模方向一致。

6.6.2 典型装配

(1)组件装配

1)型腔、型芯与模板的装配

①型腔凹模和型芯与模板固定孔一般为H7/m6过盈配合,如配合过紧,应进行修磨,否则在压入后模板变形,对于多型腔模具,还将影响各型芯间的尺寸精度。

②装配前,应检查、修磨影响装配的各个角(倒棱或圆角)。

③为便于型芯和型腔凹模镶入模板,并防止挤压孔壁造成损坏,应在压入端设计导入斜度。

④型芯和型腔凹模压入模板时应保持垂直与平稳,在压入过程中应边检查边压入。

2)过盈配合零件的装配

过盈配合零件装配后,应该紧固,不允许有松动脱出。为保证装配质量,应有适当的过盈量和较小的粗糙度数值，而且压入端导入斜度应制得均匀，并与轴线垂直。

薄壁精密件，如导套或镶套压入模板，除上述要求外，应边检查边压入。在压入后必须检查内孔尺寸，如发现缩小应进行研磨达到规定要求，或者压入后再进行精密加工。

3）推杆的装配与修整

推杆的作用是推出制件。推件时，推杆应动作灵活、平稳可靠。

①推杆应运动灵活，尽量避免磨损。

②推杆与推杆孔的配合间隙要正确，防止间隙太大漏料。

③推杆在推杆孔中往复运动应平稳，无卡滞现象。

④推杆和复位杆端面应分别与型腔表面和分型面齐平。

为使推杆在推杆孔中往复运动平稳，推杆与推杆固定孔的装配部分每边可留0.5 mm的间隙。

当推杆数量较多时，装配应注意两个问题：一是应将推杆与推杆孔进行选配，防止组装后，出现推杆动作不灵活、卡紧现象；二是必须使各推杆端面与制件相吻合，防止顶出点的偏斜，推力不均匀，使制件脱模时变形。

(2)总装配

由于塑料模结构比较复杂，种类多，故在装配前要根据其结构特点拟订具体装配工艺。

塑料模常规装配程序如下：

①确定装配基准。

②装配前要对零件进行测量，合格零件必须去磁并将零件擦拭干净。

③调整各零件组合后的累积尺寸误差，如各模板的平行度要校验修磨，以保证模板组装密合，分型面处吻合面积不得小于80%，间隙不得超过溢料极小值，防止产生飞边。

④装配中尽量保持原加工尺寸的基准面，以便总装合模调整时检查。

⑤组装导向系统，并保证开模、合模动作灵活，无松动和卡滞现象。

⑥组装修整顶出系统，并调整好复位及顶出位置等。

⑦组装修整型芯、镶件，保证配合面间隙达到要求。

⑧组装冷却或加热系统，保证管路畅通，不漏水、不漏电、阀门动作灵活。

⑨组装液压或气动系统，保证运行正常。

⑩紧固所有联接螺钉，装配定位销。

⑪试模合格后打上模具标记，如模具编号、合模标记及组装基面等。

⑫最后检查各种配件、附件及起重吊环等零件，保证模具装备齐全。

(3)试模

模具装配完成后，交付生产之前，应进行试模，通过制件检查模具存在的缺陷，并修整排除。试模也是对模具设计的合理性进行评定，对成型工艺条件进行探索，这有助于模具设计和成型工艺水平的提高。

试模程序如下：

1）装模

装模是把模具安装在注射机上。模具尽可能整体安装，操作者要密切配合，行动协调一致，注意模具和人的安全。当模具定位圈装入注射机上定模板的定位圈座后，缓慢合模，用动模板将模具轻轻压紧，然后装上压板。通过调节螺钉，将压板调整到与模具的安装基面基本平行后压紧。

为了防止制件时溢料,保证型腔能适当排气,掌握合模的松紧程度很重要。在合模时,先快后慢,使得合模的松紧程度合适。

对于需要加热的模具,应在模具达到规定温度后再校正合模的松紧程度,最后接通冷却水管或加热线路。对于采用液压马达或电机启闭的模具也应分别接通加以检验。

2)试模

经过以上的安装、调整、检查,做好试模准备后,选用合格原料,根据设计的工艺参数将料筒和喷嘴加热。由于制件大小、形状和壁厚的不同,加之设备上热电偶位置的深度和温度表的误差不同,因此设计上加工某一塑料的料筒和喷嘴温度一般是一个大致范围,还应根据具体条件调试。

判断料筒和喷嘴温度是否合适的最好办法是将喷嘴和主流道脱开,用较低的注射压力,使塑料自喷嘴中缓慢流出,观察料流。如果没有冷料头、气泡、银丝、变色,且料流光滑明亮,即说明料筒和喷嘴温度是比较合适的,可以开机试模。

注射成型时,可选用高速和低速两种工艺。一般制件壁薄面积大时,采用高速注射,而壁厚面积小的采用低速注射,在高速和低速都能充满型腔的情况下,均宜采用低速注射(玻璃纤维增强塑料除外)。

任务6.7　模具的寿命与精度

模具寿命直接影响生产成本,模具精度直接影响产品质量,因此两者都是模具制造中特别重要的因素,也是模具制造厂家不断努力提高的项目。

6.7.1　概念

(1)模具寿命

①模具寿命是指在保证制件品质的前提下,模具所能达到的生产次数(冲压次数、成型次数)。它包括反复刃磨和更换易损件,直至模具的主要部分更换所成型的合格制件总数。

②模具因为磨损或其他形式的失效、直至不可修复而报废之前所加工的产品的件数,称为模具的使用寿命,简称模具寿命。

③模具首次修复前生产出的合格制件数,称为首次寿命。模具一次修复后到下一次修复前所生产出的合格制件数,称为修模寿命。模具寿命是首次寿命与各次修复寿命的总和。

(2)寿命与失效

1)制件报废

模具生产的制件出现形状、尺寸及表面质量不符合技术要求而不能使用时称为制件报废,大多数模具的寿命是由制件的可用性决定的,连续出现制件报废就表示模具已不能正常生产了。

2)模具服役

模具安装调试后,正常生产合格产品的过程称为模具服役。

3)模具损伤

模具在使用过程中,出现尺寸变化或微裂纹、腐蚀等现象,但没有立即丧失服役能力的状态称为模具损伤。

4)模具失效

模具受到损坏,不能通过修复而继续服役时称为模具失效。

5)非正常失效

非正常失效(早期失效)是指模具未达到一定的工业水平下公认的寿命时就不能工作。早期失效的形式有塑性变形、断裂、局部严重磨损等。

6)正常失效

模具经大批量生产使用,因缓慢塑性变形或较均匀地磨损或疲劳断裂而不能继续服役时称为模具正常失效。

7)模具正常寿命

模具正常失效前生产的合格产品的数量称为模具正常寿命。

(3)模具寿命对生产的意义

①质量高、寿命长的模具可以提高制件的生产率和质量,同时还能降低模具本身的制造成本、制件的成本和工艺部门的工作量。

②模具寿命影响着少切削、无切削工艺的推广应用。

③模具寿命涉及一些先进的、高效率、多工位加工设备效能的正常发挥。

(4)模具失效发生的条件、影响因素及分类

1)模具失效发生的条件

引起模具失效的因素有内因和外因。内因即材料方面,包括模具和制件的材料品质、加工工艺等方面的各种因素。外因即环境方面,包括受载条件、时间、温度及环境介质等多个因素。模具的失效一般都是在材料的强度、韧性、应力因素与环境条件不相适应时发生的。

2)模具失效的影响因素

模具失效的影响因素包括模具结构、模具工作条件、模具材料及模具制造等方面。模具的结构、材料、加工工艺属内因,模具的工作条件、受载条件、时间、温度、环境介质和制件的材质以及形状大小属外因。

3)模具失效的分类

①从经济角度分类

a.正常损耗失效。模具的使用时间已到寿命终止期属正常失效,应由模具使用者自己负责。若模具制造者提供的使用说明书没有对使用寿命等作出明确规定,制造者也要承担一定责任。

b.模具缺陷失效。属于模具质量问题,应由模具制造者承担责任。

c.误用失效。属于使用不当造成的失效,应由模具使用者承担责任。若模具制造者提供的使用说明书没有对有关操作作出明确规定,则制造者也要承担责任。

d.受累性失效。属于其他原因或自然灾害等不可抗拒的因素所导致的失效。

②从失效形式及失效机理分类

a.磨损失效。表面磨损、接触疲劳、表面腐蚀。

b.变形失效。过量弹性变形、塑性变形。

c. 断裂失效。韧性、脆性、疲劳、蠕变、应力腐蚀、断裂等。

(5)模具磨损失效的原理、特点及影响因素

1)磨粒磨损

①原理

工作表面的硬凸出物或外来硬质颗粒在工件与模具接触表面之间刮擦模具表面,引起模具表面材料脱落的现象称为磨粒磨损或磨料磨损。

②特征

摩擦表面上有刮伤、划痕或形成犁皱的沟痕。

③影响因素

A. 磨粒大小与几何形状

磨粒体积越大,金属表面的磨损量越大。当磨粒的棱角尖锐且凸出较高时,金属表面磨损较大。当磨粒棱角不尖锐且凸出较小时,磨损较小。

B. 磨粒硬度

磨粒磨损程度与磨粒硬度和金属硬度之间的相对值大小有关,两者硬度相差越大,磨损越小;两者硬度相差越小,磨损越大。

C. 模具与工件表面压力

模具与工件之间的表面压力越大,磨粒压入金属表面越深,磨损越大。

D. 工件厚度

工件厚度越厚,磨粒越易嵌入工件,嵌入工件的深度越深,对模具的磨损越小。

2) 黏着磨损

①原理

工件与模具表面相对运动时,由于表面凹凸不平,某些接触点局部压力过大,造成工件与模具表面发生黏合,黏合点裂开时,模具表面材料转移到工件上或脱落的现象称为黏着磨损。

②特征

a. 金属表面有细的划痕,沿滑动方向可能形成交替的裂口、凹穴。

b. 摩擦副之间有金属转移,表层组织和成分均有明显变化。

c. 磨损产物多为片状或小颗粒,在金属表面形成大小不等的结疤。

③影响因素

A. 材料性质

材料塑性越好,黏着磨损越严重。因为在表面接触中,最大正应力作用在表面上,最大切应力作用在离表面一定深处。

B. 材料硬度

模具材料和工件材料硬度相差越大,则磨损越小。两者硬度越接近则磨损越严重。

C. 模具与工件表面压力

两者相对运动速度一定时,表面接触压力越大,黏着磨损量越大。

D. 滑动摩擦速度

滑动摩擦的速度增加会引起温度升高,从而形成氧化膜,使黏着减少,使金属硬度下降。

6.7.2 影响模具寿命的因素

(1)模具材料

模具材料对模具寿命的影响是材料种类、化学成分、组织结构、硬度和冶金质量等诸因素的综合反映。不同材质的模具寿命往往不同。

冲模工作零件的材料一般有以下基本要求:

1)使用性能良好

材料的使用性能应具有高硬度和高强度,并具有高的耐磨性和足够的韧性,热处理变形小,有一定的热硬性。

[阅读链接]

强度与硬度

①屈服强度。材料抵抗塑性变形的能力。

②抗拉强度。材料抵抗断裂破坏的能力。

③硬度。材料抵抗外部物体压入的能力。

④冲击韧性。材料承受冲击载荷或冲击能量的能力。

⑤耐磨性。材料抵抗磨损的能力。

⑥耐蚀性。材料抵抗周围介质腐蚀的能力。

⑦热稳定性。材料在高温下保持其组织、性能稳定的能力。

⑧耐热疲劳性。高温下材料承受应力频繁变化的能力。

2)工艺性能良好

冲模工作零件加工制造过程一般较为复杂,因而其材料必须具有对各种加工工艺的适应性,如可锻性、可切削加工性、淬硬性、淬透性、淬火裂纹敏感性及磨削加工性等。通常根据冲压件的材料特性、生产批量、精度要求等,选择性能优良的模具材料,同时兼顾其工艺性和经济性。

[阅读链接]

模具材料工艺性能

①锻造工艺性能。材料对锻造工艺的适应性。

②切削加工工艺性能。材料切削加工的难易程度。

③热处理工艺性能。材料在热处理时获得所需组织、性能和形状尺寸的难易程度。

④淬透性。材料在一定条件下进行淬火获得淬透层深度的能力。

(2)模具设计

1)模具的几何形状因素

①模具的圆角半径

应力集中模具容易断裂,从而减小模具寿命;应力分散模具不容易断裂,从而会增加模具寿命。圆角半径越大应力分布越均匀,应力越不容易集中。拐角为尖角时应力集中最严重,过小的凸圆角半径,在板料拉深中增加成型力,在模锻中易造成锻件折叠缺陷。小的凹圆角半径会使局部受力恶化,产生较大的应力集中,从而萌生裂纹导致断裂。

大的圆角半径使模具受力均匀,不易产生裂纹。非工作部位凹圆角半径过小,在使用过程中也易造成应力集中,使抗冲击的能力降低。

②凸模端面形状

平底带锥台的凸模端部受力面积较大,因此单位面积承受的挤压力比平底凸模可降低20%,模具寿命也相应提高。

当变形程度不是很大时,以平底凸模所受的单位挤压力最大,半球面凸模所受的单位挤压力最小,平底带锥台凸模居中。

当变形程度很大时,球面凸模所受的单位挤压力会急剧上升。

平底凸模刃口处增加圆角半径,可降低挤压力。

③凹模截面变化的大小

冷挤压凹模的型腔截面变化越小,尺寸过渡越平缓,则挤压力越小,模具寿命越高。

2)模具结构

采用组合式模具,可避免应力集中和裂纹产生,从而增加模具寿命。

3)模具工作间隙

冲裁模凸、凹模的刃口间隙是工作间隙,也称冲裁间隙,不仅影响冲裁过程和冲裁质量,也影响模具寿命。当刃口间隙在一定范围时,模具的一次刃磨寿命显著增加。当间隙过大时,板料的弯曲变形增大,凸、凹模端面与板料的接触面积减小,冲裁力集中作用于刃口处,使刃口塑变钝化。刃口变钝又导致冲裁力增大,使模具的刃磨寿命降低。

模具的配合间隙直接影响冲裁件质量和模具寿命。精度要求较高的,宜选较小的间隙值;反之则可适当加大间隙,以提高模具寿命。

(3)模具的工作条件

模具的工作条件包括被加工坯料的状况、锻压设备的特性及工作条件,模具工作中的润滑、冷却剂使用及维护状况等,这些都会直接影响模具的寿命。

(4)模具的冷、热加工

模具制造包括模具毛坯的锻造、零件的切削加工、电加工及热处理等,模具的制造过程对模具寿命有很大影响。在磨削过程中,由于局部摩擦生热,容易引起磨削烧伤和磨削裂纹等缺陷,并在磨削表面生成残余拉应力,造成对零件力学性能的影响,甚至成为导致零件失效的原因。磨削量越大、磨削速度越高,产生的磨削热越多,越容易引起磨损、断裂。

1)磨削烧伤的分类

根据切削热对零件表面局部加热的程度,磨削烧伤可分为以下3类:

①轻度磨削烧伤。表现为被磨削表面呈现黄、紫、蓝等彩色条纹。

②中度磨削烧伤。表现为表面明显软化。

③重度磨削烧伤。主要是使表面薄层加热至相变温度以上,产生二次淬火,形成高硬度的白亮层。

2)引起磨削缺陷的主要原因

磨削量太大,砂轮太钝,砂轮磨粒粗细与工件材料组织不匹配,冷却不利。

(5)模具的导向机构精度

准确和可靠的导向,对于减少模具工作零件的磨损,避免凸、凹模啃伤影响极大,尤其是无间隙和小间隙冲裁模、复合模和多工位级进模则更为明显。为提高模具寿命,必须根据工序性质和零件精度等要求,正确选择导向形式和确定导向机构的精度。一般情况下,导向机构的精度应高于凸、凹模配合精度。

(6)冲压设备

冲压设备(如压力机)的精度和刚性对冲模寿命的影响极为重要。冲压设备的精度高、刚性好,冲模寿命就高。

(7)加工表面质量

1)模具表面粗糙度对模具寿命的影响

模具工作零件表面质量的优劣对于模具的耐磨性、抗断裂能力及抗黏着能力等有着十分密切的关系,直接影响模具的使用寿命。尤其是表面粗糙度值对模具寿命影响很大,若表面粗糙度值过大,在工作时会产生应力集中现象,并在其峰、谷间容易产生裂纹,影响冲模的耐用度、工作表面的耐蚀性,从而直接影响冲模的使用寿命和精度。为此,应注意以下事项:

①模具工作零件加工过程中必须防止磨削烧伤零件表面现象,应严格控制磨削工艺条件和工艺方法(如砂轮硬度、粒度、冷却液、进给量等参数)。

②加工过程中应防止模具工作零件表面留有刀痕、夹层、裂纹、撞击伤痕等缺陷。

2)模具表面精度对模具寿命的影响

模具表面精度不仅影响着其制件的质量,而且影响着模具的使用寿命,因此模具的表面处理是模具加工的重点。

模具在使用中会被磨损。例如,冷冲模具在磨损之后刃口变钝,模具配合间隙扩大,导致冲件毛刺增加,这时必须卸模进行刃磨。一副模具的刃磨次数是有限的,两次刃磨之间的冲件次数越多,说明模具的使用寿命越长,因此要求模具具有很高的耐磨性能,而耐磨性与模具表面精度有密切的关系。

为了延长模具的使用寿命,使模具不至于过早失效,必须使模具具有高硬度、耐磨、耐腐蚀、抗高温氧化等性能,要使模具具有这些性能,就必须提高模具的表面加工的精度。对模具真正承受磨损作用的特定部位,进行高精度的表面强化处理,可大幅延长和提高模具的使用寿命。这不仅可减少因更换模具带来的巨大投入,还可减少因更换模具而延误的生产时间。

由于模具的表面精度关系到模具的使用寿命,模具的使用寿命又与模具使用厂家的生产成本、产品质量有着千丝万缕的联系,因此,模具生产厂家应提高模具的表面精度。

(8)冲压工艺

1)冲压零件的原材料

实际生产中,由于冲压零件的原材料厚度公差超差、材料性能波动、表面质量较差(如锈迹)或不干净(如油污)等,会造成模具工作零件磨损加剧、易崩刃等不良后果,从而影响模具寿命。因此,应当注意以下方面:

①尽可能采用冲压工艺性好的原材料,以减少冲压变形力。

②冲压前应严格检查原材料的牌号、厚度及表面质量等,并将原材料擦拭干净,必要时应清除表面氧化物和锈迹。

③根据冲压工序和原材料种类,必要时可安排软化处理和表面处理,以及选择合适的润

滑剂和润滑工序。

2)排样与搭边

不合理的往复送料排样法以及过小的搭边值往往会造成模具急剧磨损或凸、凹模啃伤。因此,在考虑提高材料利用率的同时,必须根据零件的加工批量、质量要求和模具配合间隙,合理选择排样方法和搭边值,以提高模具寿命。

[阅读链接]

排　样

排样是指模具在冲裁制件之前,在板料或带料上的预先设置的制件排列方式和开切方式。选择合理的排样布局方式,可以提高材料利用率、降低生产成本和保证工件质量。根据冲裁件在板料上的布置方式,排样形式有直排、单行排、多行排、斜排、对头直排及对头斜排等多种排列方式。

冲裁模搭边

搭边是指冲裁模在冲裁制件前,排样中相邻两制件之间的余料或制件与条料边缘间的余料。

搭边的作用如下:

①补偿定位误差,防止由于条料的宽度误差、送料步距误差、送料歪斜误差等原因导致冲裁制件时尺寸不够,出现废品。

②保持条料有一定的强度和刚度,保证送料的顺利进行,并且在冲裁时保证板料或带料是一个封闭整体,使受力平衡,从而提高模具寿命和工件断面质量。

搭边是废料,从节省材料出发,搭边值应越小越好。但过小的搭边容易挤进凹模,增加刃口磨损,降低模具寿命,并且也影响冲裁件的剪切表面质量。一般来说,搭边值是由经验确定的。

(9)热加工工艺

实践证明,模具的热加工质量对模具的性能和使用寿命影响很大。从模具失效原因的分析可知,因热处理不当所引发模具失效"事故"占40%以上。模具工作零件的淬火变形与开裂,使用过程的早期断裂,均与模具的热加工工艺有关。

1)锻造工艺

这是模具工作零件制造过程中的重要环节。锻造中,对于高合金工具钢的模具,通常都会对材料碳化物分布等金相组织提出相关的技术要求。此外,还应严格控制锻造温度范围,制订正确的加热规范,采用正确的锻造方法,以及锻后缓冷或及时退火等。

2)预备热处理

根据模具工作零件的材料和要求的不同,应分别采用退火、正火或调质等预备热处理工艺,以改善组织,消除锻造毛坯的组织缺陷,改善加工工艺性。高碳合金模具钢经过适当的预备热处理可使碳化物球化、细化,促进碳化物均匀分布,从而有利于保证淬火、回火质量,提高模具寿命。

3)淬火与回火

淬火与回火是模具热处理中的关键环节。若淬火加热时过热,不仅会使工件脆性增大,而且冷却时容易引起变形和开裂,严重影响模具寿命。冲模淬火加热时应严格控制热处理工艺规范,防止氧化和脱碳,在条件允许的情况下,可采用真空热处理。淬火后应及时回火,并根据技术要求采用不同的回火工艺。

4)消应力退火

模具工作零件在粗加工后应进行消应力退火处理,目的是消除粗加工所造成的内应力,以免淬火时产生过大的变形和裂纹。对于精度要求高的模具,在磨削或电加工后还需经过消应力回火处理,有利于稳定模具精度,提高使用寿命。

任务6.8　模具加工自动化

模具制造是一个技术密集型行业,不仅从业人员工资高,而且人才难寻;同时市场竞争的日益激烈以及市场需求的日益复杂化,对模具的要求也越来越高。因此,模具行业迫切需要实现自动化加工。近年来,随着技术创新和信息技术的引入,我国模具加工自动化发展态势迅猛,模具加工的自动化程度越来越高。

6.8.1　模具加工自动化的产生

随着科学技术的发展,市场对产品的功能与质量的要求越来越高,产品更新换代的周期越来越短,产品的复杂程度也随之增高,传统的大批量生产方式受到了挑战。为了提高生产率和保证产品质量,模具加工自动化便应运而生。

(1)产品结构、造型、功能对模具加工的要求

产品结构复杂化,造型高度美化、多样化,功能复合化的发展趋势对模具加工提出了新要求。

传统的工业生产是以批量化、标准化生产为特征的,而在信息时代,多品种、少批量、多批次、短周期的生产成为对现代工业企业的新要求,要想顺利应对这种趋势,就必须用信息化和自动化来提升企业的核心竞争力。模具企业面临的也是同样的问题。

传统模具的手工加工、一般机加工只能制造出比较简单的模具,要满足产品的这些要求,就必须从过去依靠仿形机床、通用电加工机床、手工精加工的工业技术转向以使用数控和计算机技术为代表的模具加工自动化技术。

(2)产品更新换代、生产方式对模具制造的要求

产品更新换代频率加快,多品种、小批量成为主要生产方式,模具制造也必须相应发生改变。

在制造行业,只有品种单一、批量大、设备专用、工艺稳定的加工才有高效率、高效益;反之,多品种、小批量生产,设备的专用性低,需要频繁的调整工夹具,工艺稳定难度增大,生产效率、生产效益都会降低。

模具企业要想提高效率和效益,加快产品生产频率,就必须要缩短开发及生产周期,因此制造产品的工具——模具也必须随之缩短交货时间,相应地也必须缩短加工时间。要缩短模具加工、交货时间,就必须减少人工劳动,大量运用自动化加工技术。

(3)劳动力成本、技术工人、竞争对模具企业的要求

劳动力成本增加,技术工人难寻,竞争加剧,要求模具企业改变生产方式。

随着社会生活水平提高,人工工资成倍增长,劳动力成本成为企业成本控制的主要因素;同时模具行业的技术高密集性,决定了对工人的技术和熟练程度要求很高,而模具技术工人的培养难度大,周期长,造成人才难求。在竞争日益加剧的现代社会,模具企业要想站稳脚跟,立于不败之地,就必须改变生产方式,向自动化方向迈进。

(4)零件精度、加工设备和工艺对模具企业的要求

零件精度要求越来越高,要求模具企业运用高、精、尖设备和工艺。

随着人类认识自然、改造自然的深入,对各类装备的性能要求和精度要求越来越高,超常规的大型和微型设备越来越多,高度集成化、模块化、智能化日益普及,这些都给制造业提出了很高的要求,传统机械加工很难满足。于是运用数控技术、信息技术、智能技术等新型技术的自动化加工手段就成为模具企业的当然之选。

6.8.2 模具加工自动化的特点

(1)信息技术是模具加工自动化的前提

信息技术发展到今天已运用得非常广泛,包括计算机技术、通信技术、云技术等,这些运用到模具加工中,就能实现模具设计的简化、提速,从图纸到加工中心的自动编程、转换、传输,加工过程的自动控制和调试等,从根本上实现自动化。可以说,没有信息技术就没有加工的自动化。

(2)型面加工、高速加工是模具加工自动化的必然选择

简化加工过程,运用型面加工;提高机械设备转速,实现高速加工,这是现代化工业生产和自动化加工的必然选择。先进的加工技术与装备是提高生产率和保证产品质量的重要基础。在先进的汽车模具企业中,双工作台的数控机床、自动换刀装置(ATC)、自动加工的光电控制系统、工件在线测量系统等已不鲜见。

如今数控加工已由单纯的型面加工发展到型面和结构面的全面加工,由中低速加工发展到高速加工,加工自动化技术发展十分迅速。

(3)智能化是模具加工自动化的必然趋势

智能化就是在加工过程中实现智能控制技术。

智能控制技术的出现把机械加工推向了新的发展高度。现在许多新型数控机床采用了智能控制技术,它的智能性体现在精确的检测技术和模糊控制技术两方面。在生产中采用人机对话方式,根据加工的条件、要求,合理输入设定值后便能自动创建加工程序,选用最佳加工条件组合来进行加工。还能实现在线自动监测、自动调整加工过程,实现加工过程的最优化控制。模糊控制技术是由计算机监测来判断机械的加工状态,在保持稳定的前提下自动选择使加工效率达到最高的加工条件;自动监控加工过程,实现最稳定的加工过程的控制技术。

智能技术的应用使机床操作更容易,对操作人员的技术水平要求更低。随着智能化技术水平不断升级,智能控制技术的应用范围将更加广泛,智能化技术也将获得更为广阔的发展空间。

［阅读链接］

目前最先进的数控电火花机床在配有电极库和标准电极夹具的情况下，只要在加工前将电极装入刀库，编制好加工程序，整个电火花加工过程便能自动运转，几乎无须人工操作。机床的自动化运转降低了操作人员的劳动强度、提高生产效率。但自动装置配件的价格比较昂贵，大多模具企业的数控电火花机床的配置并不齐全。数控电火花机床具备的自动测量找正、自动定位、多工件的连续加工等功能已较好地发挥了它的自动化性能。自动操作过程不需人工干预，可提高加工精度、效率。普及机床的自动化程度是当前数控电火花机床行业的发展趋势之一。

(4)高效化是模具自动化加工的基本要求

在保证精度的前提下，提高加工效率是现代制造业的基本要求，也是企业赢得利润和市场的基本保证，模具企业同样如此。

高效化即低成本，低投入，短时间，高产出，高品质。现代加工要求在保证加工精度的前提下大幅提高粗、精加工效率，减少加工环节，节约加工时间，提高模具品质。最佳的自动化加工模式是企业扩大市场空间、提升市场竞争力的重要资本。

6.8.3　模具加工自动化的主要手段

把信息化系统和工业化系统融合应用于高精密模具制造行业，建成智能化、自动化生产车间，彻底改变了传统的模具加工方式。

从目前看，模具加工自动化的主要手段有柔性加工技术、一体化加工中心、可互换数控加工技术、机器人技术等。

(1)柔性加工技术

为了在保证产品质量的前提下，缩短产品生产周期，降低产品成本，使中小批量生产能与大批量生产抗衡，柔性加工技术便应运而生。

柔性加工技术主要运用于柔性生产线的建设，柔性生产线是一种技术复杂、高度自动化的系统，它将微电子学、信息技术和系统工程等技术有机地结合起来，很好地解决了机械制造高自动化与高柔性化之间的矛盾。

模具企业的生产方式具有典型的品种多、数量单一的制造特点，柔性自动化生产能很好地解决这些问题，是未来产业发展的大方向。其具体优点如下：

1)提高设备利用率

一组机床编入柔性生产线后，产量比这组机床在分散单机作业时的产量提高数倍。

2)提高生产稳定性

柔性加工系统由一台或多台机床组成，发生故障时，具有自动处理能力，如物料传送自行绕过故障机床。

3)提高产品质量

零件在加工过程中，装夹一次完成，加工精度高，加工形式稳定。

4)提高运行灵活性

柔性生产线在完成检验、装夹和维护工作后，可在无人照看下正常生产。在理想的柔性生产线中，其监控系统还能处理诸如刀具调换、疏通堵塞等运行过程中不可预见的问题。

5)提高多样化产品生产能力

刀具、夹具及物料运输装置具有可调性,且系统平面布置合理,便于增减设备,生产不同产品。

[阅读链接]

当前,制造业企业普遍面临转型升级的问题,广东某公司以科技创新为支撑,走高端制造业之路,将信息化与工业化高度融合建立了精密模具柔性智能制造车间,为不少企业提供了借鉴之处。据悉,该车间现在产能提高了,工人人数与最高峰时比较却少了将近一半。过去产品累计不良率近15%,而现在平均可以降到7%以下!

(2)一体化加工中心

一体化加工中心是一种粗精加工一体化的多面加工中心,其优点是除底面加工之外,一次装夹可实现全部加工面的高速、高精度加工,生产效率非常高,是模具自动化加工技术的一个重要发展方向。

(3)可互换数控加工

可互换数控加工指由多台可互换工作台数控机床组成的生产线,包括了底面加工、粗铣、精铣等多台机床,由于机床为多工作台式,工件换机床时不必重新装夹找正,因而加工效率很高。

[阅读链接]

在世界上规模最大的汽车模具制造厂商COMAU公司的覆盖件模具车间,有一条由6台数控机床组成的加工模具的生产线。模具的粗加工、半精加工和精加工在不同的机床上完成。机床之间的工件转运和传递系统,将上一工序完成后的工件转运至下一台机床,并将其定位。类似的模具自动化加工生产线在日本丰田公司、德国大众和奥迪公司的模具加工车间都可以看到。

(4)机器人技术

机器人技术指用机器人代替人工进行模具加工制造,由于机器人具有高效、稳定、精准、耐疲劳、能长时间工作、对工作环境要求低等特点,因此,在现代制造业中被广泛运用。同样,在模具制造中,运用机器人能有效提高加工的自动化程度,降低生产成本,提高生产效率,是未来发展的方向。

任务6.9 模具维护与修理

模具是单件生产的产品,其精度要求高,在产品中所占成本比例大,因此加强模具的维护、修理,延长模具寿命,维持模具精度对工业生产具有非常重要的作用。

6.9.1 模具维护保养

模具维护保养比模具维修更重要,模具维修的次数越多,其寿命越短;而模具保养得越好，其使用寿命就会越长。

(1)模具维护保养的必要性

①维护模具的正常动作，减少活动部位不必要磨损。

②使模具达到正常的使用寿命。

③减少生产中的油污。

(2)模具维护保养分类

①模具的日常保养。各种运动部件如顶针、行位、导柱、导套的加油润滑；模面的清洁；运水(冷却系统)的疏道。

②模具的定期保养。各种运动部件如顶针、行位、导柱、导套的加油润滑；模面的清洁；运水的疏道；排气槽的清理；损伤、磨损部位的修正。

③模具的外观保养。模坯外侧涂油漆，以免生锈；落模时，型腔应涂上防锈油；保存时应闭合严实，防止灰尘进入模腔。

(3)模具维护保养注意事项

①运动部位，每日保养必须加油。

②模面必须清洁。

③发现异常，如顶出异常、开合模响声大等必须及时维修。

(4)模具维护保养中的安全问题

①使用吊环时必须先检查，确保完好无损。

②使用设备，特别是有飞屑产生的设备，一定要戴眼镜操作。

③烧焊时必须穿防护衣，戴防护眼镜。

④严禁在模具底上作业。

⑤机台作业时，须保证注塑机处于停止状态，并挂好标示牌。

6.9.2　模具维护要领

模具的维护，必须做到细心、耐心、按部就班，切忌盲目从事。因故障修模时需附有料带，以便更准确查找问题。首先打开模具，对照料带，检查模具状况，找出问题所在，再进行模具清理，然后才能拆开模具，拆模时用力要均匀、平稳。

(1)凸凹模的维护

①凸凹模拆卸时应留意模具原有的状况，以便后续装模时方便复原，有加垫或者移位的要在零件上刻好垫片的厚度并做好记录。

②更换凸模要试插卸料块，看凹模是否顺畅，并试插与凹模间隙是否均匀，更换凹模也要试插与冲头间隙是否均匀。

③凸模修磨后会变短，需要加垫垫片达到所需要的长度，然后检查凸模有效长度是否足够。

④更换已断凸模要查明原因，同时要检查相对应的凹模是否有崩刃，是否需要研磨刃口。

⑤组装凸模时要检查凸模与固定块或固定板之间间隙是否恰当，有压块的要检查是否留有活动余量。

⑥组装凹模应水平置入，再用平铁块置入凹模面上，然后用铜棒轻敲使其到位，切不可斜置强力敲入，凹模底部要倒角。装好后要检查凹模面与模面是否相平。

⑦凸凹模以及模芯组装完毕后要用料带做检查，看各部位是否装错或装反，检查凹模和凹模垫块是否装反，落料孔是否堵塞，新换零件是否需要偷料（减重处理），需要偷料的是否足够，模具需要锁紧部位是否锁紧。

⑧确认脱料板螺钉已锁紧，锁紧时应从内至外，平衡用力交叉锁紧，不可先锁紧某一个螺钉再锁紧另一个螺钉，以免造成脱料板倾斜、凸模断裂或模具精度降低等情况发生。

（2）模具间隙的调整

模芯定位孔因对模芯频繁、多次的组合而产生磨损，造成组装后间隙偏大（组装后产生松动）或间隙不均（产生定位偏差），均会造成冲切后断面形状出现误差、凸模易断、产生毛刺等现象。因此，可通过对冲切后断面状况的检查，判断间隙大小。间隙小时，断面面积较小；间隙大时，断面面积较大且毛边较多。

当断面出现不正常状况时，可适当调整间隙，通常以移位的方式来获得合理的间隙。调整好后，应做适当记录，也可在凹模边作记号，以便后续维护作业。

日常生产应注意收集保存原始模具状况较佳时的料带，如后续生产不顺畅或模具产生变异时，可作为模具检修的参考。

6.9.3　模具维护作业顺序表

（1）A 级保养

由模具厂作定期保养。保养内容见表 6.3。

表 6.3　A 级保养（定期保养）

顺序	作业内容	作业要领	顺序作业重点
1	准备作业	1. 整理、整顿作业台 2. 作业工具、洗净剂、清洁布的准备	保存在作业附近的地方，便于取用
2	作业内容确定	调查、理清模具状态	1. PL 面的油污 2. PL 面的受损 3. 除锈
3	分解作业	1. 在作业台上进行作业 2. 将螺钉类小东西放在盒子内 3. 一定要确认对准记号，没有时，按照正常程序进行 4. 模具板及模仁放置应不会掉下或倾倒	选择不会对制件产生影响的位置
4	维护	1. 用模具洗净剂或汽油洗去油污及气体 2. 润滑滑动部位	1. 重点注意使用在成型中发生气体材料的模具清洗 2. 阅读模具保养卡，将适量的润滑剂涂在必要的部位上

续表

顺序	作业内容	作业要领	顺序作业重点
5	独立作业	1. 确认对准记号后再组装 2. 螺栓再锁准 3. 组装完成后，再确认是否对准记号 4. 确认是否有组装留下的零件	
6	防锈、模具保管	1. 喷防锈喷雾剂 2. 保存在湿度较低、通风良好的场所 3. 封住注道衬套孔 4. 不可直接放置在地板上	
7	记录	在模具保养卡上做好记录	每个模具的作业记录

(2) B 级保养

由生产厂作生产保养。保养内容见表6.4。

表6.4　B级保养

顺序	作业内容	作业要领	顺序作业重点
1	准备作业		
2	作业内容确定	调查、理清模具状态	1. PL面的油污 2. PL面的受损 3. 除锈
3	分解作业		选择不会对制件产生影响的位置
4	维护	润滑滑动部位	阅读模具保养卡，将适量的润滑剂涂在必要的部位上
5	防锈、模具保管		
6	记录	在模具保养卡上做好记录	

(3) C 级保养

由模具仓库管理员作储存保养。保养内容见表6.5。

表 6.5　C 级保养

顺序	作业内容	作业要领	顺序作业重点
1	准备作业		
2	作业内容的确定	调查模具的状态	1. PL 面的受损 2. 除锈
3	分解作业		
4	维护		
5	独立作业		
6	防锈、模具保管	1. 喷防锈喷雾剂 2. 保存于湿度较低、通风良好的场所 3. 封住注道衬套孔 4. 不可直接放置在地板上	
7	记录	在模具保养卡上做好记录	每个模具的作业记录

6.9.4　模具使用过程中经常出现的问题及解决方法

(1) 模具磨损严重

模具磨损严重产生的根源及解决方法见表 6.6。

表 6.6　模具磨损严重产生的根源及解决方法

产生根源	解决方法
不合理的模具间隙(偏小)	增加模具间隙
上下模座不对中	工位调整,上下模对中,转塔水平调整
没有及时更换已经磨损的模具导向组件及转塔镶套	更换
冲头过热	1. 在板料上加润滑液 2. 在冲头和下模之间保证润滑 3. 在同一个程序中使用多套同样规格尺寸的模具
刃磨方法不当,造成模具退火,从而造成磨损加剧	1. 采用软磨料砂轮 2. 经常清理砂轮 3. 采用小的吃刀量 4. 足量的冷却液
步冲加工	1. 增大步距 2. 采用桥式步冲

(2)冲头带料及冲头粘连

冲头带料及冲头粘连产生的根源及解决方法见表6.7。

表6.7　冲头带料及冲头粘连产生的根源及解决方法

产生根源	解决方法
模具间隙相对材料板厚选得不合适,冲头在脱离材料时需要很大的力	调整模具间隙,或更换间隙合理的下模
润滑不良	改善润滑条件
刃口钝了,需要额外的冲压力,而且制件断面粗糙,产生很大的抵抗力,造成冲头被材料咬住	刃磨冲头、下模
有污垢附着在模具上,使得冲头被材料咬住而无法加工	清洁模具
变形的材料在冲完孔后,会夹紧冲头,使得冲头被咬住	整理变形的材料,校平整后再加工
弹簧的过度使用会使得弹簧疲劳失去弹性,因此材料脱落乏力	检查弹簧的性能

(3)废料反弹

废料反弹产生的根源及解决方法见表6.8。

表6.8　废料反弹产生的根源及解决方法

产生根源	解决方法
下模问题	采用防弹料下模
	小直径孔间隙减少10%
	直径大于50 mm,间隙放大
	凹模刃口侧增加划痕
冲头方面	增加入模深度
	安装卸料聚氨酯顶料棒
	采用斜刃口

(4)卸料困难

卸料困难产生的根源及解决方法见表6.9。

表 6.9　卸料困难产生的根源及解决方法

产生根源	解决方法
不合理的模具间隙(偏小)	增加模具间隙
冲头磨损	及时刃磨
弹簧疲劳	更换弹簧
冲头粘连	除去粘连

(5)冲压噪声

冲压噪声产生的根源及解决方法见表 6.10。

表 6.10　冲压噪声产生的根源及解决方法

产生根源	解决方法
卸料困难	增加下模间隙、良好润滑
	增加卸料力
	采用软表面的卸料板
板料在工作台上或转塔内的支撑有问题	采用球面支撑模具
	减小工作尺寸
	增加工作厚度
厚板料	采用斜刃冲头

(6)冲件毛边

冲件毛边产生的根源及解决方法见表 6.11。

表 6.11　冲件毛边产生的根源及解决方法

产生根源	解决方法
刃口磨损	研修刃口
间隙过大,研修刃口后效果不明显	控制凸凹模加工精度或修改设计间隙
刃口崩角	研修刃口
间隙不合理上下偏移或松动	调整冲裁间隙确认模板穴孔磨损或成型件加工精度等问题
模具上下错位	更换导向件或重新组模

(7)跳屑压伤

跳屑压伤产生的根源及解决方法见表 6.12。

表6.12　跳屑压伤产生的根源及解决方法

产生根源	解决方法
间隙偏大	控制凸凹模加工精度或修改设计间隙
送料不当	送至适当位置时修剪料带并及时清理模具
冲压油滴得太快，油黏	控制冲压油滴油量，或更换油种降低黏度
模具未退磁	研修后必须退磁（冲铁料更须注意）
凸模磨损，屑料压附于凸模上	研修凸模刃口
凸模太短，插入凹模长度不足	调整凸模刃插入凹模长度
材质较硬，冲切形状简单	更换材料，修改设计。凸模刃口端面修出斜面或弧形（注意方向）。减少凸模刃部端面与屑料的贴合面积
应急措施	减小凹模刃口的锋利度，减小凹模刃口的研修量，增加凹模直刃部表面的粗糙度，采用吸尘器吸废料。降低冲速，减缓跳屑

(8)屑料阻塞

屑料阻塞产生的根源及解决方法见表6.13。

表6.13　屑料阻塞产生的根源及解决方法

产生根源	解决方法
漏料孔偏小	修改漏料孔
漏料孔偏大，屑料翻滚	修改漏料孔
刃口磨损，毛边较大	修磨刃口
冲压油滴得太快，油黏	控制滴油量，更换油种
凹模直刃部表面粗糙，粉屑烧结附着于刃部	表面处理，抛光，加工时注意降低表面粗糙度；更改材料
材质较软	修改冲裁间隙
应急措施	凸模刃部端面修出斜度或弧形（注意方向），使用吸尘器，在垫板落料孔处加吹气

(9)下料偏位、尺寸变异

下料偏位、尺寸变异产生的根源及解决方法见表6.14。

表 6.14　下料偏位、尺寸变异产生的根源及解决方法

产生根源	解决方法
凸凹模刃口磨损,产生毛边(外形偏大,内孔偏小)	研修刃口
设计尺寸及间隙不当,加工精度差	修改设计,控制加工精度
下料部位凸模及凹模镶块等偏位,间隙不均	调整其位置精度,冲裁间隙
导正销磨损,销径不足	更换导正销
导向件磨损	更换导柱、导套
送料机送距、压料、放松调整不当	重新调整送料机
模具闭模高度调整不当	重新调整闭模高度
卸料镶块压料部位磨损,无压料(强压)功能	研磨或更换卸料镶块,增加强压功能,调整压料
卸料镶块强压太深,冲孔偏大	减小强压深度
冲压材料机械性能变异(强度延伸率不稳定)	更换材料,控制进料质量
冲切时,冲切力对材料牵引,引发尺寸变异	凸模刃部端面修出斜度或弧形(注意方向),以改善冲切时受力状况。许可时,下料部位在卸料镶块上加设导位功能

(10)卡料

卡料产生的根源及解决方法见表 6.15。

表 6.15　卡料产生的根源及解决方法

产生根源	解决方法
送料机送距、压料、放松调整不当	重新调整
生产中送距产生变异	重新调整
送料机故障	调整及维修
材料弧形,宽度超差,毛边较大	更换材料,控制进料质量
模具冲压异常,料带镰刀弯引发	消除料带镰刀弯
导料孔径不足,上模拉料	研修冲导正孔凸、凹模
折弯或撕切部位上下脱料不顺	调整脱料弹簧力
导料板之脱料功能设置不当,料带上带	修改导料板,防料带上带
材料薄,送料中翘曲	送料机与模具间加设上下压料,加设上下挤料安全开关
模具架设不当,与送料机垂直度偏差较大	重新架设模具

(11)料带镰刀弯

料带镰刀弯产生的根源及解决方法见表6.16。

表6.16 料带镰刀弯产生的根源及解决方法

产生根源	解决方法
冲压毛边	研修下料刃口
材料毛边,模具无切边	更换材料,模具加设切边装置
冲床深度不当(太深或太浅)	重调冲床深度
冲件压伤,模内有屑料	清理模具,解决跳屑和压伤问题
局部压料太深或压料部位局部损伤	检查并调整卸料及凹模镶块高度尺寸,研修损伤部位
模具设计	采用整弯机构调整

(12)凸模断裂崩刃

凸模断裂崩刃产生的根源及解决方法见表6.17。

表6.17 凸模断裂崩刃产生的根源及解决方法

产生根源	解决方法
跳屑、屑料阻塞、卡模等导致	解决跳屑、屑料阻塞、卡模等问题
送料不当,切半料	注意送料,及时修剪料带,及时清理模具
凸模强度不足	修改设计,增加凸模整体强度,减短凹模直刃部尺寸,注意凸模刃部端面修出斜度或弧形
大小凸模相距太近,冲切时材料牵引,引发小凸模断裂	小凸模长度磨短相对大凸模一个料厚以上
凸模及凹模局部过于尖角	修改设计
冲裁间隙偏小	控制凸凹模加工精度或修改设计间隙,细小部冲切间隙适当加大
无冲压油或使用的冲压油挥发性较强	调整冲压油滴油量或更换油种
冲裁间隙不均、偏移,凸、凹模发生干涉	检查各成型件精度,并施以调整或更换,控制加工精度
卸料镶块精度差或磨损,失去精密导向功能	研修或更换
模具导向不准、磨损	更换导柱、导套,注意日常保养
凸、凹模材质选用不当,硬度不当	更换使用材质,使用合适硬度
导料件(销)磨损	更换导料件
垫片加设不当	修正,垫片数尽可能少,且使用钢垫,凹模下垫片需垫在垫块下面

(13)折弯变形、尺寸变异

折弯变形、尺寸变异产生的根源及解决方法见表6.18。

表6.18 折弯变形、尺寸变异产生的根源及解决方法

产生根源	解决方法
导正销磨损,销径不足	更换导正销
折弯导位部分精度差、磨损	重新研磨或更换
折弯凸、凹模磨损(压损)	重新研磨或更换
模具让位不足	检查,修正
材料滑移,折弯凸、凹模无导位功能,折弯时未施以预压	修改设计,增设导位及预压功能
模具结构及设计尺寸不良	修改设计尺寸,分解折弯,增加折弯整形等
冲件毛边,引发折弯不良	研修下料部位刃口
折弯部位凸模、凹模加设垫片较多,造成尺寸不稳定	调整,采用整体钢垫
材料厚度尺寸变异	更换材料,控制进料质量
材料机械性能变异	更换材料,控制进料质量

(14)冲件高低不一致(一模多件时)

冲件高低不一致产生的根源及解决方法见表6.19。

表6.19 冲件高低不一致产生的根源及解决方法

产生根源	解决方法
冲件毛边	研修下料部位刃口
冲件有压伤,模内有屑料	清理模具,解决屑料上浮问题
凸、凹模(折弯部位)压损或损伤	重新研修或更换新件
冲剪时翻料	研修冲切刃口,调整或增设强压功能
相关压料部位磨损、压损	检查,维护或更换
相关撕切部位撕切尺寸不一致,刃口磨损	维修或更换,保证撕切状况一致
相关预断部位预切深度不一致,凸凹模有磨损或崩刃	检查预切凸、凹模状况,实施维护或更换
凸凹模相关部位崩刃或磨损较为严重	检查凸、凹模状况,维护或更换
模具设计缺陷	修改设计,加设高低调整或增设整形工位

(15)维护不当

维护不当产生的根源及解决方法见表6.20。

表6.20　维护不当产生的根源及解决方法

产生根源	解决方法
模具无防呆功能,组模时疏忽导致装反方向、错位(指不同工位)等	修改模具,增防呆功能
已经偏移过间隙的镶件未按原状复原	采用模具上作记号等方式,并在组模后对照料带做必要的检查、确认,并做出书面记录,以便查询 加强日常维护,注意检查冲压机及模具是否处于正常状态,如冲压油的供给、导向部位的加油、确认各部位锁紧等 修模时要先想而后行,并认真做好记录积累经验

6.9.5　模具维修注意事项

(1)模具维修的准备工作

①弄清模具损坏的程度。

②参照修模样板,分析维修方案。

③拿准尺寸。维修模具,很多时候是在无图纸条件下进行,这就要求修模技工在涉及尺寸改变时应先拿准尺寸再作修磨。

(2)模具装、拆模注意事项

1)标示

当修模技工拆下导柱、顶针、镶件、压块等时,特别是有方向要求的,一定要看清在模坯上的对应标示,以便在装模时对号入座。

注意:标示符必须唯一,不得重复;未有标示的模具镶件,必须打上标示字符。

2)防呆

在易出现错装的零部件上作好防呆工作,即保证在装反的情况下装不进去。

3)摆放

拆出的零部件需摆放整齐,螺钉、弹簧、胶圈等应用盒子装好。

4)保护

对型芯、型腔等精密零件要作好防护措施,以防不小心碰伤。

(3)维修纹面注意事项

1)机台省模

当胶件有黏模、拖花等需省模时,应先保护好有纹面的部位,然后维修。机台省模切忌将纹面省光,在无把握时应要求落模维修。

2)烧焊

若对纹面进行烧焊,焊条必须与模具材料一致,焊后需作好回火处理。

3)补纹

当模具维修好需出厂补纹时,维修者应用纸皮将纹面保护好,并标示好补纹部位,并附带补纹样板。蚀纹回厂时,应认真检查蚀纹面的质量,确认合格后方可进行装模。若对维修效果把握不大,应先试模确认,方可出厂补纹。

思考与练习

1. 模具装配的特点是什么?
2. 简述模具装配的工艺过程。
3. 模具工作零件的固定方法有哪些?
4. 冲压模具装配间隙控制方法有哪些?
5. 简述冲压模具装配的一般程序。
6. 试模的目的是什么?
7. 影响模具寿命的因素有哪些?
8. 如何控制模具的成本?
9. 简述安全作业基本要求。
10. 模具维护保养一般分为哪几类?每类的主要内容是什么?

参考文献

[1] 付建军.模具制造工艺[M].北京:机械工业出版社,2001.
[2] 任登安.模具概论及典型结构[M].北京:机械工业出版社,2009.